TELEMORPHOSIS:
THEORY IN THE ERA OF
CLIMATE CHANGE, VOLUME 1

巨变:气候变化时期的理论

编 [美] 汤姆·科恩 (Tom Cohen) 译 刘容 等

中国社会科学出版社

图字：01 – 2020 – 5448 号

图书在版编目（CIP） 数据

巨变：气候变化时期的理论／（美）汤姆·科恩（Tom Cohen）编；刘容等译．—北京：中国社会科学出版社，2022.3

（知识分子图书馆）

书名原文：Telemorphosis：Theory in the Era of Climate Change，Volume 1

ISBN 978 – 7 – 5203 – 9748 – 3

Ⅰ．①巨…　Ⅱ．①汤…②刘…　Ⅲ．①气候变化—研究　Ⅳ．①P467

中国版本图书馆 CIP 数据核字（2022）第 027876 号

出 版 人	赵剑英
责任编辑	刘志兵
责任校对	季　静
责任印制	李寡寡

出　　版	中国社会科学出版社
社　　址	北京鼓楼西大街甲 158 号
邮　　编	100720
网　　址	http://www.csspw.cn
发 行 部	010 – 84083685
门 市 部	010 – 84029450
经　　销	新华书店及其他书店

印刷装订	北京君升印刷有限公司
版　　次	2022 年 3 月第 1 版
印　　次	2022 年 3 月第 1 次印刷

开　　本	650×960　1/16
印　　张	20.25
字　　数	268 丁字
定　　价	98.00 元

总　序

　　1986—1987 年，我在厄湾加州大学（UC Irvine）从事博士后研究，先后结识了莫瑞·克里格（Murray Krieger）、J. 希利斯·米勒（J. Hillis Miller）、沃尔夫冈·伊瑟尔（Walfgang Iser）、雅克·德里达（Jacques Derrida）和海登·怀特（Hayden White）；后来应老朋友弗雷德里克·詹姆逊（Fredric Jameson）之邀赴杜克大学参加学术会议，在他的安排下又结识了斯坦利·费什（Stanley Fish）、费兰克·伦屈夏（Frank Lentricchia）和爱德华·赛义德（Edward W. Said）等人。这期间因编选《最新西方文论选》的需要，与杰费里·哈特曼（Geoffrey Hartman）及其他一些学者也有过通信往来。通过与他们交流和阅读他们的作品，我发现这些批评家或理论家各有所长，他们的理论思想和批评建构各有特色，因此便萌发了编译一批当代批评理论家的"自选集"的想法。1988 年 5 月，J. 希利斯·米勒来华参加学术会议，我向他谈了自己的想法和计划。他说"这是一个绝好的计划"，并表示将全力给予支持。考虑到编选的难度以及与某些作者联系的问题，我请他与我合作来完成这项计划。于是我们商定了一个方案：我们先选定十位批评理论家，由我起草一份编译计划，然后由米勒与作者联系，请他们每人自选能够反映其思想发展或基本理论观点的文章约 50 万至 60 万字，由我再从中选出约 25 万至 30 万字的文章，负责组织翻译，在中国出版。但

1989年以后，由于种种原因，这套书的计划被搁置下来。1993年，米勒再次来华，我们商定，不论多么困难，也要将这一翻译项目继续下去（此时又增加了版权问题，米勒担保他可以解决）。作为第一辑，我们当时选定了十位批评理论家：哈罗德·布鲁姆（Harold Bloom）、保罗·德曼（Paul de Man）、德里达、特里·伊格尔顿（Terry Eagleton）、伊瑟尔、费什、詹姆逊、克里格、米勒和赛义德。1995年，中国社会科学出版社决定独家出版这套书，并于1996年签了正式出版合同，大大促进了工作的进展。

　　为什么要选择这些批评理论家的作品翻译出版呢？首先，他们都是在当代文坛上活跃的批评理论家，在国内外有相当大的影响。保罗·德曼虽已逝世，但其影响仍在，而且其最后一部作品于去年刚刚出版。其次，这些批评理论家分别代表了当代批评理论界的不同流派或不同方面，例如克里格代表芝加哥学派或新形式主义，德里达代表解构主义，费什代表读者反应批评或实用批评，赛义德代表后殖民主义文化研究，德曼代表修辞批评，伊瑟尔代表接受美学，米勒代表美国解构主义，詹姆逊代表美国马克思主义和后现代主义文化研究，伊格尔顿代表英国马克思主义和意识形态研究。当然，这十位批评理论家并不能反映当代思想的全貌。因此，我们正在商定下一批批评家和理论家的名单，打算将这套书长期出版下去，而且，书籍的自选集形式也可能会灵活变通。

　　从总体上说，这些批评家或理论家的论著都属于"批评理论"（critical theory）范畴。那么什么是批评理论呢？虽然这对专业工作者已不是什么新的概念，但我觉得仍应该略加说明。实际上，批评理论是60年代以来一直在西方流行的一个概念。简单说，它是关于批评的理论。通常所说的批评注重的是文本的具体特征和具体价值，它可能涉及哲学的思考，但仍然不会脱离文本价值的整体观念，包括文学文本的艺术特征和审美价值。而批评理论则不同，它关注的是文本本身的性质，文本与作者的关系，文本与读者的关系以及读者的作用，文本与现实的关系，语言的作用和地位，等等。换句话说，它关注的是批评的形成过程和运作方式，批评本身的特征和价值。由于批评可以涉及多种学科和多种文本，所以批评理论不限于文学，而是一个新的跨学科的领域。它与文学批评和文学理论有这样那样的联系，甚至有某些共同的问题，但它有自己的独立性和自治性。大而化之，可以说批评理论的对象是关于社会文本批评的理论，涉及文学、哲学、历史、人类学、政治学、社会学、建筑学、影视、绘画，等等。

批评理论的产生与社会发展密切相关。60 年代以来，西方进入了所谓的后期资本主义，又称后工业社会、信息社会、跨国资本主义社会、工业化之后的时期或后现代时期。知识分子在经历了 60 年代的动荡、追求和幻灭之后，对社会采取批判的审视态度。他们发现，社会制度和生产方式以及与之相联系的文学艺术，出现了种种充满矛盾和悖论的现象，例如跨国公司的兴起，大众文化的流行，公民社会的衰微，消费意识的蔓延，信息爆炸，传统断裂，个人主体性的丧失，电脑空间和视觉形象的扩展，等等。面对这种情况，他们充满了焦虑，试图对种种矛盾进行解释。他们重新考察现时与过去或现代时期的关系，力求找到可行的、合理的方案。由于社会的一切运作（如政治、经济、法律、文学艺术等）都离不开话语和话语形成的文本，所以便出现了大量以话语和文本为客体的批评及批评理论。这种批评理论的出现不仅改变了大学文科教育的性质，更重要的是提高了人们的思想意识和辨析问题的能力。正因为如此，批评理论一直在西方盛行不衰。

我们知道，个人的知识涵养如何，可以表现出他的文化水平。同样，一个社会的文化水平如何，可以通过构成它的个人的知识能力来窥知。经济发展和物质条件的改善，并不意味着文化水平会同步提高。个人文化水平的提高，在很大程度上取决于阅读的习惯和质量以及认识问题的能力。阅读习惯也许是现在许多人面临的一个问题。传统的阅读方式固然重要，但若不引入新的阅读方式、改变旧的阅读习惯，恐怕就很难提高阅读的质量。其实，阅读方式也是内容，是认知能力的一个方面。譬如一谈到批评理论，有些人就以传统的批评方式来抵制，说这些理论脱离实际，脱离具体的文学作品。他们认为，批评理论不仅应该提供分析作品的方式方法，而且应该提供分析的具体范例。显然，这是以传统的观念来看待当前的批评理论，或者说将批评理论与通常所说的文学批评或理论混同了起来。其实，批评理论并没有脱离实际，更没有脱离文本；它注重的是社会和文化实际，分析的是社会文本和批评本身的文本。所谓脱离实际或脱离作品只不过是脱离了传统的文学经典文本而已，而且也并非所有的批评理论都是如此，例如詹姆逊那部被认为最难懂的《政治无意识》，就是通过分析福楼拜、普鲁斯特、康拉德、吉辛等作家作品来提出他的批评理论的。因此，我们阅读批评理论时，必须改变传统的阅读习惯，必须将它作为一个新的跨学科的领域来理解其思辨的意义。

要提高认识问题的能力，首先要提高自己的理论修养。这就需要像经济建设那样，采取一种对外开放、吸收先进成果的态度。对于引进批评理论，还应该有一种辩证的认识。因为任何一种文化，若不与其他文化发生联系，就不可能形成自己的存在。正如一个人，若无他人，这个人便不会形成存在；若不将个人置于与其他人的关系当中，就不可能产生自我。同理，若不将一国文化置于与世界其他文化关系之中，也就谈不上该国本身的民族文化。然而，只要与其他文化发生关系，影响就是双向性的；这种关系是一种张力关系，既互相吸引又互相排斥。一切文化的发展，都离不开与其他文化的联系；只有不断吸收外来的新鲜东西，才能不断激发自己的生机。正如近亲结婚一代不如一代，优种杂交产生新的优良品种，世界各国的文化也应该互相引进、互相借鉴。我们无须担忧西方批评理论的种种缺陷及其负面影响，因为我们固有的文化传统，已经变成了无意识的构成，这种内在化了的传统因素，足以形成我们自己的文化身份，在吸收、借鉴外国文化（包括批评理论）中形成自己的立足点。

今天，随着全球化的发展，资本的内在作用或市场经济和资本的运作，正影响着世界经济的秩序和文化的构成。面对这种形势，批评理论越来越多地采取批判姿态，有些甚至带有强烈的政治色彩。因此一些保守的传统主义者抱怨文学研究被降低为政治学和社会科学的一个分支，对文本的分析过于集中于种族、阶级、性别、帝国主义或殖民主义等非美学因素。然而，正是这种批判态度，有助于我们认识晚期资本主义文化的内在逻辑，使我们能够在全球化的形势下，更好地思考自己相应的文化策略。应该说，这也是我们编译这套丛书的目的之一。

在这套丛书的编选翻译过程中，首先要感谢出版社领导对出版的保证；同时要感谢翻译者和出版社编辑们（如白烨、汪民安等）的通力合作；另外更要感谢国内外许多学者的热情鼓励和支持。这些学者认为，这套丛书必将受到读者的欢迎，因为由作者本人或其代理人选择的有关文章具有权威性，提供原著的译文比介绍性文章更能反映原作的原汁原味，目前国内非常需要这类新的批评理论著作，而由中国社会科学出版社出版无疑会为这套丛书的质量提供可靠的保障。这些鼓励无疑为我们完成丛书带来了巨大力量。我们将力求把一套高价值、高质量的批评理论丛书奉献给读者，同时也期望广大读者及专家学者热情地提出建议和批评，以便我们在以后的编选、翻译和出版中不断改进。

王逢振

1997 年 10 月于北京

目　录

致　谢

汤姆·科恩（Tom Cohen）

本论文集内容来自奥尔巴尼大学《重大气候变化研究协会》资助的一系列专题讨论会。在我、亨利·苏斯曼和水牛城大学（最初《重大气候变化研究协会》是纽约州大学的跨校刊物）的共同努力下创立了这个期刊，提出了 21 世纪所关注的问题，即加速进行的"气候变化"和灾难如何改变了从 20 世纪所继承的批评话语。随着公立大学里的"人文学科"日近黄昏，它所提出的这个问题日显重要。《重大气候变化研究协会》含蓄地质疑未来之后的批评目的和教育。它的众多活动与玛丽·瓦伦蒂斯倾情打造和创造参与密不可分。我们特别要感谢奥尔巴尼大学的副校长威廉姆·赫德伯格。没有他的关心和支持，我们不可能成功。我还要感谢奥尔巴尼大学艺术科学学院的系主任埃尔加·伍尔菲特以及英语系主任麦克·希尔，他们在制度转型期一直支持我们。这个项目更多受惠于王逢振教授的大力协助。他让我们很多的中国同行参与到这个对话中。最后，我要感谢詹森·麦斯威尔。他卓越的编辑技术、关心和帮助是本书付梓出版的关键。

导 言

怨声载道
——"气候变化"与理论的破坏

汤姆·科恩

关键是如今每个人都可以看到,这个体系是非常不公正且失去平衡无法控制的。人类毫无节制的贪婪已经破坏了全球经济。我们正在破坏自然环境。这一切都正在进行中:对海洋的过度捕捞、水力压裂污染水资源、深海钻井、不得不使用地球上最脏的能源,如阿尔伯塔的焦油砂。大气无法吸收我们排放的二氧化碳。这样导致气候变暖而带来危险。新的常态是一系列的灾难经济和生态。

——娜欧米·克莱因《气候变化之战已经临到我们——99%》(2011)

世界自然基金会在周三声称,碳污染和过度使用地球的自然资源已经变得日趋严重。按照目前的趋势,到2030年我们需要另一个星球来满足我们的需要。

——法新社《世界自然基金会表示,是时候寻找另一个星球了》(2010)

一

今天，全球"外债"和经济"危机"引发的争端不绝于耳。常规推特上推送了很多关于地球的储备即将枯竭的警告或"我们所知生命"的信息。这些信息的数量之多，超过那些可能让我们犹豫和顾虑的事情。在"一切顶点"（顶级水，峰值石油，人类至上）的时代，日益加剧的巨额债务这一幽灵转嫁给了所剩无几的未来。并且盈利能力与这种极地暴风雪——"经济"和"生态"一前一后将所有注意力转向第一个术语（或者生态至上）——有一定的联系。在后全球化的现在（巩固通常所谓的新封建秩序），巨额超级财富被大规模地转移到了极少数的社团主义者（所谓的1%的人）手中。这就为转入控制预期社会腐败的群体和潜在的"占领"势头的爆发创造了条件。这促使美国国会快速通过逮捕公民或拆除网站这一违反宪法的新条例。21世纪的地球景观之旁氏骗局逻辑描绘了大量时间泡沫、灾难性的延期货、远程统治捕获及当下人们的贪婪。这似乎在践行某种自身速度吞噬的同时，又要符合其结构性前提，即超消费和"增长"的持续化。经济饱受威胁，货币"崩溃"：这些假设的紧急情况，封锁了生物圈规则的信息，延迟人们对生物圈的广泛关注。但是这种注意力是明显暂停或延迟的。这覆盖了不可逆转的突变。不可持续性出现了新阶段。其中人为现状似乎将会尽可能地延长，而不管付出何种代价；21世纪的事件就是没有事件；虽然消费扩张超出假定的限制和峰值，但是并没有危机对其产生影响。在这样一个环境中，其他物质出现，参考系统默认，人类自恋遗产进入机械方式的超速运转。所谓先进的理论或者后理论也不例外——一方面，声称救赎的社会始终无法团结在一起；另一方面，有区别地重建20世纪的思想已替代许多现象学比喻。

这一理论已经表征为一个正在展开的生态—生态灾难——同时也是经济和生态的一个复合体。[1]今天，家（oikos）的双重逻辑似乎陷入默认的自足中。

本卷以不同的方式再次重申某种似乎被封闭或麻痹的暴力（毕竟，它是明显超过临界点而还未完全到达有着暗示的"现在"——因此出现了"僵尸"隐喻的流行扩散的现象：僵尸银行、僵尸政治、僵尸理论）。它背离了"生态"中的一个内在问题。生态是一个隐喻复合体，寓意着家（oikos）和自杀方式。其中，这种隐喻设定是根据一个不存在的位置自身修复。我们的，且必须被保护的生态象征阻止置换和剥夺。这种置换与剥夺限制所有生产，包括有利于国土安全的生产。虽然记忆机制已不断地、默默地、匿名地延长，并且保护"国土安全"建设（既在其政治意义上，又在认识论意义上——在我们的认知模式上保持安全），但是这些安全体系事实上加速了生态灾难的假想旋涡的形成。

如果生态—生态灾难的双重逻辑在时间深度上与现在地质学家称之为"人类世"的时代重迭，那么今天关键的重新定位会对已经表征为集体失明或精神赎权提出质疑吗？任何人也不能单凭偶然和企业文化"1%"的邪恶来指责，因为一个旧革命模式不会从这种无通道的网络体系中产生。更有趣的是凭借着真实行为和来自政治世界感觉正确的怀旧议程，"理论"的方式一直用其自身的方式与之同谋。一个人怎么来阅读隐式的、看不见的合作呢？出自20世纪大师级、看似漫不经心的重要议程如何与讨论中的加速轨迹保持那种协作关系？痴迷于文化历史的魅力中，"他者"的伦理、主体性的放大、"人权"和权利体制不仅分享这个契合而且"我们理论家"已经迟延地提出生物圈的崩溃、大灭绝事件或者资源战争的意义和"人口"选择的观点。我们心安理得的感觉——我们对文化、情感、身体等的捍卫——

让我们在故里无虑，没有意识到维持那个虚假的家的种种伎俩。

生态或者家（oikos）的潜在隐喻杠杆，在这个贪婪的时代已无法用指数曲线来证实与巨额债务相混合。有些迷茫的未来也被其所吞噬——希利斯·米勒（Hillis Miller）在本卷中所说的，一种自杀的"自动—联合—免疫"途径。[2]然而"国债危机"也相当于信用危机。后者不仅适用于西方后民主的偷窃—远程统治的政治阶级，而且似乎腐蚀了从 20 世纪线路所接收的重要概念、议程和术语。这些方法在过去几十年一直被沿用，而且被当作资本。活劳动和重要的遗产已经在他们的投资上翻倍了，并没有开启超越家（oikos）情感理论的得体性。他们创造了行会，就像华尔街放弃认知资本那样不情愿。同时也注意到"拯救"人文学科或一个关键的行业可能会延续更长的一段时间（好像"主权"自身）。布鲁诺·拉图尔（Bruno Latour）（2010）假定，这个近期正在进行的片段是思想的"现代主义插入"。他推测，与人类有关的人类历史、文化主义、归档以及权利机制的重点关注同谋于更大的（以他的观点来看）的盲点。这个盲点就是延迟揭露生态危机。[3]

2011 年的"占领"运动自然会在这里提及。这个运动如同巴特比斯克（Bartlebyesque）反对这种控制体制的整体化，像病毒和云雾般蔓延。巴特比成为反对只看结果不看过程的生产象征。如果我们能够提到运用于临界概念和 20 世纪衍生的习语的占领运动，那么我们就可能想象出一个可运用于批评理论和概念网络的称呼——但是如果这正是处在问题中的家（oikos）自身、隐喻的嵌合体以及它对于后人类世想象的捕获，那么是什么打断了所承认的程式（"主权债务"）、什么成为可替换的材料、什么是涉及商品化未来的谣传的"伦理"，以及抵抗了什么样的权利？这正是本书所披露的"末期进化"这个术语的隐含意义之一，以及在 21 世纪的语境中所指示的政权、记忆和阅读的复杂性。占领的主题在此时，处在止赎权的整体化或经验（政治、媒介统治、经济和认知）的对立面。本书中出现多种策略，这些策略涉及什么可同等地被称为非占领逻辑或模因。

在军事意义上，这种非占领逻辑假定讨论中的领域，已经被一个程式渗透、占领。这个程式无意识地一直都被加速地破坏和接管。最近数十年批评界的观点与当下的止赎同步。因此令人吃惊的是在福柯的观点中或者在德里达的观点中都无法找到对于生态灾难的解释。蒂莫西·莫顿（Timothy Morton）的《没有自然的生态》（*Ecology without Nature*）是在非占领领域中的一部著作——寻求解构题目中的两个术语，在论述过程中瓦解现今批评流派的"改进的机体说"。以他的观点来看，这些批评流派已经陷入复杂的前—批判模式无不与更一般的惯性相关联。

例如，非占领的模因与本书中的罗伯特·马克雷（Robert Markley）所提出的"非身份化"的实践产生共鸣，而且在蒂莫·克拉克对于生态灾难导致的永久的认知分裂的探索中有所暗示。有人会对主体个体实行非占领，不仅在文化理论中拒绝安慰商品化的"他者"，而且拒绝对其他救赎物，例如，动物〔正如乔安娜·瑞琳斯嘉（Joanna Zylinska）的观点是关于后人文主义及其"动物研究"〕之后的伦理诉求。非占领的可能是家园的隐喻。甚至后者在现今会以珍贵的术语，如创伤、情感、他异性、化身，甚至是文化来维持自身。

然而拒绝对资本主义假想的救赎"外层"不会超越"占领"所暗含的道德主义的批评纯净，而是在没有主权可维持的模式之前的一种暴力的回归和定向。

想象一下，资本主义假想的救赎"外层"被拒绝，某人可能通过这个途径而实现非占领，但是他无法找到一个超越"占领"的道德主义的批评纯净之地。占领从不是简单的接管和挪用，而是总是涉及摧毁它所主张的。"占领"主题的病毒迁移关联到秘密的非占领的前提。在目前这本著作中，它采取了不同的形式。如果某人在不可逆转区域中超越了引爆点，那么将什么作为一个关键的禁令与之相符？凯瑟琳·马拉布（Catherine Malabou）驳回了创伤的象征的整个方式，而且"总是已经"（always already）已经安排了时间。克莱尔·科勒布鲁克（Claire Colebrook）申明，而不是悲哀地接受，灭绝是开始思考的起点，这可以用于对抗现今的唯器官变化的意识形态（如性别差异）。马丁·麦奎兰（Martin McQuillan）把语境的参考谱在后—碳思想的假想中变换成"其他物质"，而罗伯特·马克雷追溯了置换人类叙述矩阵的地质年代的涌入。贝尔纳·斯蒂格勒（Bernard Stiegler）清空了生物政治的模式，在他看来，这被"资本主义的第三限制"所超过（当其影响到生物圈时）。从那个过渡点，他制定了反击远程电路捕获注意力的策略，开启了网络计算机优化政治。乔安娜·瑞琳斯嘉为了继续这个主题，对温和的隐蔽的模式实施了非占领。这个模式可让动物研究把其自身虚构成人类—殖民主义的"他者"。瑞琳斯嘉认为，一般像后人文主义那样，动物研究维持着它的主体霸权。希利斯·米勒通过盲目地坚持维护家（oikos）的"唯器官变化论者"（organicist）的舒适阅读的模式确定了生物灾难想象的来源。米勒反对这种安全的解释，他指的是"生物技术"。生物技术是机械的和以语言为基础的（在此语言不是用来交流的，而是在卡夫卡的奥迪瑞德克中，以字面的和铭文的方式存在）。贾斯汀·里德（Justin Read）再一次通过放弃创伤置换了任何的生物政治模式、家、生存和任何方式的内部，转而描述数据（或者单一性）的传播。在这里只有保留政治姿态来适应生物灾难。詹森·格罗夫斯（Jason Groves）再次把参照屏从以人为中心的指数转换到（外星）物种入侵的病毒文本解释和全球生物—地理的重写。麦克·希尔（Mike Hill）继而谈到大气干扰的转变。这种转变是无形战争的新视野里对气候战争技术的虚构。无形的战争不仅包括纳米技术，也包括战争在没有分别（国家的）敌人的情况下，"自动"地转变为对"祖国"自杀性的暴力——再次，这是一种加速的自动——占有。

<h2 style="text-align:center">二</h2>

如果我们注意到对于人类和动物他者的理论上的恢复是为了对抗资本主义恐惧，那么这种方式类似于为了拯救现今而采取对未来政治性的延期。如果这样有可能的话，那么我们可能会问什么可以超出国土安全来开启朝向自我的反动的逻辑？到目前为止所缺乏的是任何共同的或者可能的气候变化想象——或者是批评模型。问题是其他的组成气候变化力量的物质性会粉碎任何揭示普遍"想象"的东西。这些总已经是比喻体系。最近评论界有不少质疑，例如，如何定义"气候变化的政治主体"这个问题。作者们聚焦在"气候危机塑造了特定的主体性"的方式上，恰如其分地把"危机"本身的任何修辞置于可用的那边。问题在于定义一个"政治主体"或者主体性的前提始于"毋庸置疑，当代气候变化的众多语境在两极振荡：大多数在临近的灾难和恢复的前景之间、在不可想象的人类灾难和绿色—技术革命的许诺之间振荡得相当剧烈。因为气候危机经常引起政治风险"（Dibley and Neilson 2010：144）。这种虚伪的算法，"气候变化的政治主体"（147），成为认知分裂的一种形式："这两种形象是生态危机主体性的另类形象，它们是赠送的……就像气候变化的主体性的辩证形象"（146）。一方面，这种理论上的介入是认知反映的典型。这种认知反应是针对集中于缓解、可持续性和各种"环境"议程的争论中的最糟糕的优先收买权的——尽管其中任意一个答案都不科学。可持续性已经变成"增长"的经济性所

要求的舒适度，以及获取的程度的"维持"。另一方面，有一个闭塞的习惯性思维。对于"主体性"的应变会导致的这种新景观政治特征，人们提出以下两种互相抵消的算法：对于临近的危机和终结的绝望感，以及伴随着期盼某种东西可平息的"主体性"。正如本卷许多论文所暗示的，人们可能会走向对立面：从一个没有主体性的主体出发或者开始（凯瑟琳·马拉布），或者从没有内部的外部出发或者开始。

气候变化时代的困境从结构上与那些移交到西方形而上学的扭曲状态不同。它们不是由德里达围绕宜居形象所探讨的困境。这种形象被当作无止境地对隐藏起来的东西的重折。这是一种处在暴露时长存的、持续的、拖延不适居留的逻辑。（解构作为征集的一种模式涉及震动这所房屋或者结构，在其中，某人找到自己，而且回路模式可能因为自身拒绝占领而不安。）正如马萨奥·麦奥士（Masao Myoshi）（2001）一开始论述的，灭绝的逻辑妥协于连同其他所有一切的解放的未来的目标。"正式民主"的任一计划不仅与 21 世纪的后—民主的远程统治相对立，这种统治被明显地铭刻于新—解放幻想（或者宣传）的 90 年代思想片段，其会适当支持当时受伤的"左派"。而且它也会面对这种透明。通过这种透明，市场民主不仅自身呈现出波将金（Potemkin）的形象。而且事实上，仅仅印度与中国中产阶级的兴起而人口对汽车的需求，最终损害地球［正如阿兰达蒂·罗伊（Arundhati Roy）所论述］。[4]任何对于全球人口控制的关注会遭遇女性主义的革新论（Hedges 2009；Hartmann 2009）；后殖民主义叙述会恢复性地模拟表演 20 世纪 90 年代的世界市场民主的新—解放主义，并要求通过三个星球的资源材料来允许无依无靠的他者达到我们的繁荣水平。90 年代在"他者的他者性"的深度投资，这个他者是被认可的、可交流的，被抬举为文明的，以及被殖民化的。在当今这个术语就表现出一个顽固的古体词，也许是划时代的一个错误，保留着主体掌权的统治痕迹。好像不但是形而上学而且是其解构联合参与了现在把其自身公开为"人类世"（anthropocene）——一个启蒙主义意识形态曾经扮演的自我肯定的时代，正如迪佩什·查卡拉巴提（Dipesh Chakrabarty）在"自由"[5]术语中所分析的那样。茫然的现今、贪婪的当下与假设的未来世代的僵局——任何虚构道德合同的破裂或者认同已经运行了一段时间。

本书中的文章集中于这些正被察考的问题：记忆术、概念政权及阅读——某一无限的超越任何写作意志的文本化——在今天，从经济体制到生物圈，参与或者加快了所延伸的突变？本卷对此给出一个命名——巨变。

在现今的经济"危机"期间，在生态灾难逻辑的总闭塞和"后理论"批评再流通的方式之间存在一个奇怪的平行关系。这其中的一部分似乎是明显的。那些把自身命名为后—人类的人倾向于再确认一个从不以此为起点的"人文主义"。如果超人说曾经把指向人类物种的识别当成深层次的生命—否定，那么其紧张的计划和被超越的族群身份与现今后人文主义申明了未来关闭的可能性，那就是"我们"可能无限制地超越我们的生命。这已从尼采早期的假定——超越人类—自恋——转向科兹维尔（Kurzweil）的推测，使得有机体共生和去道德。后人类已经避开有机的限制，因此延长了一定的无限此在（或个体生命）：是持续时间的资本化。除了血肉身躯的延伸，"高"理论已经重建了全体人类：哈德（Hardt）和格里（Negri）对于"大多数"的假定革新了天主教的男性虚构；系统理论家们在最支持修辞唯器官变化论者中来回摆动（盖亚母亲）；"新媒介"理论家们就是从悬置这个假设的逻辑转向现象学的假设；具体表征的特征有规律地流通。这里有一个类比，即一次又一次，为了抗衡正在消失的资源而欠下了巨额债务。人们通过对巨额债务的永久延期来努力支撑"华尔街"的银行。

然而有些例子是来证实这丰富的背景和对于突然重置的参考范围的投资拖欠：

朱迪斯·巴特勒（Judith Butler）的《危险的生活》（*Precarious Life*）（2005）通过要求禁止悲伤的种类来为恐怖主义分子受污损的"他者"正名。她不仅依赖于悲伤的模式，而且断言在有选择的伤心中哪一种是失去的和非人道的。这篇讨论中的论文是合乎时代的。这样的时代是把当今的人文研究作为一门可对他异性形成更高启迪的学科——在某种学术环境中的道德辩护。在这种环境中，这样的领域的实用性是处于预算审核之下的。道德问题唤起列维纳斯和颜面的惯用语。巴特勒展开了这些形象来诘问是否在后—"9·11"的修辞领域"人性已经丧失了其道德权威"。巴特勒在某种程度上类似于布什政府的"恐怖战争"（假设无时空的限制，然而已经消失，被经济"危机"所替代）的修辞意图，走向探寻恐怖主义的外观和他者诱饵：

> 人类不是由其所表现而被认同，然而也不是由未被表现出来的而被认同；而是由对任何代表性的行动的成功的限制来认同。面子不是在这种失败的表现中被"抹去"，而是存在于那失败的可能性中。然而，人格化声称要"抓住"正在谈论的人类，当面子在其中起作用时，完全不同的事情发生了。（Butler 2005：144—145）

这篇文章感兴趣的是人类构造的分歧："我指的不仅是不被认为是人的人类，而是限制的基于排除意义上的人类概念。"（128）而且这里恰恰是被协商过的向后翻转的更人道的顺序："如果人文学科拥有像文化批评那样的未来，而且文化批评在目前有一个任务，毫无疑问我们应该回归到人那里，在人的意志薄弱处和能力的极限处我们不期望发现人的意义。"(151)然而可能出现的情况是人文学科（在这种方式中）没有未来。"文化批评"的商品在断断续续地供给自身——这样做的前提是它的道德价值在于与和平的他者处于和解中。然而，这仍然而且恰恰是人类"他者"的灵巧形象。"我们"会移情般地密切联系这个形象，其涉及"社会"或"我们"已经习以为常的止赎权。难道这个问题不是哀痛前提本身吗？

如果，在另一方面，剩余的人文主义不能在熟悉的家（oi-kos）或者限度中停止再记录自身，那不会有帮助或者依靠对人文主义的累犯的指控来拒绝所有的理论。而重点是在所要求的稳定的模因中，它从不从那儿开始。人们对非人性和多标量逻辑的不认同不会在表面上表现出来，即使这些逃离人类中心说的企图会遭遇同步的抵制。在曼纽尔·德·兰达（Manuel De Landa）的《千年非线性历史》(*A Thousand Years of Nonlinear History*)中有一个把布罗代尔（Braudel）和德勒兹式（Deleuzian）的动力论和体系理论相耦合的例子。尽管这本书在1997年出版，这部权威著作没有意识到它是探讨气候灾难或者大气变化迄今为止的独作。德·兰达指的是对陆地有机体之间传递的"生物量"（bio-mass）起改变作用的有机或无机形式。这部著作坚持不允许在追踪"地质的""生物的"和"语言的"这三种平行历史的过程中出现人类中心的视角。尽管它提出的是所谓的比较社会语言学，但是它没有记忆术的概念或者修辞和知觉机制参与或形成反馈回路。正如巴特勒为了改善社会认可而保留列维纳斯的"他者"，它省去了这里所命名的巨变：

　　千年以来，重要的是通过食物网络流动的生物量，代代遗传的基因而不是在这些流动过程中出现的身体和物种……这本书关注的是对这些"物质"的流动的历史考察、这些

固化本身。因为一旦这些固化发生，它们就会阻止流动，以各种方式来限制。（259）

　　在"文化研究"开始的遥远尽头，德·兰达把"资本主义"叙事一起抛弃了。现今，资本主义叙事没有离散的外在或离散的他者：如果我们回到大师的概念，回到"资本主义体系"的概念中所涉及的伟大的同质化，把整个过程圆满地完成，那么在那儿制动有什么作用？（267）德·兰达认同一个通过"催化循环"和横向迁徙的机构塑形其自身——通过唯器官变化论的隐喻模仿系统理论的限制及其描述性的捕获："太像一种既定的材料以各样方式凝固（如冰或者雪花，如水晶或者玻璃），因此人性液化，然后以各种不同的规范来固化。"（6）[6]德·兰达的历史论在后二元化（post-binarized）的秩序中达到顶点。然而在这样的秩序中，参照的问题回来了："我们仍然不得不应对参照对象，应对成千上万多年累积的惯例化的组织。"（273）德·兰达这里重复"理论之后"的理论盲点：如果理论是在人类文本主义之内的外壳，那么——是的——理论需要存在。但是那并不意味着离开就允许另一种来占领参照对象的新空间：这种参照对象——正如气候变化所揭示的——缺失、碎片、分散总是在未来而且超过我们的计算和参照而不能捕获。而且它发生突变。人们很容易注意到时间向量的指数加速。在其中，我们随意处置的感知和认知机制越来越不能体验与标记我们气候的突变和变化。那就是说：我们已经加快了这样的速度和暴怒，把我们自身消耗理论化、神圣化、合法化和道德化。而且我们没能亲眼看见正在破坏（或者应该正在破坏的）现今的灾难性地质。[7]

三

　　"气候变化"是短暂的超越所有变体的非术语（non-phrase）。人们需要把这个非术语置于移情的他异性（empathic alterity）上。因为"他者"像所有假设的救赎的外层，已被长期地商品化了。"我们"自鸣得意的去主体的非他异性是超越现代性的和爱挑剔的，而且只会干扰"他者"。"家"仅仅在受限制的边界上起作用。伦理对于差异性的注意力依赖于"家"和"好客的"同样的隐喻意义上。我们的认知机制和他们批评复杂性已处于这种加速中。为了追溯其方式，我们可能会被告诫我们语义的反映形式、复原和赎回叙述的方式。而再—人性化维持其自身成为连接这些止赎权循环的修辞机制。记忆回路在首字母缩略法或者人类归档（更不用说特定的西方或者伪一神论的"书籍时代"）以外实施，而且积极地遍布生命组织（脱氧核糖核酸、核糖核酸、光合作用、细胞形成，等等）的生产。不是某种从政体概念的秩序中隐退，而现在成为地理上的真实的文本——而像体制理论可能会假定的——会对指代某种，如弥漫力量更有帮助的文本：不是交换、生产、循环和订购的逻辑，而是断离和分散。如果文本作为一种语言形式或者唯心主义的捕获，那么这仅仅在没有对语言的"非—人类"自负有完全足够的重视的情况下发生（本杰明）。这里记号现象先于而不是添加在生物上（所谓的"生物记号现象"）。没有动物通过语言来开启这个世界；在世界的始端是记号或者刻印。我们借此教化我们自身，使之服务于我们，开始我们的家庭生活。

　　如果以更多的时代或者不同的时代为研究对象，人们可能会认为有一种肯定的观点出现：

第一，各种矛盾参照物会在人类档案记忆和社会历史之外起作用。随之到来的 20 世纪集中于人类公平的关注可能会被打断。

第二，我们所说的"政体"会从专门的社会分类（亚里士多德）上迁移，因为它已经在认知或者认识形象领域被定义为与国体有关。

第三，圣经时代以及其伴随的虚无主义（字母一神论）会在远程形态学的实践和记忆机制的轨道中以档案的形式出现。

第四，据参照机制和理论修辞的原则，文本的概念不会把文本的前提从"真实"世界分离，而是强化在多标量和不人道逻辑里。所有这一切在一个开放领域中实施。用生物记号现象或者纳米刻记过程来指代这个开放领域会更好。

第五，在"人类纪时代"，从超越哀痛和人格化的自动症，或者"身份证明"的角度，写作实践可能会在它们与碳和碳氢化合物加速的混杂过程中被理解。

以上假设所显现的是阐释映象和语义仪式可能被重新定位。我们不仅在文本批评的领域中定位意义反应的过程，我们也明辨出朝向未来力量的止赎权发展的更大的倾向。一定的阅读实践——或者回到那适当的（或者他者），从那儿我们可能会借贷——类似于为了虚假的未来而调拨幻觉的过去。当今全球货币市场崩溃危机发生，金融体系深陷于这样的旋涡中无法自拔。这样的状况类似于资源消耗与全球变暖的"不可持续性"。而且每一个都回应当今的认知恍惚——"不可持续的"，然而延伸它们自己的信用（"量化宽松"）。人们考虑现代的能源问题应当是哀痛和主权问题之一——或者质疑我们如何失去了一个原始的开始而陷入体系的终结，或者我们如何没有认识到一些真正的他者——不让我们大胆面对哀痛的他者和主权者，这些人（或事物）遭受着误认、暴力传播、去中心和非人暴力。这个主权者诱使我们不去对抗正在消失的种种未来。我们所争论的不仅是"超越"哀痛的盲目迷恋（克服它！），而是防御这个捕兽夹在希利斯·米勒所分析的有机体说的模式中得到促进和加速复发。有人会转回到微小事物的假设领域：碑文、纳米设置、记忆机制、感知设置。

当今"后理论"理论的潮流经常转回到临界前的假设。除了悼念20世纪的大师文本，它们都有一个古怪的特性，即网络和整体线路的"新"模式联合起来，捆绑人性且不遗余力地反对差异性和跨物种交流。这是先前有机体说最奇怪的复制物，其悬置就像刚开始的"理论"那样。[8]给人留下一个印象就是，正如齐泽克所告诫的处在"无价值"（Žižek 2009）中的"批评激进"。近来批评的当务之急分别与我们现在所目睹的（气候的）加速（变化）合作。

四

如上所评论的，布鲁诺·拉图尔谈到了一个奇怪的寓言。在这个寓言里他把所谓的"现代主义插曲"鉴定为伴随着生态灾难视野的思维默认模式。20世纪的焦点集中于阅读和重写其自身的混乱历史的"批判"。这已与困境的突破共同指向陆地生活。拉图尔的"现代主义插曲"包括批判计划和对过去的成见。这些批判计划和成见以描述过往的现在指数加速后果为代价。拉图尔——他的推测背离了对电影《阿凡达》的痛苦的盖亚式解读——提出术语物质性作为当今重置的部分，应当退到人造的二进制部分。他也建议抛弃术语"将来"，他会用低调和谦卑的术语"前景"来替代。

"现代主义插曲"的标签是有趣的比喻。它与一个类似于"人类世"的术语产生共鸣。它暗示着这个术语仅仅在说话者所在的将来过去式中能被读出来。如果我们已经从我们还未允许的将来回看我们的当下，阅读会是什么样的呢？拉图尔似乎没有意识到他把自己在这种反射的建构中铭刻到什么程度。在此过程中，他不仅使用了盖亚隐喻的复古有机体说，而且也使用了他的假设。他的假设是"现代主义"版图、宣布休整和新的开始，是他所想象的"间歇"革命性的假设。因此他无奈地发现自己回到了一个典型的 20 世纪的文本，本雅明的历史天使的"疲惫的……比喻"来建立论点。

　　我想争辩的是在现代主义插曲中有关时间流的方向问题可能存在某些误解。我有种奇怪的想象，那就是现代主义英雄从未真正地放眼未来而总是关注过去，关注他惊恐逃离的过去。[……] 我不希望去拥抱瓦尔特·本雅明疲惫的"历史天使"的比喻，然而，他归因于天使有一定的道理：这是向后看而不是向前看。"我们看见的是事情的串成。他看见的是单一的灾难，不停地在把碎石垒起，扔在他的脚前。"然而，与本雅明的阐释相反的是现代人，就像这个天使向后飞翔，的确没有看到毁灭。在他的飞行中，他制造了毁灭，因为毁灭发生在他的后面。仅仅是最近，突然间他醒悟。某种心思意念的转变。他突然意识到他的前进留下了多么大的灾难。生态灾难就是某个以前从未真正展望未来的人突然转身，急切地从恐怖的过去抽身的状态。当这个英雄以他没有意识到的猛烈程度从过去逃离，他的身上带有某种俄狄浦斯的东西——除了太晚——的确他的飞翔已经造成了他起初千方百计想要避免的毁灭。(Latour 2010：485—486)

　　把这默认为俄狄浦斯的悲剧可能太快了。拉图尔创造性地误读了本雅明文本中已成为某种江湖医生的天使的"疲惫的……比喻"。这个天使是完全无力，没有意识到不死的大众对他期望（让他们成为整体）的骗局。"他"不能给予未死的大众和转向他的历史碎片所想要的，而是拖延。他好像在努力地尝试，直到他仅仅被所谓的"来自未来的风暴"吹走。这最后的天使只是某种天使主义的布偶娃娃——不只是（带着翅膀）扮着人脸，打上信使标记，而是此刻不带信息，且他的形体意味着救赎叙事的整个意愿。在本雅明的文本中，"风暴"这个词语作为主语，重复出现在三个陈述句中。如果某人集中于这个词语，那么这个文本可以不同的方式解读。这是一个达到顶点的术语，随后被《论文十八》编入索引成为地球上有机生命的永世。在其中，人类的时间就是以秒而计的小数部分（一种人类世的观点）。本雅明所谓的历史天使实际上是杂耍演员的角色，而不是主角的化身，唯物主义历史学家。他代表和摧毁的不仅是乌托邦马克思的天使主义，而且是犹太神秘哲学的神学比喻——论文为了达到相互抵消所融合的这两个镜面成语。对天使的描述是如此的颓废，充满欺骗性和自杀性（当他看着大众时，人们能够想象他正扑向香烟），以至于它提前取消了唯物主义史学项目。它也取消了任何"软弱的弥赛亚主义"（weak messianism）——或者任何的弥赛亚主义。这个天使显示为一场骗局，靠着他所期待的那个想要成为一个整体的读者群抓住他自己的地位。是否这位天使只想到这是他所想要的，而或这未死的大众认为他想他们需要这个，这些从未明确过。当他被"风暴"吹走时，他除掉了天使主义的人类—自恋，即给予物质人类的形体、面孔。此情形还包括不属于鸟类的翅膀。他是人类面孔粘贴在一个想象的他者身上的最后的化身，是线框白炽灯，早已出现在克莱的图形分解中。他模仿而以"软弱的弥赛亚主义"被弃绝。软弱的弥赛亚主义是本雅明在别处假装唤起——而且德里达将会回转——并努力使用来保持未来言论开放（对于不可能"到来的民主"的比喻）。德里达的《马克思的幽灵》以这种方式通过复原"软弱的弥赛亚主义"这个术语从本雅明的毁灭计划回归。德里达疏忽了生态灾难逻辑。这是他自己从其他简明的议程所得来的——如无处可寻隐患的"十灾"的世界新秩序——他的疏忽回应了档案限制。这个限制似乎需要"解构"修辞阶段本身。

　　这并不是说本雅明的天使比喻是与定位过去有关——如档案、踪迹、权利历史、身份信息、正义叙述、碑文——由此涉及仪式或时间的管理。是"他"认为那是他的读者在他生命中所寻求的，而且他不但做样子想效劳（像软弱的弥赛亚主义那样）？而且他有效地从逃避中走出来。本雅明的天使给予我们某种欺诈：他知道他的读者群所需而且知道他们用他的目的（因为"他"不是传达启示的信息者，而且他不向神报告，他本身只是一个标记而已）。他想要帮忙但是被风暴猛烈地吹走了。救赎历史的诱惑是简简单单关乎于天使主义、它的反射或外观、重建的冲动和安定心志（甚至被认可）。视觉陷阱不仅指出这个穿着礼服的人造天使在哪些地方与最后一个赋予人性的形式和面孔相像（他看着像人，传统意义上或多或少是男性形象）。它也指出另一个无效符号的虚假调停的消失（天使作为信使、作为解释）。它把谎言的借口给予伦理、给予认知道德教育，而且表明了天使主义参与了更偏激的邪恶。而它在构成上极其固执地没有意识到这种邪恶。

　　天使主义的冲动遍及20世纪批评习语的复杂变形的循环利用。这种系统性的复发，就像重建（nachconstruction）一个因其不存在而会加速它的军事防卫的家（oikos）。它自身发展成自杀的弧线运动。这种新的天使主义，就像蒂莫西·莫顿（Timothy Morton）（2007）呼吁的"改良有机主义"值得怀疑。它很幸运地注意到各种回归的重要传统和救赎融合。罗兰·贝兰特（Lauren Berlant）和迈克尔·哈德特（Michael Hardt）在一次主题为"论公物；或者一起相信—感觉—行动"的会议上进行了"爱"作为一种政治代理的谈话。我们从中还可以读到一种或更多对天使的呼吁，那会使我们和我们的过去成为一个整体。让我们忽视哈德特和贝兰特所讨论的公物不是水、油或食物，而是自由灵魂的新社会"关联性"的改革领域。这里"爱"保持着温柔的基督模因的碎片和承诺。如果对于哈德特，爱"在政治领域中起核心作用"的话，那么贝兰特发出更激进的诉求：

> 另一种方式来思考你的隐喻，迈克尔，那就是为了练就一块肌肉，你不得不撕裂你的肌腱。我经常谈到爱是人们很少真正承认他们想要与之不同的那种情形之一。因此它像没经历创伤的改变，但它并不是不无稳定性的改变。它是没有保障的改变，不知道爱的另一面是什么的改变。因为它正在进入关系。我想要的爱作为社会可能性的概念是爱总是意味着非—主权。爱总是违背你对自己意志的依恋，而不反意志。（Davis and Sarlin 2011）

也许从骨骼论点的线索来看，也许关于"肌腱"被撕裂的隐喻是错误的（这不是，真的不是锻炼肌肉的方法）。人们可以目睹的是在承诺的习语里的翻倍效果（"没有创伤的改变"？），以及当有着一定年龄和某种性格的学者们自恋地叨念情感时产生的隔绝。人们对于处在移位算法下，保持意志的主权的振荡已经找到一个新命名："爱总是违背你对自己意志的依恋，而不是反意志。"有时候，正如我们听到的，这不仅是关于我们，甚至自爱可被称作公物和规划社会团体或超越暧昧的"集体"个人主义的享乐。也许这是一个周期结束的记号，批评与文化习语的融合，回归到补偿的源头——这个时代是场"闹剧"。这种涡流以安慰的斯帕（spa）形式出现。这种 spa 可被称作学术理论的"雷曼兄弟时刻"。

五

目前合并领域中的兴趣点并不在于某种不可逆性如何影响或者如何仍然被远程统治和认知机制所排除。兴趣的要点也不在于复杂的批评议程已经如何有区别地为体制惰性的议程服务——尤其在批评的幌子之下。兴趣点不在于这将会采取什么形式，不在于可预测或预期的多变的灾难。兴趣点应当是止赎权或已是精神病的逻辑被企业媒体不完全地归一化、适应化或确定。[9]这种精神错乱采取了排除、封闭，或否认什么是完全公开的，否认了在科学领域或人们的眼前是可察觉的。

拉图尔假定一个"现代主义插曲"错在极其努力地专注于过去其他方面的重读。然而他忽视了本雅明漫画的目标。这不是专注于过去而是专注于包含强烈阐释爆发的天使主义。德里达为了使得那些不可预料的和"即将到来"的敞开而禁止思考未来。也许这是关于拉图尔的瘫痪"插曲"的例子。事实上，当今对经济和社会"前景"的投入——导致"主权"丧失、债务奴隶、银行家掌权、储备崩溃，等等——没有以过度地关注过去为前提条件，而是全部关于时间轴的交替。以这种观点来看，拉图尔的"前景"陷入对将来的同样捕获中。这种情形发生在市场中，是否由上面操控来延迟清算（"市场太大而不会失败"的逻辑）或者打赌不会失败。对于将来事件的计算，泛滥于媒体和报业的转发叙述暗示了一个时代。在这个时代中，"过去"的商品化翻滚向前——标记着过去和将来是空想计划。因此不能说，我们已不处于"文字"建构之外了，尤其当我们说某种类似系统或储备的事物时。所谓的市场，就其充当操纵时间的角色而言，现在是技术上的无赖，不过是对未来情形打赌罢了。由此拓展到商品化的将来及其派生物、信用违约交换、通过巧妙和自身内爆的"金融"工具——据说市场相当于对未来储备和时代（千秋后代）实施全球性的掠夺。

实行以下种种行为都是放纵。有些是我们所熟悉的：新形式的极权主义和内部安全机构的巩固；测试"全息统治"的新气候战争技术（内部应用）拟定五角大楼保持其后帝国模板（迈克·希尔在此书中探讨）。有些是可见的：不定期预测生物圈的崩溃（海洋食物链），极端气候灾难（大旱灾、洪水、水力压裂诱发地震）。其他情形处在我们可认知的边缘：大规模灭绝事件、全球人口"优胜劣汰"的计算。尽管这样，但是这些就像碳氢化合物和石油本身形成了可见的和不可见的形体——不是我们所知道的石油、高工业技术文化、摄影术、电影和全球输送。正如马丁·麦奎兰所提到的，我们再度思考写作和认知历史与碳和碳氢化合物明确的相关性——这样做不仅仅涉及人类记忆术？当克莱尔·科勒布鲁克把灭绝从悲剧禁忌转化为积极的观点时，她压缩了天使主义总是想要保留的语义界限。问题不在于过去在后者的批判修正主义和结构主义中把人类的自恋引向过去自身。问题在于"其他的暂时性"越是积极地干涉，人为的现在越迷惑。

六

探讨完这残留的天使主义和这后仰的脸之后，某些线索可在这些论文中找到[10]：

《时间》。罗伯特·马克雷提倡任何关于生态紧急状况取代"人类"地质世事的思考。这种会被取代的模式追随所有的文化主义的模板而且在任一关于当今"持续性"的争议的后退症状中展现自身："持续性最终指的是在人类和环境之间理想的内稳状态。这种状态从来不会存在，除非强健的生态系统不受低密度的游牧人口的影响。"相反，气候学时间产生了干预模式，这引起了非身份化的复杂和自我生产的模式。这种"非身份化"被应用于解决文本化和阅读的其他模式的问题。通过指涉人类技术与生活效应相嵌的暂时性，"气候学的时间悖谬地超越和解构了哲学和修辞学漫长的传统。这种传统将克隆纳斯（物理时间）和凯洛斯（恰当时机，恰当的时间，或在当代希腊语中，气候）相对立。"

　　《生态技术》。希利斯·米勒通过解读卡夫卡在屋外和屋底生活的奇怪的言语宠物奥德拉德克，把此不在场运用于欧依克斯或者家的比喻来记录几件事情。对当今虚构状况的大范围的推测面临政治和物质过程（也就是海平面升高）释放的机械必然性。在此推测中，米勒追溯了生态技术不但如何建构了自身——既然它是以反驳内部保护为前提的——而且如何产生了"自动联合免疫"螺旋运动，或者自杀运动。为了反映这是如何运作的，他标示了不断反复的有机化作用的位置，而且认为解读字面效果的某种方式一直在促进解构一块土地。对于这块土地，它以不适当的方式已经将之传奇化——如自然、身体、持续性而或甚至是盖亚自身在系统理论里的形象。米勒脱离了卡夫卡把处于其大部分前一字母形态的语言定位于非人类的观点。从奥德拉德克的非人类阅读，米勒转向对当今美国的批判。米勒认为美国是缺少邪恶罕见的例外，而更多的是僵尸加速和自杀性的"自动—联合—免疫"复合体典范。正如米勒所推测的他的家所在的缅因州海岸的海平面上升："地球不是一个超级生物体。它根本就不是一个生物体。它最好被看作一部极其复杂的机器。这架机器至少从人类需求的角度看，是能够自我破坏性发怒的机器。全球变暖会带来大规模物种的灭绝。它会用洪水毁灭掉低地势海岛、我们的沿海平原，以及位于其上的任何的城镇、城市和房屋。"那就是，它意味着在字母之先对隐喻的剥夺。

《谨慎》。贝尔纳·斯蒂格勒抛出了侵占生物圈的资本主义第三个限制的问题。斯蒂格勒作出了药理学意义的呼吁：重新配置"谨慎"、散布"短期"、欲望经济体的远程统治的退化而导致当今时代的麻痹和幼儿化。"资本主义的第三限制不仅是矿物燃料的储备量遭到摧毁，而且这个限制是由通过消费摧毁所有一般物体的动力组成，至于它们已经成为动力的目标而不是欲望和关注的目标——消费的心理技术组织原理引发了在精神层面以及集体层面摧毁各种形式的注意力。"斯蒂格勒的策略从任一生物政治的虚构转换到另一领域。在其中，心理动力作为注意力的盲目捕捉可能被这样的观点反驳："发动战争反对投机，而且反对建立在短期基础上的生活模式，其中一个最具代表的日常例子是社会的组织原理。这就是力比多可引发可持续性投资能力，市场通过摧毁它来系统化地获得动力。"斯蒂格勒的思想毫无保留地转到技术，这与本书中的其他几篇论文相呼应。她把政治的根据转向了非政治。"非政治能保留和克服心理力量的致命逻辑……在那儿，经济方式可得小心。"

《单一性》。贾斯汀·里德完成了对远程统治下的全球城邦的逻辑探讨。在这些城邦中，二元制被悬置、生物政治前提被取代、无主体性的主体间是纯粹外在化统治："单一性是世界达到绝对网络一体化的界限，在这一过程中，看似多样的信息网络被一起植入一种复杂而系统的奇点之中。"这种"单一性"的地形学和虚拟的远程城邦取代了已经被称为的公共空间。而且它深入数据信息的电路以及没有明确提及的生产或消费的可再循环的模因。在此之前，只有政治可能被生态—灾难和动物政治的联系或分裂引出："通过把所有的都归入单一的整体中，单一性仅仅在绝对的外在性起作用。每个人和每件事总是已经在'在外面'。……这种绝对外在性改变了我们必须思考权力和权力关系的方式。一旦每件事情都在外部，那么不存在超越，至少不像某种在物质事物里固有的形而上的存在。"

《比例》。不但批评理论而且地缘政治的虚构似乎在气候变化的逻辑已先存在于认知的空隙里。如果是这样的话，那么蒂莫·克拉克让我们回想起任何度量，或者"比例"的问题，那是认知机制所面对的。然而，在与麻木和拒绝广泛的形式完全相连的情况下，他发现了在认知情感和引发的物质影响之间的"比例错乱"。这种错乱以不连贯的网络形式出现："这里仅仅具有计算功能的非人代理引出总体的但对于权威丧失和不确定性没有集中反映，模糊了先前所明确的行动或公平概念；以新的方式使科学与政治的界限变得不确定，导致国家与城市社会的区分不再清晰，而且使曾经正常的理解过程和模式开始类似于政治、伦理和知识容纳的可疑模式。"

《性别差异的消失》。如果斯蒂格勒推断出影响或者改变生物圈的前景以思维重新配置的"幸运点"的方式出现，那么克莱尔·科勒布鲁克的论述开端使用了人类消失的这个禁忌假设——对于所谓的"人类起源的"全球变暖有限的暗示。她发现灭绝是肯定的，而不遮蔽开启已有的逻辑，而且这种断言被遮蔽在有机主义的机制中。灭绝的肯定作为一种逻辑——而不是某种悲观——具有启发性，超越了性别差异的哀伤。这种哀伤"总是以生命理论中的一种道德主义而运行"。她执笔反对生态女性主义自身是有区别的退化。在这样的批评实践中，她发现性别差异的统治和意识形态已经成为一种唯器官变化的意识形态，其自身思考灭绝之前已被悬置："这恰恰是因为对于有限的性别差异某种固执坚持和对于个体灭绝的恐惧，那么人类这个物种现在不得不面对种族灭绝。这种灭绝会把它敞开到一个种类的性别差异的灭绝。"

《非物种入侵》。生态技术命名生态的一种非存在为"自然""家"或者"内部"。如果如此，那么詹森·格罗夫斯开启了一种体裁变体。在其中，他以前物种的逻辑观点来解读现在。格罗夫斯强调了气候变化在全球化外观下所代表的人类现代性的脱节。他追溯了陆地生物的转移以及外来物种的生物入侵。这是以现代人类生活及其地理书写的现实世界脱节来运作的。这种界限—破坏转移在其生物污染中以实际工作的文本主义的形式运作。这种文本主义处于人类感知范围以外，而且没有颜面："大陆计划的清算是由地理学者作为'概念化的一种危机'来记录"。实际上，这种清算在概念范畴之外已强有力地发生了。

《生物伦理学》。乔安娜·瑞林斯嘉把一个完全不同的领域加添到前物种思考中。在她所考察的文本中，她分开拆除了当前的批评实践以及他们改称为后退—人文主义主题内作为"后人类"柔软的循环。她特别转向了动物研究。所暗含的事件是这样的趋势，"后—人类"已经是一个干瘪的比喻而且在尼采思索可爱的机器人和宠物的哲学前提中被驯化。在这种方式下，"后人类"自身已经假设（而后占据）成一个明确的从未有开端而且已经如此重复做的人。在"动物研究"的趋势中来选择作为它可仿效的有名的他者（有时是性伴侣）哺乳宠物，或者伴生种，即遇到某种把20世纪90年代的多元文化论更新为假定的物种内交流的人造他者。在人类所掌握的复原中，"扩展"这种行为在继续。在保留对他者的包含和识别的模板时，她不仅假设了"否则，生物伦理学"这个命题，其必须解释微生物、病毒和明显令人生厌的生活影响，而且假想了一种背离"生活"概念的生物伦理学："这不只是朋友家的狗、猫或马或者牲畜，而是寄生虫、细菌或真菌？"移情他者的模式从下属等级被"扩展"到动物，这导致了所谓的动物研究回到原状。如果如此，那么

"三个基本盲点"（标志）着在动物研究中的互相交错的思想：一是人文主义的盲点，二是技术盲点，在此，由于动物是人类的延伸的观点，许多工作都是在识别动物的生命，也就是它们的"主体性"。三是暴力的盲点，在此暴力被设想为道德的敌人。

《后创伤》。凯瑟琳·马拉布要求突然背离过去和记忆术所组织的方式。她分析了创伤以暂时的"总是已经"的命令已经在生效：据推测我们必须栖居于负罪的丧失中。据推测，我们总是已经在丧失中，总是已经遭受创伤。从这个推测中，强迫性的重复和记忆术的整个结构随之产生。保持这种良心负疚就会引起突然的背离：不仅背离精神分析的残余苛评——这里对于创伤的崇拜是保持主体性的迷恋——而且背离那些后结构主义权威自身。拉康（和德里达）认为，"总是已经"重写每件完全处于先前的组织中的事情。在反对此观点的同时，她提出了通过对所谓的后创伤（创伤后应激障碍的隐喻）进行规范化来超越"总是已经"的观点。这种毁灭创伤主体的创造性观点开启了一个不同的超越哀伤和永久重写的慢性政治学和物质性："后创伤主体断开了总是已经的结构。后创伤主体不再是总是已经。我们建议欢迎一个四维空间，这个空间可能被称为物质……如果破坏总是已经发生，如果有某种超念破坏，那么破坏就不具有破坏力。如果总是已经可能爆炸怎么办？如果总是已经是自我摧毁而且能够作为所谓的精神基本定律消失了怎么办？"

《战争的生态学》。麦克·希尔认为当代战争机器的技术会进一步改变环境。因为当代战争机器重新定义自身为气候变化战争。希尔的论点是不仅大气干扰的条款已经被重新定义（新概念是"航空"），而且战斗协议已经变得反对人类士兵集合。冲突和资源战争的前提从敌对国家的地理战争转变为自我的移交和无限的系统。这个系统超越任何人类参考和对杀戮链的重新定义。这个自发体系反对它的创造者和它自身，成为它自身发展的条件。在这个新的自我武装的动物群落："机器视觉使我们的空间承载重新运转而且使暂存性武装自身。"

《关于后碳哲学的札记》。在进一步开启写作与能量碳氢化合物时代的关系时，马丁·麦奎兰召唤了跨越修辞和物质记录的"碳思想"幽灵。碳表明了他所调用的"其他物质性"。麦奎兰不但集中于标志着末代人类世的双曲线能源消费，而且集中于写作的轨迹（其被当作已经再定义的生命本身生产的碳指数技术）。他以此规划了新的能量学。在其中，手迹和燃料来源于过去的力量，过去是为一个非再生的（因而起促进作用）将来而储存和被消费。碳的观点或者后碳思想的可能性被探索为一种反对现在（迷惑地、贪婪地"把每件事都置于首位"的时代）的另一方式。麦奎兰提出这个观点涉及任何可能的石油诗学。因为石油作为残余的黑色和断裂的过去有机"生活"的黏性存储——一个黑色的先前存储，经过阳光漫长地照耀、被吸收，被移位（进入能量、经过工艺、光、燃料）——已经扮演废物与能源的角色。这段生动历史的讨论使我们遭遇"理论—不是朝向—碳—经济"。这种状况不但持守写作形式而且在非常紧急的状况下，就是比解构遗产，即人们现在所发现的家族和自动免疫瘫痪还要紧急的状况下，这种状况必须被这些写作形式解构：关于碳的写作哲学，就像制作关于石油的电影，是那些任务之一。这些任务不可避免要定居在"理论—不是朝向—碳—经济"。然而阅读从经济而来的条款，可以某种方式让这些位置具有可塑性。这样做是为了根据新的逻辑和标准来实施再安排。

《健康》。我和爱德华多·卡达瓦在这篇文章中转向了在这个档案中什么只不过可能是滑稽羊人剧的讨论：一个评论家在博客中提到了后民主美国当代幻觉中的一个近期事件。在一个特定时刻，即中断创造性和暗中破坏"奥巴马关怀"的时期，我和卡达瓦考察了一个体系中不能被医治的"疾病"是什么。这个体系被某种僵尸"民主"所折磨而且标记着气候变化的系统性闭塞。这种闭塞产生于气候变化的媒体和政治话语。然后我们探讨了小规模的政治破坏如何阻止美国的政治虚构找到任何医治其社会的和（或）历史的处方。

注　释

[1] 本卷来自重要气候变化研究会针对气候变化领域里的批评理论而展开的一系列研讨会。我设计了这个项目。玛丽·瓦伦蒂斯对这项事业全力投入，付诸了创造性的努力。（http：// www. criticalclimatechange. com/）。本卷的姊妹篇由亨利·苏斯曼编辑，命名为 *Impasses of the Post-Global：Theory in an Era of Climate Change* Ⅱ（series on *Critical Climate Change*，Open Humanities Press）。

[2] 既然经济"危机"已经超过任何对于生态"危机"的可能关注，而且危机比喻自身作为修辞的转移来运行（例如，在纳奥米·克莱恩的解读中是"震惊"），后者现今的闭塞代表的不仅是在总统的选举中不能提及对"气候"起操纵作用的美国企业媒体的胜利，而且这种闭塞由于在全球范围内的讨论和由哥本哈根、坎昆和德班再三制造出滑稽闹剧，被认为是"全球的"或者"系统的"（Wente 2011；Thornton 2011）。纳奥米·克莱恩最近从分析"震惊"作为军事侵占的计划工具转变到气候变化作为"全部最大的危机"遭遇到了僵局。那就是，把它想象成社会行动主义的起组织作用的另一他者（Klein 2011）。从她具有影响力的对于掠夺性的"震惊"使用的分析，克莱因标记了一个"新的标准"，在其中"系列灾难"呈现出普通的或者自然化的状态（在介绍起始的题铭里）。

[3] 当金融领主在达沃斯相见来考虑造就他们的流氓"资本主义"的替代品时，这是信用危机有趣的记号——但也加强债券奴隶社会的新封建秩序。否认气候变化的核心是短期记忆形成的有毒混合物（电话营销、规则系统贸易、企业宣传、挑战神学和捍卫人文主义的奇怪混合物）。在其中，触发器是"人为的"，引发物种主义者的拒绝指责（这不是我们，它的前提是强迫生态—社会主义的骗局，等等）。

[4] 这是阿兰达蒂·罗伊在《在民主后有生命吗?》(2009) 中表达的论点，评估了中国和印度中产阶级私人购买汽车的影响，提出自由主义者的前提或后殖民主义者模仿普遍主体性——美国消费者王国的新自由许诺——的修复。

[5] 引用一个"不能被降低到一个资本主义故事"的物种危机 (Chakraharty 2009：221)，迪佩斯·查克瑞哈特详细阐述了人的"普遍"统一替代了文化标识不是来自积极的而是"消极的普世史"：气候变化摆在我们面前的问题是人类集体性、一个我们的整体，指向脱离我们经历世界的能力的一个形体。这更像起源于一场共同灾难的普遍。它呼吁不带有世界认同的神话般的全球政治途径。因为不像黑格尔的普遍性，它不能包括个别。我们可能暂时称之为"消极的普世史"(222)。

[6] 德·兰达注释："然而，重要的是没有把我们在对现实的非线性的可能性（经济学的、语言学的、生物学）的探索中的谨慎需要、对乌托邦激情的随之而来的放弃与绝望、怨恨或者虚无主义相混淆……当这些观点确实引起了'人类的死亡'时。这仅仅是古老'天定命运'的人的死亡，并不是人性以及其潜在的去阶层化的死亡"(273)。

[7] 对这样的观点作出索引不是加入话语的危机或者大灾难，而是其对立面；也不是与哀伤无关。人类世标记着泥土完成成为陈腐的过程（正如蒂莫西·莫顿所主张的）。在不是为了抛弃对社会关系的真实世界和历史叙述，以及"政治"和制度权力的文本化的情形下，后理论似乎论错误地从其艰难的脱身之处转回。现今好像可读的是没有限制的某种生物—文本化的多面的秩序——这不仅是由人类书写或者人类记忆技术所限制或者定义的。

[8] 事实上，有人也许会倒着读"晚期德里达"。这不是超乎他早期疾病外因暴力的运动，而是在这发生之前，对前—德里达叙述所引导的折回或者停顿。有人可能会把这些抢先占领之物以及他们的理论妥协读成以一种不易消除的方式，把他自己的规划嵌入规范的学术圈里的策略。但是结果已经成为一个后德里达的"解构"。这个解构假装存在的方式是它续接着通常正统的或被赋予正统的资本，而或拥有这种资本。实际情况是无法离开德里达文本中（气候变化）没有的东西或者无法逐渐复原它的逻

辑线（解构"伦理"？）——那就是一种自身免疫的阶段。有人也许会说德里达总是有两个类型在起作用，疾病外因的和进入人文主义的语境，并在那里流通的这两个类型。第二种毫无预示地会像第一种衰退那样来支配，可能会被需要。转折点好像是当德里达毫无疑问地努力去反驳德曼的内爆以及在美国发生的针对反对"解构"的方式。他会冒着这样夸张的风险来集结军队，因为"解构"是正义的。

[9] 厌恶把"气候变化"作为一个公共讨论或者是国家所追踪的事物已经在全球经济危机中得到了确认——在这方面，这已经取代了"反恐战争"的文化模因。这已经采取了推迟任何称呼的形式。这种推迟好像要持续到经济情形允许通过提供额外的公共资源（Harvey 2011；Wente 2011）或者由企业媒体和"政治"话语的金融捕获所执行的止赎权（Thornton 2011）的时候。

[10] 本文被引入是因为据此可检索一个涵盖的主题（时间、关怀、战争等）。方法采用的是亨利·苏斯曼早期对于至关重要的气候变化构建一个更广泛的"地图集"留下来的提议，我宽松地保留了他所提供的概述。前提是当那些所选的传统主题与新兴的 21 世纪逻辑发生联系时来研究所发生的改变和断裂。在这些逻辑中大规模灭绝事件和资源耗竭的预测颠覆了社会历史的规划和 20 世纪批评解构主义的目的。

引用文献

Agence France-Presse. "Time to Find a Second Earth, WWF Says. " 2010 October 13. < http：//www. rawstory. com/rs/2010/10/time-find-earth-wwf/ >.

Benjamin, Walter. "Theses on the Philosophy of History," in *Illuminations*. Translated by Harry Zohn, introduction by Hannah Arendt. New York：Random House, 1969.

Butler, Judith. *Precarious Life：The Powers of Mourning and Violence.* London：Verso, 2005.

Chakrabarty, Dipesh. "The Climate of History：Four Theses. " *Critical Inquiry* 35. 2（Winter 2009）：197 – 222.

Clark, Timothy. "Towards a Deconstructive Environmental Criticism. " *Oxford Literary Review* 30. 1 (2008): 44 – 68.

Cohen, Tom, Claire Colebrook, and J. Hillis Miller. *Theory and the Disappearing Future: On de Man, on Benjamin.* Routledge: London, 2011.

Davis, Heather and Paige Sarlin. "No One is Sovereign in Love: A Conversation between Lauren Berlant and Michael Hardt," *Amour* No. 18. http: // nomorepotlucks. org/editorial/amour-no – 18.

Derrida, Jacques. *Specters of Marx: The State of the Debt, the Work of Mourning, and the New International.* Trans. Peggy Kamuf. London: Routledge, 1994.

Dibley, Ben and Brett Neilson. "Climate Crisis and the Actuarial Imaginary: The War on Global Warming. " *New Formations* 69 (Spring 2010): 144 – 159.

Harvey, Fiona. "Rich nations 'give up' on new climate treaty until 2020," guardian. co. uk, Sunday 20 November 2011 15. 54EST. http: //www. guardian. co. uk/environment/2011/nov/20/rich-nations-give-up-climatetreaty? INTCMP = SRCH

Hartmann, Betsy. "Rebuttal to Chris Hedges: Stop the Tired Overpopulation Hysteria. " 14 March 2009. Web. < http: //www. alternet. org/ environment/131400/rebuttal_ to_ chris_ hedges: _ stop_ the_ tired_ overpopulation_ hysteria/ >.

Hedges, Chris. "Are We Breeding Ourselves to Extinction?" 11 March 2009. Web. < http: //www. alternet. org/story/130843/ >.

Klein, Naomi. "My Fear Is that Climate Change Is the Biggest Crisis of All": Naomi Klein Warns Global Warming Could Be Exploited by Capitalism and Militarism. Democracy Now! March 9, 2011. http: //www. democracynow. org/ 2011/3/9/my_ fear_ is_ that_ climate_ change.

—. "The Fight against Climate Change Is down to Us – the 99%. " *The Guardian*, Friday 7 October 2011. http: //www. guardian. co. uk/commentisfree/ 2011/oct/07/fightclimate-change – 99/print.

Latour, Bruno. "An Attempt at a 'Compositional Manifesto'." *New Literary Hitstory* 41 (Summer 2010): 471 – 490.

Myoshi, Masao. "Turn to the Planet: Literature, Diversity, and Totality." *Comparative Literature* 53. 4 (2001): 283 – 297.

Morton, Timothy. *Ecology without Nature: Rethinking Environmental Aesthetics.* Cambridge: Harvard University Press, 2007.

Roy, Arundhati. "Is there Life after Democracy?" Dawn. com. 5 July 2009. September 7, 2009. < http: //www. dawn. com/wps/wcm/connect/dawn-content-library/ dawn/ news/world/06-is-there-life-after-democracy-rs – 07/ >.

Thornton, James. "Are Climate Change Reporters an Endangered Species?" Huffington Post, Dec. 25, 2011. http: //www. huffingtonpost. com/jamesthornton/are-climate-change-report_ b_ 1160147. html? view = print&comm_ ref = false.

Townsend, Mark and Paul Harris. "Now the Pentagon Tells Bush: Climate Change Will Destroy Us." The Observer. 22 February 2004. Web. < http: // www. asiaing. com/ pentagon-climate-report. html >.

Wente, Margaret. "Climate Theatre of the Absurd." The Globe and Mail, Dec. 13, 2011. http: //www. theglobeandmail. com/news/opinions/margaret-wente/climate-theatre-of-the-absurd/article2268504/.

Žižek, Slavoj. *First as Tragedy, Then as Farce.* London: Verso, 2009.

—. *Living in the End Times.* London: Verso, 2011.

—. "Nature and Its Discontents." *SubStance* 37. 3 (2008): 37 – 72.

（刘容　石发林　译）

第一章

时 间
——时间、历史和可持续性

罗伯特·马克雷 （Robert Markley）

重大的气候变化全都呈现出时间的问题，或者更准确来说，是对于时间不同的记录：经历性的或者呈现性的时间，历史时间和气候学的时间。每个记录都反对固定不变的定义，部分的原因在于气候学的时间——可以通过一系列复杂的技术来进入和调节——把个人身份、历史和叙述的连接复杂化和混乱化。例如，保罗·里克尔认为这种连接是现象学和历史学的时间观。气候学时间产生于复杂的、标志着限制性和持续再现危机的符号经济化的系谱。[1] 以亨利·沃兹沃斯·朗费罗在 1847 年所作的诗歌《伊万杰琳》里那种含蓄而藕断丝连的时间记录为例，在诗歌的开头，朗费罗让读者想象位于加拿大东海岸的阿卡迪亚的风景：

> 太古的森林，青松铁杉低语，苔藓为髭，披挂青衣，朦胧薄暮中，立如古时德鲁伊，言语凄凄，预言连连。(5)

尽管是对史前的想象，"古老"的森林首先是居住在——或者深切地怀念——一个被吸入而又组成风景的业已消失的完全人化的过去。朗费罗对开头前半句的重复标志着对人类行为和定义**自然**的自然变化之间的辩证关系的一种潜在认知。[2] "原始的森林" 由此与一个人类中心的世界同在而不可分离。

> 太古密丛林；其心何处寻？如鹿奔跑，耳悉林中猎狩声。
>
> 茅屋村寨何处寻？阿卡迪亚村民居——生活如河涌，灌溉丛林地；没于俗世影，映照天堂形。
>
> 沃田于荒芜，村民永离弃！
>
> 如尘如叶散，十月风劲疾，
>
> 抓住且卷高，挥洒远洋中。(6)

《伊万杰琳》的开头减轻了存在于三种时间观念间的根本张力。这三种时间观念为：呈现性的时间（村民的生活），历史的时间（"欢乐的农场"和"像尘土和落叶般四处散落"的农民们）和气候学的时间——意识到风和海洋的自然世界对叙述的局限和人类中心主义中"远古"的界限。朗费罗诗歌中的张力揭示相互争竞的语境、记忆和概念模式。这些被我们称为"自然"。然而朗费罗让我们去想象的森林是"远古"的观点受限于经验、记忆和记录下的历史。一万年以前，在新仙女木时期，朗费罗的阿卡迪亚位于超过一英里的冰川冰的下面。加拿大大西洋的东海岸无人居住，实际上是不适宜于居住。[3]为此，萦绕在朗费罗的诗歌中，但抵制再现的气候学的时间，提及了这些传统——文学的、政治的、科学的、生态的、道德的和社会经济学的——这样让我们理解全球的气候变化以及理解我们对这个历史时刻进行推测的关键的测量。

在这篇文章中，我勾勒出时间记录的简短历史并探讨了一些方式。在这些方式里，呈现的时间、历史的时间和气候学的时间之间有着复杂的张力。这种张力突出了当代对于可持续性发展的理解以及承担的义务。可持续性，我认为是设想时间的特定方式。因此在我的讨论中，时间的不同记录不但生产而且被可持续性的愿望重新记录为一种伦理、政治目的和环境主义的战斗口号。呈现的时间、历史的时间和气候学的时间互相包含，同时随着文化历史变化。并且我会对于不同的文化在这三者之间的协调，实施全程的批判性的研究。聚焦于西方文学传统，我追溯了时间在历史、文化和技术存在的方式；这不是对于持续性的抽象客观的测量，而是动态的关系集合。对于气候变异性和变化需要在科学技术的层面进行理解来平衡这个集合。在这方面，正如我下面所探讨的，气候学的时间悖谬地超越和解构了哲学与修辞学漫长的传统。这种传统将克隆纳斯（物理时间）和凯洛斯（恰当时机，恰当的时间，或在当代希腊语中，气候）相对立。[4] 在复杂的方式中，对气候学时间的理解使得 21 世纪全球变暖危机的政治反应复杂化。

我们耳熟能详的宣传标语提出"我们的子孙将继承世界"或者敦促我们"为后代拯救地球"。这些揭示出可持续性受益于呈现的时间的概念的程度。那就是，个体所经历的风、热、冷、雨、干旱等许许多多人所难免的气候冲击。

由于对追溯到《旧约》的时间概念进行重新记录，可持续性引发对个体生命时间的延续——从过去到将来连续不断地呈现经历的过程。这个过程假定在永恒自然的永久呈现中发生了社会文化的变革。对于这种连续性的类圣经的理解和一种对道德权威、财产权、社会责任，以及种族、伦理和宗教身份的社会产生的继承感到困扰的是一个根本性的问题：什么才是确切地被延续的？这个星球生态系统会像一个自身永久存在的盖亚整体那么稳定吗？或者是像自然界的生产力如此稳定以致开采能源技术和强化生产使得被选民族得以生存、发展达到发达国家的生活水平？

重要的一点是，解决这个问题的复杂途径是对时间进行关键性的考古。文学作品则通过把时间限制于人类历史而传递出对气候学时间宏大变化的模仿。可持续性现代修辞学是通过对田园传统的再想象来实现对稳定的生态景象这份丰厚遗产的充分利用。这种田园传统是指农业方面强化的策略，允许对资源无止境地越来越多地开发。这些体裁的根源在传统世界和他们在欧洲和美洲的后继再想象中显示可持续性概念所包含的程度以及被自然观标记了成千上万年的修订的张力。

犹太—基督和古典传统

朗费罗所写的时代——在达尔文以前但是在地质运动之后，那个时代挑战（或者寓意着）创造的马赛克（镶嵌）历史——既不得不对付历史的竞争传统又要尽力在圣经时序和对深度时间的初步理解之间达到平衡。[5] 西方对于自然的概念在不相称的犹太—基督和异教自然观中已经成形，达到了一定的程度。西方的自然观一直摇摆在史学方法、叙事模式和概念模式之间：犹太—基督把历史看作上帝旨意的神秘展开，而异教的历史观则反对目的论的阐释。[6] 在《创世纪》中，人类从乐园中被放逐是由于夏娃和亚当的罪。他们从伊甸园被驱逐到一个艰辛而物质匮乏的世界使得自然的堕落是人类任性叛逆的结果。在《失乐园》第五章中，约翰·弥尔顿把原罪描绘成从永恒的春天堕入欧洲西北部在小冰河期所特有不稳定的气候模式中。

> 上帝提名呼召来，
> 神力天使赐责担，
> 使之最佳竞万物。
> 日出光耀普照先，

冷暖尽在地上显。

虽有不足尚可耐，

残冬北出夏南来。

人言祂嘱天使忙，

两次动工转地轴，

偏离日轴十度多；

天使发力尽力推；

地球中心由此斜；

季节更替源于此；

不然大地春常在，

繁华似景显恩泽，

昼夜亦或齐等长……（X：649—656，668—671，678—

680）

弥尔顿把一个不可预测的、妖魔化的自然描绘成堕落的标
记，这种堕落不仅进入堕落后的自由历史时期，也进入了极端的
季节气候中。天使们真的把地球推得倾斜了。地球在自转中有
24°的倾斜度，因而终结了弥尔顿错误地认为"春天/永恒"即
是成垂直自转角的结果。[7] 在英国乡村理想化的五月或者六月天
是未堕落的自然的象征。

正如这段来自《失乐园》的文字所暗示，犹太—基督对于
历史时间的理解与神学中的罪、劳作和盼望的救赎有关。上帝的
不快和喜悦深植于献祭的经济中。这种经济设法减缓"残冬"
和"盛夏炙热"的影响。《创世记》中关于该隐和亚伯的叙述通
过农业和畜牧业的产出可反映出献祭者的道德水平这个假设来衡
量他们后代的道德差异。在《失乐园》的第六章，弥尔顿对比
了"辛劳的收割者带来初产的果实，他们手里拿着未去壳的绿
麦穗和黄禾捆"和"谦恭"的牧者把"羊群中初生的羔羊，是

经过挑选的最好的"用全备应有的仪式献上。尽管弥尔顿申明，该隐"不是诚心诚意的"，"内心破败"，而亚伯的献祭是喜悦的，但是搁置在这部虚构作品中的道德评判是堕落世界的生产力允许献上"精挑细选出的最好的"。重要的意义在于这样的献祭总是对气候稳定性的统计推断有帮助——亚伯的后裔象征了这样的预测性和丰盛。在农牧文化中，献祭的意义在于稳定和保持气候条件。这样的气候条件通过降下雨水、解冻土壤适宜于耕种、结束干旱、消退洪水、召回麋鹿或者鱼群或者野牛来增强社会的凝聚力，规范水果、猎物、家畜、谷类、鱼类等的消费。献祭经济洞悉人的罪、过犯和叛逆不仅是气候不稳定的原因，也是其结果——地球的失衡——弥尔顿所想象的。因此气候的变化典型地以大灾难的方式描述，以此标记历史时间的限制、上帝的愤怒和报复。

相比而言，异教的神话强调的是黄金时代的富足，暗示的是美德实质上是理想化安逸富足生活的副产品。它们中并没有存在一种清晰的从道德丰盛的堕落到为罪献祭的因果机制。对神祇的畏惧和期望从敬拜中得到安慰结果使他们专心于一种古典传统中。这种传统把自然的堕落解释为偶然而不是不可逆转的，而没有唤起一种首要的元叙述去解释气候的变化。没有把气候的变化归咎于人类的罪恶，自然界和人类在地球上的居住时常退化到神秘中和非因果律中。

在《变形记》的第十五章中，奥维德对毕德哥拉斯发表了一个长篇演讲，认为气候的变化超越历史的局限，是宇宙无穷变形中的一个附带现象：

　　我相信没有什么事物是一成不变的。黄金时代最终被铁器时代所替代；土地方圆也会变形。我自己已经明白地球曾经最坚固的延伸被水和土壤的形成物所替代如今又被海洋所替代。远离海岸的地方可以找到贝壳，在山顶上曾经发现古锚。在湍急的洪流中，平原变为山谷；洪水可以同样夷平大山。湿地可以干成沙地，而干旱的沙漠可以被灌溉成巨大的水坑。大自然会吩咐新泉涌出，而其他的则干涸无滴水。当地震导致剧变，河流就会从地下涌出或者其他的河流干涸减弱。

　　……

　　安提撒，法罗斯和泰尔，腓尼基人著名的城市，曾经是被巨浪所包围的岛屿，但如今已不复存在。在其早期居民居住的时期，莱夫卡斯岛是大陆的一部分，而现在被海洋包围。他们也说墨西拿以前连接着意大利的土壤，直到海洋废除了它们之间的公共界限，而形成了把岛屿与大陆分开的海峡。

　　如果你在水下去寻找，

　　布里斯和赫里克的希腊城邦会被找到，

　　水手们会指出那些倒塌的建筑物和城墙就在围困它们的洪水下面。（15：258—272；287—295）

对于奥维德，不可触及的被淹没的城市和消失的段落使得这种灾难性的气候变化变得难以理解。这种灾难性的气候以一种不断的变化，包括灵魂的轮回而不是人类堕落前的人为的败坏方式镶嵌在一种信仰中。在广义的卢克莱修的宇宙观中，因果关系可能会成为，用18世纪尊崇牛顿学说的科林·麦克劳林的话来说："盲目骚动中的幸运成功"（4）。对于奥维德，气候变化抵制麦克劳林所要求的"以神为中心"的解释而成为记忆的内容（"他们说"）或者传说（"他们也说"）。它远离所象征的时间的意义，而仅仅由沉默的史前古器物来标示，就像山顶的锚，拒绝因果阐释。奥维德提供一种自然界偶然过程的非人类起源的观点引起人们关注到历史再现的局限是对时间的测量。不是用一种献祭的经济或者对精神和世界现象学的识别来象征一个世界，立在山顶的锚是现代化之前的气候学知识、人类无法完全理解地球变形的图腾象征。

奥维德对说话人经历的强调（"我已看见我自己"）指向象征时间的方式以记忆记载。17 世纪末 18 世纪初的扬·龚林斯基所研究的气候学让人们注意到最初的气候学努力克服观测和描述语言的贫乏。乌斯特郡日记的匿名作者称他日常天气记录"我的历书或者天气阴晴衰落的历史备注，对天气过程以及全年在四处漫游中对天气追踪的叙述"，然而却抱怨"我们的语言非常地匮缺词汇来表述我感受到的气候这些各样的概念"（19）。这样"匮乏和贫瘠"语言限制了把日常的天气经历转换成气候理论。对天气中的变化用因果关系和科学的方法来解释，这样的记录漂移向天气和大灾难的神学符号学：对于天气的具体反应的经验就倾向于用神助类的术语来表述。在丹尼尔·笛福对灾难性的大风暴的叙述中，一次五百年难遇的温带气旋在 1703 年末袭击了英格兰和威尔士。在他的叙述中他描述了当大风暴来临时的恐惧。"这一夜会有很强大的暴风雨"。他意识到了这一点，因为"气压计中的水银下降到比以往任何时候我观测的还要低"，水银读数的陡降是如此的异常以至于"使他怀疑水银计被人动过手脚，被孩子们弄成这样"（24）。[8] 风暴的狂怒让黑夜如此漫长，不但让笛福不能继续观察，而且恐怕会终止经历和历史的时间：午夜过后，他承认"自己并未始终值守在【气压计】旁进行观测……没有有规律地为读者们提供完全的信息，而那混乱的可怕的夜晚让我觉得每分每秒我都有可能葬身在这所房屋的废墟中"（25）。这种大难临头的感觉是上帝对英格兰罪恶惩罚的征兆。笛福用辩证和象征的方式来看待时间。他的险境和拯救也是英格兰式的。在这种意义上，语言的缺陷和无人值守的气压计之间的间隙表明历史和构成唯意志论神学经验之间的断裂：神的力量总是要灭掉克隆纳斯，即物理时间，让凯洛斯作为神的报复。

超越人类起源的时间

在 18 世纪末，数学模拟法和气候学重构中的时间"空无"论把气候与人相分离，似非而是地开始以此主张其解释力，那就是，把气候变化不当作由神审判而来的激增的灾难，而是一种非人类起源的时间。这种时间既超越个体又超越历史的经验。在 18 世纪末，气候学时间是一种三连贯发展的且独特、有别于神中心论而兴起的时间观。这三者都力求寻找理解深度时间的科学基础，而且在这个过程中，颠覆自然的概念。在 18 世纪 90 年代，由皮埃尔·西蒙德·拉普拉斯所发展的行星构成的星云假说、乔治·居维叶的物种灭绝理论、詹姆斯·赫顿对地质时代的"发现"通过分离历史和人类的经验以及记忆来转换了气候的概念。

星云假说以人格化的方式赋予行星生命周期，让它们有青少年、成年、老年和热寂，指出气候变化的模式是不可逆的宇宙发展的结果。[9]拉普拉斯把牛顿的上帝从数学方程式中移除。这样的方程式创造了令人惊叹的太阳系的起源、演变和命运的模式。赫顿对地质时代的预见是"没有开始的痕迹——也没有结束的景象，呈现出兴旺衰退的不断重塑地球的循环历史"（1：200）。这种持续的重塑不但超越而且挑战了神学的灾变说。神学的灾变说把被淹没的城市和倒塌的建筑物归因于让人生畏的上帝的报复。在笛福重复了早期自然哲学家的普遍性观点的 80 年之后——"大自然显然要我们而不是她自己去求助于拥有无穷力量的大手，大自然的作者，所有一切缘由的根源"（2）——赫顿的地质历史挑战了持续、历史、自然和因果关系的经验概念的可靠性。[10]地球自身可能会成为崇高的、非人的环境。居维叶对于已成化石的物种的灭绝的叙述提出了深远的问题，那就是关于镶嵌历史的局限性以及过去环境不同于现在条件的方式。[11]人们对恐龙遗骨、巨型树懒的惊叹；在1800年吸引伦敦、巴黎、费城和纽约人的乳齿象暗示着大自然在人所未见的原始的生态中繁育了全部的物种。人们对19世纪史前食肉动物野蛮残暴的强调表明很难去想象那样的生态环境会为巨大的食草动物提供草料。

甚至在达尔文出版《物种起源》之前，科学思想已经开始挑战神学对历史概念的垄断，而且已经激发了竞争模式包括气候时间、对地球和自然环境的创造和重塑以及人类的未来。维多利亚时期的科幻小说流行于讲述宇宙终结的故事。那时很多人专注于玛丽·雪莱的《最后一个人》，这说明了物种灭绝的可怕思想可在大范围的、行星的尺度上去重新构思。因而，灭绝思想在18世纪末19世纪初影响着科学发展的趋势，对自然界和社会经济政治体制进行构图、测量和量化。[12]在这种意义上，对存在于人类经验之外的，矛盾地时而指向支持和时而指向反对数学规律的气候时间的长期变化的理解美化了拉普拉斯所想象的宇宙。对于一种超越同时又企盼人类经验的时间，然而人们只能以相异的、悖谬的方式去理解它与时间和存在的现象学观念的关系。如果数学的还原论把人类和气候辖制在艰难的处境，导致了灭绝，那么它也激发了对神学思想的重新定义，因此把人类与经验、自然和时间的关系复杂化。

19世纪的超验主义认为微观世界与宏观时间的决裂，人类经验时间与自然时间的断裂是由自生的习惯或意识形态的异化导致的，那就是威廉姆·布莱克所说的"思想铸造的镣铐"。[13]拉尔夫·瓦尔多·爱默生在其散文《论自然》中，在现象学的时间、自然和经验的概念中重新论述了灭绝的威胁：

> 我们从地心到地极所经历的所有的知识，每个可能性中都有确定的借助照耀死亡的崇高光泽。对此，哲学和宗教都在外表上和字面上，在灵魂不朽的流行学说中尽全力表达。现实是更优秀的报告。这里没有毁灭、没有间断性、没有被消耗的星球。灵魂升往天堂的道路上没有停息和逗留。自然是思想的化身，然后又变为思想，正如冰变成水和水蒸气。世界是心灵的沉淀，不稳定的本质是永远再次逃进自由思想的状态……这种不尊重数量，使得整体和颗粒处于平等通道的力量代表了对清晨的微笑，把其本质蒸馏成每一滴雨露。每个时刻，每件物体都在指示：因为智慧被注入每个形式之中。（542）

在指向微观宇宙和宏观宇宙的自反性时，爱默生把赫顿的地质时间或者拉普拉斯的宇宙时间和经验的时刻以及反抗科学还原论的观点相匹配。人的生命如同星球自身"不是耗费的球体"，而是一个复杂的、增殖的和充满动力能量的网络。[14]与弥尔顿把季节变化作为堕落标志的观点相对照，爱默生把"完美"和"和谐"放置在个体的日子里。在他散文的开头，他评论道：

> 在这个气候区，几乎一年四季总有那么几天：空气、星辰、大地完美融合，就如大自然纵容她的孩子一般，万物都趋于臻至；我们沐浴在弗罗里达和古巴的阳光，无须再求幸福之地：芸芸众生，皆流露满意之色……纯粹的十月天气，我们称之为"小阳春"，此时寻觅那平安幸福，把握更大。连绵的山丘，温暖广阔的田野，无尽的白昼，在此沉眠。享尽明媚阳光，不再叹息生命长短。（540）

与 19 世纪的科学家们努力去解释地球最终趋于由热力学第二定律明显判定的热寂的情景相比，爱默生发现时间不但聚集而且膨胀，暗示着永生被凝结成"小阳春"和"纯粹的十月气候"，那样的天气使得新英格兰的北部享受到的分明是在加勒比海才有的热带阳光。[15]"春天/四季开花"成为思想和经验的结晶，一种富于想象力的对地球上的"阴冷高原"所呈现的阴湿常态的超越。爱默生的"宁静"把具体化的人类经验置于"和谐"之中。在这种和谐中增加的复杂性产生了对于大自然的更大的暗示和情感上的理解，即"使其他的环境相形见绌"，一个普遍和谐融洽的构成而且能够生成无限经历的那种力量。"这种力量不在乎数量，而在于使整体和其微小的部分都是它的相等的管道。"

因此超验主义可被看作对气候学时间所形成的根本悖谬的一个回应。这个世界不是一个数学化的领域不受感知和经验的限制，仅仅通过远离或者拒绝体验就能被想象。这个世界向精神和物质的相互交织敞开。在爱默生的《论自然》中，"不在乎数量的"超验规则鼓励人类去拥抱不断进行的自我与自然环境重新整合的过程，而不是屈从于深奥的用本体论和认识论来替代爱默生的术语"习惯"。为了避开"我们生活中庄严的琐事"，人类必须意识到大自然只能被描述为一种双重否定，否认一个自然的世界已经被异化，"野心勃勃的经院学者们的饶舌劝导我们去蔑视"物质的存在而崇尚形而上的抽象。因此，大自然的时间存在否定了人类测量时间和使时间制度化的努力："这里没有历史，或者教堂或者国家，有的只是对神圣天空和不朽岁月的篡改。"重要的是，对由拉普拉斯和居维叶所提出的思想与信仰的传统结构的威胁被包含在爱默生融入性的变化中。这种变化发生在精神和气候同时有机重生的过程中——"我们想起我们自己，和物质交上朋友"。充满活力的不可预计的变化被转化为自我更新的能量。

　　然而，以爱默生为代表的（或他被诟病的）个人主义的伦理仅仅构成 19 世纪辩证法的一半。在《维多利亚后期大屠杀》中，迈克·戴维斯绘制了欧洲殖民主义的毁灭性的人类和环境后果的图表，以及令人产生幻觉的乐观主义，即殖民主们能够使不发达地区复杂的生态体系消失来耕种经济作物（棉花、鸦片、茶叶、烟草和稻谷），出口到欧洲和北美。无限制的殖民扩张和强盗—大亨逻辑的资本主义鼓吹这样的观点：印度、非洲和美洲的气候能够通过大规模的、单一文化的培育而改善。这种把大自然看作无限宝库的观点看轻的是马克思所说的交换价值，而看重的是使用价值的无限灵活性：约翰·洛克在《政府论》中所发表的观点是无穷生产力的微积分在双方自愿的基础上形成了个人和财产的权利——财产是巩固政治和社会身份的基础。[16]

　　洛克根据人类或者至少特定的人群从恩慈的大自然中获得益处，明确地提出"黄金时代"的经典典范。在有丰盛的资源供应和稳定的气候条件的世界中，正如他在其第二个论述中所论证的，劳动让人看到无限生产力的前景而不像在犹太—基督传统中，劳动是人类被驱赶出伊甸园的标记。"在开始"，洛克宣称，"美洲就是整个世界"（2，49，301）——那就是，整个世界在大自然丰盛供应的保障下可以无止境地被开发。在这个构想中，劳动与物质世界的一些重要计划相分离（如何时耕种，何时收割，为来年留多少种子，某个家庭是否要宰牛来度过严冬，等等）。这些是近代早期欧洲在小冰河时期的农业形式。[17]到了随后的 18 世纪，新洛克自由主义把身体变作可依赖的机器，能够提高他们有价值的劳动。而土地具有潜在价值的大仓库，能够被开采、重新设计以及开发而不会在程度上和生产力上有减损。[18]到了 19 世纪，正如戴维斯提议的，洛克关于人的劳动成果在理论上是不能超越满足人生理性的规范概念的观点已被败坏为人可转换为可交换的劳动的单位，自然界就遭受人类使用的影响。世界的时间就成为资本主义操纵的时间。19世纪兴起的灾难科幻小说传统中，正是人类统治的这个世界，引用赫伯特·乔治·威尔斯在《世界大战》中开头所说的话："失去了一致、不成样子、没有效率，至少在社会熔炉中快速熄灭、软化、炼就。"（82）这些灾难性的情节、"这古怪的时光闪烁，没有任何历史能够描述"！总是具有生态的弦外之音，因为在他们玩笑般的文化坏死里，他们呈现出人类历史之后想象时间的方式：克洛罗斯的终结和凯洛斯的后果。

全球变暖时代的时间与小说

　　人类历史的扩张，向后延伸到时间的深渊，突出了这样的事实：在千年期所测量到的气候时间，其存在是超越人们日常所经历的天气、超越个体生命的期限、超越世代所累积的记忆、超越观测、刻印以及标志着19世纪现代气象学兴起的记录的技术。凯瑟琳·安德森所描述的维多利亚时期英格兰气象科学中的观测和推测之间的张力预示了对当今全球变暖及其后果争论的雏形。在21世纪，我们开始明白气候学时间是一种动态的、交感的、有关大范围替代性指标的阐释的知识：来自格陵兰的冰芯、树的年轮、泥土和沼泽地中的沉淀层、珊瑚生长的模式等，这些可被分析来揭示长期基于特定的化学特征、花粉样品、在凝在冰层中气体气泡变异性的迹象。[19] 在这方面，对于气候的认知的理解已经成为使某人的体验适应于越来越复杂的技术，适应于在时空中最终替代观测和经验的权威。气候学的时间是动态的、发展的和重新标准化的，正如布鲁诺·拉图尔所认为的，达到这一点要通过网络、联盟和集合体采取收集、传输、核实、阐释和散布数据；然后通过再确认或者修改关于自然界的假定和价值标准以及通过不断地协商看起来似乎是个体的体验和科学知识之间的令人困惑的关系。[20]气候科学的一个重要的影响是我们的经验已经被再聚焦，或者真正地被重新标准化来融入我们生活的交感体验中，而这种体验是从同位素的比例、冰核中的压缩层、全球水循环的模式、大气环流和大规模的森林采伐、卫星图像中推论而来的。在这方面，气候学时间标记了在定性的经验和定量的知识之间以及在人类历史和地球历史之间的复杂的理论和实践的关系。资源的再循环在某种意义上成为可持续性的理想的献祭仪式。

那么，用技术来调停的、对长期气候变化的代理观测就让我们重新审视常识的传统概念，重新评估爱默生的自然观里的体验时间和扩张时间。甚至对于那些相信人为因素导致全球变暖而力图大规模地改变生产和习惯模式的科学家、政策制定者、环保激进分子、有识之士而言，气候变化的时间刻度是不能够出于本能被经历而只能够被想象。从现象学的意义上讲，它们是迪·里达所说的一部分，处在一个不同的语境中，这个"真正不能复归的时空中"（162）。科学知识要求在确凿性和经验的有根性中对经验知识的自愿悬置，也要求悬置很多熟悉的季节，持续的人类中心主义的历史，以及洛克主义把自然界当作无限生产力的仓库的观点。

在这方面，气候学时间产生了干涉图样。这些图样引发了不认同的复杂自生的模式：替代性指标不但融入日常经验的模式中（再循环利用的塑料瓶，购买高效节能汽车），而且从传统行为（继续食肉，尽管在肉类生产中会消耗大量能量）中退出。在布鲁诺·拉图尔看来，我们从未，而且不可能变得现代，因为我们一直处于（和震荡在）辩证地追求的纯粹身份（自我意识的环保伦理家）和增多的不纯身份（内心经历冲突的，正慢慢减少食肉的地球的主人）之间。[21]这就是为什么甚至当全世界受过教育的公众已经浸润在大量有关全球变暖和其影响的信息（有些错误的信息）时，这种媒介信息饱和的情形悖谬地加强了并挑战了长期有关人类与自然关系的观点。20世纪末和21世纪的企业文化管理理念的倾向是把气候变化当作市场机遇。这遗传了新古典主义经济学冷酷而麻木的乐观主义。

鉴于其系谱学，存在于人类大多数集体行为里可持续性发展的理想提及了全球变暖的问题。这个理想冒着这样的风险：把洛克关于自然资源耗尽的观点改造为处于气候学时间动力之外的自然生态的异常反弹。对于几个世代的测量——一代或者两代人的延长的寿命——成为可持续性的时间尺度。在这点上，可持续性往往被增选为似乎是数学和新古典主义——以及新自由主义——经济学的客观的符号。如同菲利普·米罗斯基所说"自然规律的理想［,］……要证实一个不依赖于我们行为或者探究的稳定的外在世界"（75）。把数学上的稳定可靠性转向"一个稳定的外部世界"有效地把复杂而有活力的生态系统当作常量而不是变量。可持续性发展越接近长达几十年或者一个世纪的统计推断，它就越倾向于与剥削的意识形态串通一气。这些意识形态是榨取资源、管理有限资源所需的政治管理阶层、集权官僚、经济核算和会计的技术、资源和人口政策以及政治经济的分配。

即便如此，如果没有理性地理解，仅仅依靠在虚构小说中对人类经验的展现，不认同的悖论同样可能出现。重要的是，对气候的现象学感知现在包括模拟——科幻小说——把人类的经验当作微积分概率，当作对气候的未来的推测。在卡特里娜飓风肆虐新奥尔良州一年前，金·斯坦利·罗宾逊发表了小说《雨季的四十个征兆》。这部小说非同一般地预见了自然灾害和毁灭这座城市的政治失败的顺序：华盛顿特区遭受了一次强风暴的袭击——在波托马克河形成的热带风暴，在切萨皮克流域降下了10英尺的雨水，涌入河道，达到了历史最高水位：城市遭淹没。"媒体上充斥着购物中心遭淹没的新闻"，全国观众看见"电视台的直升机经常打断他们的全景拍摄去救助被困在房顶的人们。在西南地区以及安娜卡娜斯提亚盆地，人们正在驶船相助，里根机场一直被淹，而且在波托马克河没有可通行的桥"（352）。尽管这部小说及其续集《五十度以下》（2005）和《六十天和计算》（2007）聚焦于这三部曲的主要角色的生态的、政治的和个人的危机——从华盛顿的内部人士到在美国国家科学基金会工作的生物气候学家再到四处流浪的僧侣——罗宾逊对个体和世界如何应对全球变暖的处理使得这部小说既不是关于气候变化也不是有关不久的未来的，"硬邦邦"的现实主义科幻小说，而是在既没有恰当的生态真实性、没有管理策略性，也没有技术改进的自行幻想性的情况下，算是一部体裁杂糅，探讨一定时期的生存伦理和政治的小说。罗宾逊的三部曲让读者能恰如其分地透彻地深入思考角色的生活体验和 21 世纪初的气候。他的《国会大厦里的科学》三部曲标志着呈现的、历史的和气候学的时间这三者不同标记的交集：在墨西哥湾暖流停止后零下 50℃ 的生存体验；虚构的一个新的、进步的政府执政两年的国家政治和科学政治的历史；灾难性气候巨变产生的洪流——融化的极地冰山和淹没的海岛——简直再现了最后相对温暖时期之后的百万年的情形。就这一点而言，罗宾逊让读者们在想象中体验到奥维德在诗论中所投射的无尽变化的过程：水淹的"希腊城邦布里斯和赫里克"可怕地暗示了华盛顿和极其真实的新奥尔良的情形。

结　语

人类很少在其有限的一生中目睹气候的急剧变化。那些在历史上面临适应自然界这种极为罕见的机遇的物种已经彻底地改变了。气候迅速变暖的前景和罗宾逊所设想的灾难性的情节深深地引发了我们对于什么是可持续性发展的目标不同的思考。可持续性发展最终指的是人类与环境之间的理想内平衡。而这种理想的内平衡存在的条件是维持强健的生态系统，而这则依赖于短暂的按照百年期的比例而不是千年期的气候时间和低人口密度。在这方面，强健并不意味着道德、伦理或者社会文化的价值判断。大约在11000年和12000年以前，在新仙女木时期，西欧是一片冻土带，不是人们所熟知的植被茂盛之地，比现在的西伯利亚的大部分地区更冷、更可怕。朗费罗描述的原始森林生长出来是千年以后的事，加拿大的海岸线向东延伸几十甚至是几百英里，因为众多的极地冰山让海平面降低了几十米。人口分布在分散的山洞中或者地中海沿岸地区。在生理上和我们毫无区别的冰川时代的人类已经创造了精致的艺术和发明了有效的武器，但他们并没有兴旺起来。有强有力的证据显示对于严厉气候（超过3℃）的生理反应不是适应而是死亡：人口的毁灭，而且在极短暂、极短暂的人类统治中，狩猎者和采集者消失，糊口的农耕者死于营养不良、饥饿、疾病，人类帝国崩塌。[22]当气候变化时，人类更加频繁地相互残杀，人口中心被遗弃，测量计算的中心也没被保留。系统的气候变化不比过去持续了一万年之久的平静而漫长的夏季缺少盖亚的特征，其不可预测的变化不比可持续性发展的理想缺少"自然的状态"。朗费罗最终被卢克莱修所替代。

注　释

[1]　参见 Goux。

[2]　关于辩证的自然景观，参见 Crumley's "Historical Ecology: A Multi-dimensional Ecological Orientation" and "Ecology of Conquest: Contrasting Agro-pastoral and Agricultural Societies' Adaptation to Climactic Change" and Ingerson。

［3］参见 Burroughs。

［4］参见 White。

［5］参见 Rudwick's *Bursting the Limits of Time*：*Reconstruction of Geohistory in the Age of Revolution* and *Worlds before Adam*：*Reconstruction of Geohistory in the Age of Reform*。

［6］参见本人论文 "Summer's Lease：Shakespeare in the Little Ice Age"。

［7］珀西·比希·雪莱在他诗歌《麦布女王》中有相似的假想；参见 Gidal。

［8］本人曾详细讨论过这点，见 "'Casualties and Disasters'：Defoe and the Interpretation of Climactic Instability"。

［9］参见 Numbers。

［10］参见本人的 *Fallen Languages*：*Crises of Representation in Newtonian England*，*1660 – 1740*，Bono, and Hellegers。

［11］参见 Rudwick's *Bursting the Limits of Time and Worlds before Adam*。亦可参见 O'Connor。

［12］参见 Porter and Mirowski。

［13］William Blake, "London," 1794.

［14］关于爱默生、梭罗和环境保护主义的文献是大量的。特别参见 Buell's *The Environmental Imagination* 219 – 251 and *Emerson*。

［15］关于热力学，请参见 Clarke。

［16］参见我的 "'Land enough in the World'：Locke's Golden Age and the Infinite Extensions of 'Use'"。

［17］参见 Fagan。

［18］参见 Tully, Pocock 22 – 30, Wood, Rapaczynski, Arneil 132 – 167, Carey, and Michael。

［19］关于气候变化的历史有很多好的介绍。参见 Lamb, Burroughs, Calvin, and Linden。

［20］参见 Latour's *Science in Action*：*How to Follow Scientists through Society*。

[21]　参见 Latour's *We Have Never Been Modern*。

[22]　参见 Burroughs。

引用文献

Anderson, Katharine. *Predicting the Weather: Victorians and the Science of Meteorology.* Chicago: University of Chicago Press, 2005.

Arneil, Barbara. *John Locke and America: The Defence of English Colonialism.* Oxford: Clarendon, 1996.

Bono, James. *The Word of God and the Languages of Man: Interpreting Nature in Early Modern Science, Ficino to Descartes.* Madison: University of Wisconsin Press, 1995.

Buell, Lawrence. *Emerson.* Cambridge, MA: Harvard University Press, 2004.

—. *The Environmental Imagination: Thoreau, Nature Writing, and the Formation of American Culture.* Cambridge, MA: Harvard University Press, 1995.

Burroughs, William J. *Climate Change in Prehistory: The End of the Reign of Chaos.* Cambridge: Cambridge University Press, 2005.

Calvin, William H. *A Brain for All Seasons: Human Evolution and Abrupt Climate Change.* Chicago University of Chicago Press, 2002.

Carey, Daniel. "Locke, Travel Literature, and the Natural History of Man." *Seventeenth Century* 11 (1996): 259 – 280.

Clarke, Bruce. *Energy Forms: Allegory and Science in the Era of Classical Thermodynamics.* Ann Arbor: University of Michigan Press, 2001.

Crumley, Carole. "The Ecology of Conquest: Contrasting Agropastoral and Agricultural Societies' Adaptation to Climactic Change." *Historical Ecology: Cultural Knowledge and Changing Landscapes.* Ed. Crumley. Santa Fe: School of American Research Press, 1994: 183 – 201.

—. "Historical Ecology: A Multidimensional Ecological Orientation." *Historical Ecology: Cultural Knowledge and Changing Landscapes.* Ed. Crumley. Santa

Fe: School of American Research Press, 1994: 1 – 11.

Davis, Mike. *Late Victorian Holocausts: El Niño Famines and the Making of the Third World.* London: Verso, 2001.

Defoe, Daniel. *The Storm.* London, 1704.

Derrida, Jacques. *Specters of Marx: The State of the Debt, the Work of Mourning, and the New International.* Trans. Peggy Kamuf. New York: Routledge, 1994.

Emerson, Ralph Waldo. "Nature." *Essays and Lectures.* Ed. Joel Porte. New York: Library of America, 1983.

Fagan, Brian. *The Long Summer: How Climate Changed Civilization.* New York: Basic Books, 2004.

Gidal, Eric. "'O Happy Earth! Reality of Heaven!': Melancholy and Utopia in Romantic Climatology." *Journal of Early Modern Cultural Studies* 8.2 (2008): 74 – 101.

Golinski, Jan. *British Weather and the Climate of Enlightenment.* Chicago: University of Chicago Press, 2007.

Goux, Jean-Joseph. *Symbolic Economies after Marx and Freud.* Trans. Jennifer Curtiss Gage. Ithaca: Cornell University Press, 1990.

Hellegers, Desiree. *Natural Philosophy, Poetry, and Gender in Seventeenth-Century England.* Norman: University of Oklahoma Press, 2000.

Hutton, James. *Theory of the Earth, with Proofs and Illustrations.* 2 vols. Edinburgh: Printed for Messers Cadell, Junior, Davies, and Creech, 1795.

Ingerson, Alice E. "Tracking and Testing the Nature-Culture Divide." *Historical Ecology: Cultural Knowledge and Changing Landscapes.* Ed. Carole Crumley. Santa Fe: School of American Research Press, 1994. 43 – 66.

Lamb, H. H. *Climate History and the Modern World.* 2nd Ed. New York: Routledge, 1995.

Latour, Bruno. *Science in Action: How to Follow Scientists through Society.* Cambridge, MA: Harvard University Press, 1987.

—. *We Have Never Been Modern.* Trans. Catherine Porter. Cambridge: Harvard University Press, 1993.

Linden, Eugene. *The Winds of Change: Climate, Weather, and the Destruction of Civilizations*. New York: Simon and Schuster, 2006.

Locke, John. *Two Treatises of Government*. Ed. Peter Laslett. Cambridge: Cambridge University Press, 1960.

Longfellow, Henry Wadsworth. *Evangeline, A Tale of Acadie*. 4th ed. Boston: William Ticknor, 1848.

Maclaurin, Colin. *An Account of Sir Isaac Newton's Philosophical Discoveries*. London, 1748.

Markley, Robert. " 'Casualties and Disasters' : Defoe and the Interpretation of Climactic Instability. " *Journal of Early Modern Cultural Studies* 8 (2008): 102 – 24.

—. *Fallen Languages: Crises of Representation in Newtonian England, 1660 – 1740*. Ithaca: Cornell University Press, 1993.

—. " 'Land Enough in the World' : Locke's Golden Age and the Infinite Extensions of 'Use. ' " *South Atlantic Quarterly* 98 (1999): 817 – 837.

—. "Summer's Lease: Shakespeare in the Little Ice Age. " *Early Modern Ecostudies: From Shakespeare to the Florentine Codex*. Ed. Karen Raber, Tom Hallock and Ivo Kamps. New York: Palgrave, 2008: 131 – 142.

Michael, Mark. " Locke's Second Treatise and the Literature of Colonization. " *Interpretation* 25 (1998): 407 – 427.

Milton, John. *Paradise Lost*. London: S. Simmons, 1674.

Mirowski, Philip. *More Heat than Light: Economics as Social Physics, Physics as Nature's Economies*. Cambridge: Cambridge University Press, 1989.

Numbers, Ronald. *Creation by Natural Law: Laplace's Nebular Hypothesis in American Thought*. Seattle: University of Washington Press, 1977.

O' Connor, Ralph. *The Earth on Show: Fossils and the Poetics of Popular Science, 1802 – 1856*. Chicago: University of Chicago Press, 2007.

Ovid. *The Metamorphoses*. Trans. David Raeburn. New York and London: Penguin, 2004.

Pocock, J. G. A. *Virtue, Commerce, and History: Essays on Political Thought and History, Chiefly in the Eighteenth Century.* Cambridge: Cambridge University Press, 1985.

Porter, Theodore. *Trust in Numbers: The Pursuit of Objectivity in Science and Public Life.* Princeton: Princeton University Press, 1996.

Rapaczynski, Andrzej. *Nature and Politics: Liberalism in the Philosophies of Hobbes, Locke, and Rousseau.* Ithaca: Cornell University Press, 1987.

Ricoeur, Paul. *Time and Narrative.* 3 Vols. Trans. Kathleen McLaughlin and David Pellauer. Chicago: University of Chicago Press, 1984 – 1988.

Robinson, Kim Stanley. *Forty Signs of Rain.* New York: Harper Collins, 2004.

Rudwick, Martin S. J. *Bursting the Limits of Time: The Reconstruction of Geohistory in the Age of Revolution.* Chicago: University of Chicago Press, 2005.

—. *Worlds before Adam: The Reconstruction of Geohistory in the Age of Reform.* Chicago: University of Chicago Press, 2008.

Tully James. *A Discourse on Property: John Locke and His Adversaries.* Cambridge: Cambridge University Press, 1980.

Wells, H. G. *The War of the Worlds.* Ed. David Y. Hughes and Harry M. Geduld. Bloomington: Indiana University Press, 1984.

White, Eric. *Kaironomia, or the Will to Invent.* Ithaca: Cornell University Press, 1987.

Wood, Ellen Meiskins. *The Pristine Culture of Capitalism: A Historical Essay on Old Regimes and Modern States.* London: Verso, 1991.

（刘容　译）

第二章

生态技术
——生态技术的奥德拉德克

杰·希利斯·米勒 (J. Hillis Miller)

人类 [必须] ……全力以赴地去完成宇宙的基本功能，宇宙是创造神祇的机器。

——亨利·柏格森

我们的世界是一个"技术"的世界，其秩序、本质、神祇、整个体系在内部连接上表现为"技术"：生态技术的世界。这个生态技术世界用技术设备来运行。我们每一部分都与这些技术装置相连接。然而它所制造的是我们的身体。它又把我们的身体带入这个世界，和这个系统连接，因此把我们的身体创造得比以往任何时候更明显、更具有增殖能力，更加多样化，更加紧凑，更加"聚集"和"区域化"。

通过创造身体，这个生态技术世界获取了我们在天体残留物或者精神世界发现不了的意义。

——简-卢克·南希《文集》

[宇宙] 内外编织着我们，它已编织了时空、痛苦、死

亡、堕落、绝望和所有的幻想——一切都无所谓了。

　　　　——约瑟夫·康拉德《致卡宁噶姆·格雷厄姆的书信集》

技术模式

　　"生态"来自希腊词"奥可斯"（oikos），指的是房屋或者家。现今人们更广泛地使用前缀（eco-）"生态的"来表示一种或者另一种"活的"生物所"居住"的整个环境。每一种生物都生活在它的"生态系统"中。那个系统包括其他周围的生物——病毒、细菌、植物和动物——而且也包括环境广泛意义中的气候。生态系统也包括"技术设备"。我指的是所有人造的技术设备，如电视机、苹果智能手机、连接上网的电脑。我们的身体连接在这些技术设备上。

　　我想把这句话加到南希的构想中：整个环境越来越"技术化"，那就是，以某种方式呈现出机器般的状态。"身体"，就南希观点而言是以多种方式"连接"到技术化的生态系统上，就成了假体的假体。然而，那样的身体越来越被显示像机器而且像机器那样运行。这是生态技术世界的技术产品。"这个身体"是一套复杂的连锁机械装置：自生、自动调节、自动阅读的符号体系。简－卢克·南希认为，就单一的有机体而言，"不存在'这样的'身体"（《文集》104），这些肉体的符号系统是经过千百万年由偶然性排列的产物，如产生人类基因的概率。这些符号系统不依靠人类意识或者由自动代码阅读器所选择的行为来运作。它们只是运行或者不运行。

　　本文聚焦卡夫卡一个离奇的小故事，如果可能，可以称其为故事——《一家之父的担忧》（1919）。我用卡夫卡这篇474个字的文本作为一种思维方式，即思考一个从有机体模式转变成一个能在各种领域中作为思考范式的技术模式。我的论文可被称作思维实验。"如果……我们用一个技术的模式而不是有机的模式来理解 X，那会怎么样呢？"卡夫卡的文本是否能被"使用"成一种思维方式来思考关于这个或者别的什么东西，或者是否什么都可以用《一家之父的担忧》来解决都还拭目以待，这是不言而喻的。

　　我的思维实验要考察的领域有语言，包括人类和非人类语言；普通符号体系；文学和文学批评，连同文学理论；"生命"、"身体"、免疫系统、内分泌系统、大脑、意识、无意识、自我或者"自我意识"原子—分子—物质—病毒—细菌—动植物—人类序列；社会，包括人类和非人类，社团、国家和文化；历史；互联网和其他这种技术集合体（广播、电话、电视、手机、苹果智能手机等）；全球金融体系；环境、天气、气候变化；从宇宙大爆炸到宇宙可能到达的无穷时期的天体物理学。据许多科学家报告，宇宙的扩张正在明显地加速。星系正逐渐相互远离，最终相互之间收不到光或其他的信号。用帕斯卡的话说，就是"无穷宇宙的寂静"！那时，智能手机会毫无用处。

　　在西方，从希腊人和《圣经》时期以降到海德格尔以及现今的生态诗人和"身体"歌颂者，已经对有机统一体模式有坚持不懈的思考。此外，我们往往把有机体想成在某种或其他方式上是"活生生"的。一个有机体是有灵魂或者被某种生命之源占据而且由其统摄的。意识、理智、自我和灵魂让人的肉体充满活力，就像动物、树木、花和地球作为一个整体是鲜活的，由整合的生命法则赋予生气；就像无生命的字母、物质的语言、页面上的标点由于蕴含于字里行间的意义而变得生机勃勃。正如马丁·海德格尔众所周知的一句话："语言言说"（*Die Sprache spricht*），即语言说话（210），就好像语言被灵魂激活。换句话说，神人同形同性论和拟人法在我们的传统中作为许多领域中构想的根据无处不在。约翰·罗斯金把这些拟人看作"情感误置"。例如，

《旧约》中的《民数记》中断言："倘若耶和华创作一件新事，使地开口，把他们和一切属于他们的都吞下去，叫他们活活地坠落阴间，你们就明白这些人是激怒耶和华了。"罗金斯所引用的《以赛亚书》的一段话主张"大山小山必在你们面前发声歌唱，田野的树木也都拍掌"。(《以赛亚书》55：12)[①] 罗金斯称这是一个无可非议的感情误置，因为这涉及了上帝的力量，那是某种人类的理解力和语言简直不能企及的。圣·保罗说到"一切受造之物一同叹息劳苦"(《罗马书》8：22)[②] 的方式，就好像这一切的受造物是有生命的生物。一个生物，无论是植物、动物还是人类，由于其是有机体而与死的东西区分开来。每一部分与其他部分相作用让这个生物不仅仅是各部分的机械性的集合。人类的自我意识或者是我们所想的自我是有机统一的。我们往往认为一种"自然的语言"是词语在其本身的，普遍的语法和句法的组织下形成的有机统一体，如诺姆·乔姆斯基所想象的那样。一个好的团体是设想和行为有机统一起来的组织。历史就是从一套由这样设想和行为形成的传统过渡到下一个传统，形成一系列福柯的"知识"，其间有令人费解的飞跃。现今的一些生态诗人，像许多土著居民一样，把地球想象成为准人化的"潘—盖亚"，大地母亲。这位可爱的女士把人类庇护在她的慈爱中，因此我们不会担忧气候变化会伤害我们。地球妈妈不会让那样的事情发生。一首好诗或者其他文学作品的有机体模式从浪漫主义者到新批评主义者已经发展壮大。如果这是一首好诗，它必须各部分和谐协作创造出一个优美的事物，就像一朵花或者像一位优雅女士的身体。

　　马丁·海德格尔在《形而上学的基本概念：世界、孤独、

---

① 参见《圣经》和合本《旧约·以赛亚书》55：12，第719页。——译者
② 参见《圣经》和合本《新约·罗马书》8：22，第175页。——译者

有限》中主张石头是无世界的（weltlos），动物在世界上是贫困的（weltarm），然而人类是建构世界的（weltbilden）（389—416，原著268—287）。一个"世界"暗含着整体，再次是一个有机体。我们往往假定技术以某种或其他的方式把人类组装零件成为某种有用东西的过程命名为延伸人类力量的修复工具，以及人类创造力、创新力和生产力的结果。尽管我们倾向于把我们的机器拟人化，往往把我们的汽车用"她"来指代，但是技术产品是没有生命的。技术与自然相对立，就像主体反对客体一样。技术是由主体和他们的身体所操纵的技巧。技术施加给自然的某种思想就是自然已经外在于此，已经是有机的。海德格尔憎恶现代技术工具。他拒绝使用打字机。他认为只有拿笔的人才能思考，那就是做"称之为思考的事"。人类用他们的笔进行思考。海德格尔认为全世界的技术化通过俄国和美国的技术化把真正的有机文明，即希腊和德国文化带向毁灭。[1]"只有一位神会拯救我们。"他在一次接受《明镜周刊》采访的重要场合下说了这样的话。毫无疑问，他已经发现当今令人憎恶的全球技术胜利。然而，我们往往，甚至把电脑和网络拟人化。我们感觉在机器中有一位神。我们的假肢工具为它们自己思考和工作，不总是按照我们所希望的去工作和思考。

这样的有机统一体模式的例子可以无止境增多。它们无处不在。谁敢说它们是罗斯金所说的感情误置的例子之一：（"无边无际的番红花，破土而出，黄澄澄的花朵，裸露着，摇曳着"）"这非常美，但是非常不真实"。

另一种技术—机器模式也历史久远，至少可追溯到莱布尼茨、时间创造者上帝的观点、18世纪的书籍如德·梅特里的《人是机器》，以及近期的著作认为人的免疫系统比起有机性更具有机械特征，或者对宇宙或气候变化的思考中反对人神同性同形论。然而我们对机器预设的范式从20世纪经历了突变，例如从蒸汽机和内燃机到现在代表着符号系统或者交流的工具，像电视、智能手机和连接上网的电脑。甚至汽车现在都是电脑掌控的。当它们靠汽油发动机转动车轮时，它们是如此复杂的符号体系。在仔细地探讨生物技术模式这些奇怪的特征前，我要把卡夫卡作为一个或是或不是思考的无人情味的机械时代的范例。

机械和免疫系统自动联结的
时代背景：我们现今的紧急状况

然而，我这样做是基于一定的语境的。我不是在瓦特·本杰明和革顺·肖勒姆，或者在本杰明和贝尔托·布莱希特之间重要讨论的背景下来思考卡夫卡是否被认为是卡巴拉教的一个神秘主义者，而或相反，被认为是一个在布拉格大屠杀之前忠实的社会状况的记录者。[2]我的语境是我们在美国和世界的现在处境。现在为什么以及我该怎样解读卡夫卡的《一家之父的担忧》，就在这个时刻，2011 年 11 月 4 日呢？这并不是夸大其词地说，解读这个小文本在现今这个紧急状况下是有用的和有道理的。

什么是紧急状况？美国现在在借用雅克·德里达的新词时完全偏离，而陷入四种明显不理智的"自动—连接—免疫"的自我摧毁中。本应该拯救和保护我们的体系正在对抗我们。

我们自杀式的愚蠢之一是拒绝即刻实行把全民单一支付的医疗保健作为唯一能阻止医疗支出在我们 GDP 的百分比中节节攀升的方式。这项支出在 GDP 中已经占 16%，也许根据估算，甚至是 20%，至少是大多数欧洲国家的两倍。这种愚蠢致使成千上万的人在生病的时候破产，每年让上万名支付不起医疗费的人死去，不仅如此，甚至让整个国家都破产，而医药公司和医疗保险公司丰厚盈利。

另一个愚蠢就是拒绝做任何正式的事来调控银行和其他金融

机构自杀性的贪婪与冒险，基于次级房贷的信用违约转换和复杂的"派生物"是这种愚蠢与贪婪的明证。现在"金融危机"一个小的后果就是拆除我们的教育系统，尤其是公共大学，尤其是人文学科。我们的大学教育现在被金融资本主义锁定了。哈佛大学在这次暴跌中损失了40%的资助。没有任何措施来弥补，如增加资金雄厚的大公司的税收来调节财富集中于人口的1%与剩下的99%之间离谱的贫富差距。那1%的人在暴跌中幸存，通过他们对媒体和国会的"收买"增加了收入、财富和政治权利。

第三种自身免疫的自我摧毁是拒绝从阿富汗那"帝国的坟场"灾难性的战争中撤离。彻底的军队撤离定在2014年。我希望我能得到原谅，因为我怀疑那样的诺言是否会被遵守。如果亚历山大大帝、英国人和苏联没有征服和使那个国家平定下来，我们也不可能，甚至用草案、上百万的军队或者进一步摧毁我们经济的方式，当然第二次世界大战的产业建设确实把我们的经济拉出十年的萧条期。那时每个人都来生产枪支弹药、坦克飞机，那些东西后来又在军工联合体的胜利中被销毁在战场上。

第四个逼近的灾难是最糟糕的。它视他人为尘土。实际上我们没有做任何事情来阻止这个灾难的发生。所有人当中只有占少数的科学家告诉我们，人为所致的全球气候变化已经不可逆转。现在甚至导致了更严重的飓风、台风和野火，把美国的西南部变成干旱荒漠、极地冰层融化、冻土地带解冻，格陵兰的冰川融化，等等。冰层和永久冻土的融化正在产生把全球温度提升到致命程度的反馈机制。所有这些自杀性行为的灾难性后果或多或少是无意识的，虽然在某个点之后我们能够看到所发生的。奇怪的是为什么我们在太晚之前没有做点什么。内燃机、化学农业、煤电站看起来像是很棒的主意。它们看起来是技术发明，其实施会全方面地提高我们的生活质量。同样地，用手机与世界上任何人交谈和"发短信"似乎很棒，尽管随之而来的在社区和社会里的改变起初不是那么明显。我的意思是这些电信工具正在人类种族中产生突变的方式。媒介是生产者。它所生产的一件东西就是使用一种既定媒介的人类本质和集体文化。[3]发生大规模全球气候变化会导致普遍物种的灭绝、水资源战争、全球范围海岸平原的洪水泛滥（佛罗里达、印度、越南、澳大利亚和我居住的美国东北部、太平洋海岸的小国家，等等），而且有可能最终导致智人类，那些聪明的生物灭绝。

所有这四个连锁系统的特征就是它们中的变化是由偶然性和不经意地在统计上形成模式的行为导致的。这些系统可用混乱和灾难理论来解释。这就意味着当它们达到一个不可预测的临界点时，它们都受制于突发的灾难性的变化。就像投资公司贝尔·斯特恩斯、雷曼兄弟和保险业巨头美国国际集团所遭遇的突发的不可预见然而又可预见的惨败。这些惨败引发了最近世界范围内的"金融危机"。另一个出名的例子就是我们被告知危地马拉蝴蝶翅膀扇动的方式可以引发墨西哥湾的毁灭性的飓风。

我能理解鸵鸟政策拒绝去思考这些关联的领域，然后为之做点什么。人类有能力玩着无限抵赖和开自己玩笑的把戏。然而智人类拥有的智慧暗示着我们应当至少在水淹到下巴的时候看一下四周。如果不停止的话，我们如何解释我们对于自我毁灭的嗜好呢？问题的一部分当然是我们不是旁观者。我们自身就是这些自我毁灭过程中的一部分，是我们只想到自己能控制的连锁随机系统中的一分子。我认为卡夫卡的文本可能会帮助我们面对所发生的。这是一个大的还不确定的主张。

不可辨认的奥德拉德克

什么引起读者对《一家之父的担忧》的不适感呢？这种轻微的不适感是因任何令人舒适的有机统一体的模式，这个文本拒绝被读而引起的。这些模式是如此根深蒂固以至于被当作理所当然的。这通常是意识形态偏见的普遍状况。

英语读者的困惑开始于这个题目以及它的翻译，而不是说这个文本自身的翻译。斯坦利·科恩戈尔德对于卡夫卡故事的新译文版本把"Die Sorge des Hausvaters"翻译成"一家之主的担忧"。彼得·芬文斯，翻译维尔纳·哈马赫尔论文的作者，把"Sorge"翻译成"挂念"：《一家之主的挂念》。对于说英语的人来说，要辨别"Sorge"这个词在德语中用法的细微差别不是很容易。我的德英词典提供了一套但是没有完全匹配的对"Sorge"的释义："忧伤、悲伤；担心、忧虑、焦虑、挂念、烦恼、不安、关心。"这些释义后面隔出了不同的使用"Sorge"的习语，如"die Sorge ertränken"或者"ersäufen，"借酒消愁，以及"keine Sorge"，"不担心""不要怕"，这有点像我们现在所说的"没问题"。

海德格尔的读者会记得他在《存在与时间》中的"Sorge"的特定用法，是和"操劳"（besorgen）、"受到关注的"（Besorgnis）、"操持"（Fürsorge）、"照看"（versorgen）相区别的，而不是"担忧"（Angst）。麦奎利和罗宾逊把"Sorge"翻译成"忧虑"。《存在与时间》的第六章第一部分被译为"此在作为忧虑的存在"（Die Sorge als Sein des Daseins），而且"忧虑"（Sorge）是严格区分于"焦虑"（Angst）的。早先海德格尔在"Sorge"意义排列中从"Fürsorge"，即我们原始状态下存在的其他"焦虑"中区分出了"Besorgnis"，我们对事物的急切"关注"。每种都是"Sorge"忧虑的不同形式。（《存在与时间》227，157—159；原著182，121—122）"一家之主"所经历的是"忧虑"，或"关注"或"焦虑"，或者仅仅是"担心"？仅仅是他所担心的？他的担忧是什么呢？这个文本没有完全说清楚，但是我们就会明白我们应当明白的。

"Hausvater"的翻译也有疑问，在英语里没有直接等同的词。因为"家中之父"没有表达出在家里的父权统治和责任的意味。希腊词"oikonomos"的意思是家庭管理者，有两个词根"oikos"（房屋）和"nomos"（管理的或者立法的）。"Hausvater"是对"oikonomos"精确的翻译。在"economy"或者"ecology"或者"ecotechnology"中的"eco"指的是"环境"中广义的房屋。《美国传统词典》对"生态系统"的解释是"一个生态群落和其物理环境所构成的整体"。整个地球被认为是一个大的生态系统，现在正在经历迅速的气候变化，或者变化发生在一个居所，在其中地球上所有的人都居住在一个地球村里。简－卢克·南希的术语"生态技术的"暗示着整个环境被认为处于技术的支持下。这是一种泛技术化，在其中我们以及我们的身体连接的方式就像一个闪速存储棒被连接在电脑的 USB 接口上，随时准备接收下载到里面的任何信息。

对于这个题目，我甚至还没有完全讨论完。谁布置的这个题目？谁是想象中的发言者？可能是弗朗茨·卡夫卡，这个作者，他命名了他所写的东西的题目。他作为文本之父，有权利那样做。那么谁又来讲述这个文本呢？有可能是这个"家庭之父"，他说起奥德拉德克被命令告之这些事情，例如，"有时，他一次会消失几个月；他有可能搬到其他的房子里去了；然后他必然会回我们家"（doch kehrt er dann unweigerlich wieder in unser Haus zurück）（73）。既然题目和文本以卡夫卡标志性的中立客观的文字和无感情表达的语气来表述和写作，我们很难知道究竟有多少讽刺指向那位挂念、忧虑、悲伤或者担忧的一家之父。难道奥德拉德克真的是这位一家之父应当担忧的吗？这位一家之父可能身边还有更多重要的应该挂虑的事情。然而读者把"Sorge"好像当作，至少首先是一个意义过度的词来形容奥德拉德克可能是那个令人忧虑的正当的原因。

如果读者们认为我过分注意这些找茬类的翻译和语义学事物

问题的话，那么《一家之父的担忧》的第一段是我的例证和理由。这一段还没有描述奥德拉德克，也没有徒劳地推测这个单词的词源和意思。我承认这是一个奇怪的单词，但是难道所有的专有名词不是奇怪的、奇异的和独一无二的吗？虽然如此，它们往往都有语义，就像我的姓氏，"米勒"或者我妻子的名字，"多萝茜"即"上帝的礼物"。

在我们看这篇文本对于"奥德拉德克"所说的之前，让我对可能冗长的阅读还有兴趣时，提出一个工作假说。我主张这个名字"奥德拉德克"，这个"东西"被称为奥德拉德克。这个有关奥德拉德克的文本，这个题目和文本隐含的讲述者具有共同解构的技术结构。由于"结构"是一个静态的组合，从而它不能非常贴切地来描述我试图表达的。"解构的结构"这种矛盾修辞不仅暗示了讨论中的组合处在一个经常动态运动的过程中，而且这种运动不管怎样说是一种拆解，我甚至可以说是一种解构过程。

我已区分的存在于这四种奇怪的解构结构之中的关系难以命名。这种关系隐喻的也不是讽喻的，甚至也不是完全类似的。也许有人会说这些结构是共鸣的或者一致的，或者 Stimmung。然而共鸣未必就是和谐的响声。它是多种响声。所有彼此之间都是那种不和谐的声调。

我知道最好的用来描述这些奇怪结构的模式是说它们都是极其奇特的小型机器，每一种都是独特的，和其他的区别开来，除了那种奇怪的、矛盾的机器样子的。这些结构的机器是什么样的呢？如果我们把它们想成是机器，那它们的奇特之处是什么呢？每种由那种可组合起来的或铰接在一起来运行的部分所组合。它能做成某事，就像任何好机器那样。每一种不但像机器而且是自行运作的符号系统。每种在某种方式上是不完全的或者是有裂缝的，有一个裂缝或多个导致断裂。而且，每一种都禁止理性的描述或者解释。每种都像是缺少意义和可确认的目的。最后，这些小的未成形的或者不起作用的[4]机器不易被辨别，或者没有人能想象是什么古怪的思想驱动着他的（她的？它的？）制造技巧的操练。每种这样的非机械的机器，就卡夫卡的寓言和故事来说，有瓦特·本杰明所说的合理的理解和阐释都不起作用的"遮蔽之处"。[5]让我依次来分析下这些发出不和谐回声的未成形的机器。

《一家之父的担忧》的第一段非常奇怪地讨论了专家们曾不得不说起有关这个单词或者这个名字"奥德拉德克"的矛盾的事情。我说这个奇怪不仅是因为对于一个故事或者告白的讨论始于词源学是一种古怪的方式，而且因为对于语言学家们已经如何把握一个好像是奥德拉德克和这个家庭之父之间秘密的词语一点都不明显。可以这样说，仅仅现在是这个家庭之父正在揭示直到现在还明显保留在房子里的一个秘密。很显然他在开始并没有说，"我已把这个名字呈交给词源学的语言学家，这就是他们所说的"。然而，这个单词明显已经是许多徒劳推测的对象了。这位家庭之父的"担忧"和他企图在专家的帮助下找出这个单词的意义的失败有关。然而他说"没有人会愿意忙碌于这样的研究如果世界上没有一种生物被称作奥德拉德克"。这位家庭之父担忧奥德拉德克，至少在那些时候这个奇怪的动物——机器在他房子的大厅里和楼梯里徘徊或者隐藏在阁楼里。因此这位家庭之父的关注或者焦虑就在于找出这种生物的名字意义。据我所知，既然奥德拉德克仅仅存在于卡夫卡的文本中，我和其他读者对于这个单词的关注只是做到了正如这个一家之父所言没有一个正常人会那样做。

然而，语言学家在某些方面已经把握住这个词，这位一家之父说。结构主义语言学家和词源学家，我们知道，真的一点都不会在意一个词语的所指。一个单词作为一个实体在词语网络与其他单词区别开来的假定意义是他们的兴趣所在。而且，假若是这样，语言学家们的意见会严重不一。说话者不合理地从他们无法达到的一致上总结出词源学对于三个奇特的混合发音的音节意义的分配上毫无用处。"奥德拉德克""有些人说"在这个短小的文本开始时，"奥德拉德克这个单词来自（stamme aus）斯拉夫语系，他们试图要表明这个单词是以此为基础（Grund）构造（Bildung）的。其他的单词表仍然保留了德语的词根，只是被斯拉夫语所影响"。(72)

有某种不合理，这位家庭之父得出结论说这种不一致或者不确定性意味着这种研究对于找到词语的意义是徒劳的。仅仅因为专家们不同意，对于我来说这不是一个让人放弃这个研究的正当理由。"然而，两种阐释的不确定性"，文本上说，"使得没有一种是适合的，尤其是因为它们中没有一种可让人找到这个单词的意思"(72)。我不明白那样的不确定性如何让这样的结论合理。这位家庭之父的推理和这个单词"奥德拉德克"一样荒谬。这些语言家学派中总有一个可能是对的。对于假设的词根，遵循尝试非此即彼或者两者可能都不会揭示出对这个词语貌似合理的解释。这样也不合理。什么可以让这个词不是一个杂交词，类似卡夫卡的《杂种》中令人不安的猫咪羊羔，或者就像卡夫卡本人是说德语和捷克语的？"奥德拉德克"可能是斯拉夫语和德语词根以某种不自在的方式结合起来的，带有一条裂缝或者多条，有可能是无底的阴暗的鸿沟[6]，在这个词语内部、在其音节之间或者在其音节之内裂开，许多这样的杂交词确实存在，例如，对于通晓数种语言的人或者类似英语的杂种语言。

从词源上来识别词义的危险，然而正如读者会注意到的，只不过是有机的模式控制了词源学里的传统术语，就像"词干"（word stem）这个术语。专家们主张"奥德拉德克"这个词"有"斯拉夫语或者德语的"词根"（stamm aus）。总有一门语言是它的

"基础"（Grund）。"奥德拉德克"这个词以斯拉夫语或者德语为根基。这个词来自它们就像花朵从其根部和茎干长出来一样。

另外，德语词 Grund 不仅仅是"字面"意义的"土地"，菜园土壤。它是希腊词 logos（逻各斯）或者拉丁词 ratio 的德语译文。拉丁词 ratio 与 radius（茎）和 radix（根），即根（英语词）相关联，就像英语单词"radish"（萝卜），是一种可吃的根茎蔬菜。海德格尔关于理性原则的著作名称是 *Der Satz vom Grund*（《根据律》或者《理性的原则》——译注），他沿用叔本华对这个拉丁语的翻译 *principium rationis*（《理性的原则》）。作为一个翻译拉丁文的标准，莱布尼茨式认为每件事都有原因，每个原因都可导致一件事，那么 *der Satz vom Grund* 翻译听起来对于英语读者来说是极其怪异的。对于"原因"的"根据"？那样是不合理的，令人费解。

"词源"来自希腊词 etumos，即真实、实在的。语言学的分支"词源学"是追寻真正的起源词，由此衍生后来的词语，就像花朵来自根。有机模式在这种情况下就承载了西方形而上学的整个体系，正如在 logos（逻各斯）这个复合词上所体现的，其意思是词、理智、比率、节奏、物质、根据、理性，等等。在随意否认从有根据的词源上追溯"奥德拉德克"的词干，从而推导出它的意义的过程中，卡夫卡的陈述者反对整个语言学各个分支有能力去辨析真实意义的主张："它们两者［这两种假定的语言词根：斯拉夫语，德语］都不能使你找到这个词的词义"（man auch mit keiner von ihnen einen Sinn des Wortes finden kann）（72）。

尽管这个陈述者强烈地禁止，卡夫卡的学者们从马克斯·卜诺德到维尔纳·哈马伽无不陷入圈套。他们已经在这种状况中。他们提出了"奥德拉德克"这个单词各个音节的各种各样的释义。这些各样的释义在相当大的程度上是矛盾的。卜诺德有关于"奥德拉德克"这个词词义谜底的论文已在卡夫卡在世的时候发表了。它以卜诺德特有的对卡夫卡的宗教式的解读为前提条件。
卜诺德声称"奥德拉德克"这个词包含了"整个范围的意思是
'背弃者'或者'变节者'的斯拉夫语单词"……背弃良善者，
权利；背弃者出自商议（Rat），神关于创造的商讨（rada）（引
自 Hamacher 319）。卜诺德把这点又在另一篇论文中简洁地表述
出来，"斯拉夫语词源学：在商议中密谋叛变［Rat］—rada =
Rat（叛徒）"。哈马伽讽刺地表达了自己的想法，即想知道这种
把奥德拉德克的意思当作背弃良善者还是背弃权利的解读谈到了
某个名叫变形权利（Brod）的人的某件事。威廉姆·埃姆里奇，
在一本关于卡夫卡的著作中——这本书也被哈马伽引用过——稍
微详尽论述了卜诺德的定义并且使之世俗化。

　　　　在捷克语中【埃姆里奇写到】……有一个动词 odraditi，
　　意思是劝阻或者阻止某人做某事。这个单词在词源学上来自
　　德语（rad = Rat，建议、商议、教导），后来受斯拉夫语的
　　影响体现在前缀 od，即 ab，意思是"离开，偏离"，以及体
　　现在后缀 ek，表示一个身量小的……奥德拉德克……因此
　　可能的意义是一种阻止某人做某事的微小的生物，总体来
　　讲，是一种总会阻挠的生物。（引自 Hamacher 319—320）

　　这种论述相当理性而且清楚。然而埃姆里奇并没有嘲笑卜
诺德所说的。对于卜诺德，奥德拉德克处于一个叛变者的情形
中。对于埃姆里奇，奥德拉德克是某个阻止别人做某事的人。
他们两者不可能都正确。而且，无论是卜诺德的意思还是埃姆
里奇的意思都没在文本本身显明。这个一家之父的奥德拉德克
既没有显明是任何信仰的背弃者，也没有显明他企图去阻止任
何人。奥德拉德克只是敏捷地在楼梯、走廊和大厅走上蹿下或
者潜藏在阁楼里。这些屋内外或者家内外的地方在卡夫卡的写

作中经常出现，如在《尝试》中约瑟夫·科的位置几乎被无限延迟地定位。

维尔纳·哈马伽自己对于这个词"奥德拉德克"的解读/非解读，据我所知到目前为止是最细致和最广泛的。那是长篇大论。在这里我不能对此作判断，但对于他所说的，也可以做个概述。读者们应当自己读一下哈马伽的论文。我区分了哈马伽说到"奥德拉德克"的三个中心特征：（1）哈马伽是著名的可被称为双关语学的大师。双关语学研究的是双关语和文字游戏，但和单词释义的学问不一样。甚至是看起来最牵强的关联都是哈马伽研究的原始对象，他创造的语料。哈马伽创造了许多语料。（2）结果就是哈马伽发现了一系列令人惊叹的或多或少有些相互矛盾的藏在"奥德拉德克"里的词语。如果威廉姆·卡洛斯说一首诗是制造词语的小型（或者大型）机器（256），哈马伽在"奥德拉德克"里所发现的被我称为那些未成形的小机器的其中之一是在许多领域思考的一种新范式。哈马伽所创造的一系列词语像是在一些既定发音上一套永远不完整的变体，就像约翰·凯奇、约翰·亚当斯或者菲利普·格兰斯的音乐，就像后现代创造的某种诗歌的形式，像乔治斯·培若柯、约翰·凯奇、乌力波文学团体的诗歌[7]，或者像《芬尼根守灵夜》中一些显而易见的疯狂的一长串叠加的词和短语[8]，或者像一个存储在电脑随机访问存储器中的文件中的数字1和0，或者就像人类基因组里超过30亿的DNA碱基对。人类的基因组是一个由成千上万年累积的巨大的排列。它们中的许多基因都没有价值或者没有明显的功能。它们是基于少数几个由基本字母命名的化学团聚的变体。（3）哈马伽再三坚持认为无论"奥德拉德克"这个词有多复杂，这种双关语的调查的结果不是辨析意义，而是确定它缺乏意义或者它的意义似是而非，就像声称它在任何意义之外，它意味着无意义一样。大多数词源学家同意第一个音节"od"是一个否定的前缀，"ek"是一个小词。问题在于"rad"音节好像具有无限的多呼格：

> 任何对"奥德拉德克"的阐释都主张确定性、结论性和意义——这些是阐释学针对不但是"家庭男人"而且是他所批判的词源学家的原则——必须忽视"奥德拉德克"，因为"奥德拉德克"意味着异议、无意义以及从意义链上的背离。"奥德拉德克"因此就"意味"着它没有意义。他的话语说他否认这个话语、他偏离过程、他背离过程；他的名字说他没有名字。（Hamacher 320—321）

如果我只是把哈马伽的双关语列举一排，那么随着哈马伽的评论被篡改，就出现了奇怪的乌力波诗歌。读者就会注意到哈马伽用一只手拿走了他用另一只手所给的东西。他想要这些联系同时想要否定它们就好像所有错误由此引起。这些潜在的冗长的一系列单词和单词片段的呼应的效果使它们都逐渐失去了意义，只是成为声音，"rad, rad, rad, rad"在音量渐次加强的废话中。如果你经常充分地去重复"奥德拉德克"整个单词，也是这样的。就像我在哈马伽的帮助下，在这里所做的一样：

> 在"奥德拉德克"不确定的"家庭之父"——这位总是关注阐释中的确定性的意义的经济学家——不得不反对的意义中，也有在捷克语中唤起其他联系的那些词语：rada 意思不仅是 Rat（商议），也是系列、排、方向、等级和列；rád 的意思是系列、等级、阶级、规则以及明智的、谨慎的；rádek 意思是小系列、排列。奥德拉德克因此是位于语言学和文学次序之外、位于语音之外，不仅从话语的次序中被切断而且是位于每个系谱学和逻辑序列之外的一个恶作剧：一个叛变者，一个

背叛所有党派和所有可能整体的"叛徒"……甚至关于"Odradek"也能够被读作"Od-rade-K"和"Od-Rabe-K"——或者"Odraven-K"——因此"Odradek"包括一个由哈马伽命名的"Kafka"的双重指向【哈马伽所喜爱的一个偏离，他倾向于把所有卡夫卡的作品都看作一个隐藏的"卡夫卡"或者"弗朗茨·卡夫卡"的变位词，尽管他这里反对那种偏离是不合法的解释】的评论忽略了这个"词"，一个游离出词序、游离出自然的、国家的和理性语言的词。甚至不是这个名字"Kafka"，而是它收缩成字母 K 以及它变形成"jackdaw"和"raven"就能够成为意义的来源，话语的起源，或者是指代的根源，因为"Kafka"在"Odradek"里把它自己恰好从它的词根，它的根（radix）中分离出来。奥德拉德克是"祖—根""od-radix"：是"没有词根"的；在捷克语中，odrodek，即位于自己种类之外，"走出血统"的（odroditi——退化，被连根拔起），简而言之，就是不属于任何种类，没有商议，是那种既没有话语又没有自己名字的物种……根据科特字典，odraditi的意思是"使疏远"，"诱离"；odranec 的意思是"破布"；odranka 的意思是"一张纸""文本拼接物"；odrati 的意思是"撕掉"；odrbati 的意思是"刮去"，"擦掉"；odrek 的意思是"脱离关系"；odrh 的意思是"责备"，"谴责"；odrod 和odrodek 的意思是"没有种类所属的物种。"卡夫卡可能把所有这些和 Odradek 相连接。它们支持了马尔科姆·佩斯利的评论，即卡夫卡总是说他自己的作品是"拼接物"，焊接在一起的碎片。故事的碎渣四处漫溢，无家可归。（Hamacher 320—321）

如果我只是从哈马伽系列中提取德语、捷克语和拉丁语单词，那么我得到以下乌力波的或者卡根（Cagean）的或多或少无意义和不可读的诗歌。单个的物体具有意义，但是把它们以这种无语法或者句法的方式放在一起，它们就失去了意义而变成了只是依赖声音或者依赖以可能的方式组合字母表中一小部分挑选的字母：rada, Rat, rád, rádek, Rede, Verräter; ratio, Od-rade-K, Od-Rabe-K, Od-raven-K, Kafka, radix, "odradix"; odrodek, odroditi, odraditi, odranec, odranka, odrati, odrbati, odrek, odrh, odrod, odrodek, Odradek。

　　这一串可能近似于许多不能证实的由雅克·德里达给出的谜般的短语的意义。他的论文《如何避免说话》(*Pardon de ne pas vouloir dire*) 以这些短语开始。[这篇论文的题目意义有着其他的可能性，意思是"抱歉我不想说话"或者"抱歉没有任何意义"(119—121; 161, 163**)]，或者由托马斯·品钦在《万有引力之虹》中，在一个单词串"你从未试过基诺沙那小子"(You never did the Kenosha Kid) 的发音、强调和上下文的变化中给出的意义变体：

　　　　亲爱的斯洛斯洛普先生：
　　　　你从未试过。
　　　　基诺沙那小子 (62)
　　　　资历老深的徒步者：打赌你从来没去过"基诺沙,"小子！(62)
　　　　你？从来没有！基诺沙小子一刹那想过你……？(62)
　　　　"你从没做过'这样的事,'基诺沙小子" (62)
　　　　但是你从未试过基诺沙那小子 (63)
　　　　你从未试过基诺沙那小子。对准，斯洛斯洛普 (63)
　　　　画外音：这小子崩溃了。你认识我，斯洛斯洛普。
　　　　记得吗？我从未。
　　　　斯洛斯洛普 (凝视着)：你，从未？(停顿) 那基诺沙小子呢？(72)

另一个例子是一串单词、音素和我在德里达的 Glas，即在《阿里阿德涅之线》的第一章 "排" 中：graph, paragraph, paraph, epigraph, graffito, graft, graphium, graphion, graphein, gluphein, gleubh-, gher-, gerebh-, gno-, guh, gn, gl, gh, gr. （9 – 10）的启发下推导出来的 "g" 中的假定的印欧语系的词根。德里达的《心灵感应》从弗洛伊德的关于心灵感应的一篇奇怪的论文中挪用了另外一个这样的多语串："Forsyth ... Forsyte, foresight, *Vorsicht*, *Vorasussicht*, precaution, or prediction [prevision]."德里达在《心灵感应》中的另一处也用了一个眼花缭乱的语串，产生于这个来自他自己的 Glas 的名字 "Claude"。"glas ...（cla, cl, clos, lacs, le lacs, le piége, le lacet, le lais, là, da, fort, hum … claudication [cla, cl, closed, lakes, snare, trap, lace, the silt, there, here, yes, away, hmmm ... limp]）" [260—261, 234（翻译修订）235；269, 245, 246][9]还可以在路易斯·阿曼德的《星座》中关于凯奇、佩雷克和乔伊斯的讨论中找到这种乌力波诗歌的例子，可参考注 8。既定语言系统和多种相互交织的语言系统是一种非理性的集合体，在其中既定的音素或者一串音素的意义显然可能受限于上下文、语调以及与其他音素或者音素串的差异。然而，一个既定的音素串从未超越它的语境和它差别的局限性，朝着一个无限的越来越远的但从未完全被排除的双关语、同音异意词和偶然关联词的范围发展。这些被列举出来的单词或短语既没有按照优先权也没有临时地或者作为一个叙事顺序来排序。它们可以以任何顺序出现。那就暗示着它们是同时的，就像互联网中的数据或者就像超文本中的项目。第一个项目不是开始，最后一个单词也不是结尾之处。这就使得路易斯·阿曼德的星座的马拉美式的描绘是适当的，甚至是 "星座" 暗示着一个固定的模式而不是我在这里所例证的这种动态的和不可预测的变动的集合体。

这些序列中的项目五颜六色的线段打结缠绕在一起，绕在奥德拉德克的身上，就好像它只是一个线轴，用来收藏用过的线段。我列举的每个序列可以不确定地向任意方向延伸。最终，随着越来越离谱的替代和置换，正如哈马克颇有才智般地展开，好像他是制造双关语的机器，如"奥德拉德克"中的"拉德"可以通向捷克语和德语中的所有单词，也通向其他语言中的所有词语。难怪有理智的人不喜欢双关语，对它们的评价就像塞缪尔·约翰逊所说的，"会用双关语的人就会去偷窃钱包"。双关语会夺去语言的理性。约翰逊机智的表达中的头韵也是这样。文字游戏，像不经意的头韵一样，展现了语言已经是非理性的机器。想要表意的意愿，"希望说的愿望"永远不能夺得或者控制这个机器，一家之父再也不可能夺得或者控制奥德拉德克。

我已经假定称自己为奥德拉德克的事物，有一种不成结构的结构类似于不起作用的词语—机器"奥德拉德克"。让我把这点说得更详细些。首先奥德拉德克这个事物，像这个单词"奥德拉德克"无家可归。当一家之父问到奥德拉德克住在哪里，它说"没有永久的居所"（Unbestimmter Wohnsitz）[10]，然后就大笑。"但是那不是一种发自肺腑的笑，听起来或多或少像是落叶的瑟瑟声"（wie das Rascheln in gefallenen Blättern）（73）。

对我而言这是读《一家之父的担忧》时最可怕的时刻。

这近似于当亨特·格拉胡斯永久地被困在他那漂浮在此世和彼世死亡游艇上毛骨悚然的时候，他说"我的游艇没有船柄，它随风飘荡，被吹进了死亡的最深之处"（《卡夫卡故事选集》112）。专家们声称，笑是一种人类特有的姿势语言。我们假定动物是不能笑的。然而，不是发自肺腑的笑是什么笑呢？奥德拉德克的笑很古怪地指向他没有永久居所的主张。这是一种非人类的声音，就像是落叶发出的瑟瑟声。然而正如哈马克意识到的，"Blättern"是书籍印刷本中的书页的德语词。奥德拉德克的笑声，有人也许会说，是一种纯粹的字面的笑。这种声音由页面上的单词产生以及它们与落叶之声的比较而得。但是这个文本里的树叶落下了，死了，干掉了。它们只能发出沙沙声。它们不清晰而且它们不可读的状态就像奥德拉德克的笑声。它为什么笑呢？不知道它为找不到永久居所发笑的原因。这几乎不是一件可笑的事，或者甚至也不是带有讽刺意味的对不可笑的事物的发笑。

　　一家之父对奥德拉德克这个东西的描述就像命名他或它这个单词一样不恰当。奥德拉德克既不是人类也不是动物，也不是东西，而是一种古怪的会说话和敏捷移动的机器。奥德拉德克是一个（不是很成功的）机器人，一种好像是由某个不擅长机器人设计的人的技术构建。或者很难想象它具有某个设计者。它似乎不是出自技师的技艺制造。它有可能是这样的，因为宇宙是一个整体，人类存在其中，有着带缺陷的基因组、潜在的自我毁灭的免疫系统和出错的内分泌系统。这三个都是容易致命的故障。我们和我们的生态系统是超过数以亿年的机会变化的结果。从我们人类考虑什么是有利于我们自己的角度看，那还不是完全正确的。

　　智能设计的观点很有吸引力，因为它给造物和所有的生物赋予了意义。证据有力地表明，达尔文和近代物理学家与遗传学家是正确的。[①] 宇宙及其内部的一切都是经过数十亿年的随机变化演变而来的，这些变化是由最适者的随机生存决定的，决定了哪一种变化是最长的。没有一个理性的设计师能够把人类的基因组

---

　　① 关于达尔文的进化论，一直以来有相当多的学者持异议，例如路易斯·阿加西（Louis Agassiz, 1807—1873）瑞士裔美国博物学家，哈佛大学动物学教授。他是美国现代科学传统的创立人之一，是一个伟大的系统分类学家和古生物学家，以其对化石鱼的研究及从地质迹象上推断出冰川期曾在北半球发生而名扬学界。他全面反对达尔文进化的整个思想。他发现进化论实则与地壳岩层中的动物埋没和分布情况相冲突，高等的鱼反而先有，低等的鱼是后来才有。此外，圣多菲大学的斯图尔特·考夫曼教授认为，生命起源、新陈代谢、发生程序、肌体横剖型线图都是达尔文理论所无法解释的。而且随着现代生物分子科学发展，很多研究成果彻底推翻达尔文的进化论思想。——译注

组合在一起，几乎任何人都比这个用配件拼凑起来的东西强。这个东西带有许多多余的似乎毫无目的和无用处的部分（人类基因的无序组合）。然而，它们可能具有某种隐藏的、我们还未辨识的功能，或者说这种功能我们没有能力去辨识。

　　奥德拉德克也是这样。这位一家之父对于奥德拉德克的起源和宗谱没有透露任何信息。它似乎没有起源和家族。它是自成一类的，一个不在其中的，正如它似乎在目的或目标中没有终点："开始它看起来像一个平的、星形的线轴。但事实上，它是好像缠着线的；尽管这些好像只是旧的、有多种颜色和种类结成而又相互缠绕的碎线头。然而它不仅仅是一个线轴，因为有一根横木从这个星形的中间突出来，另一根小支柱从直角处和它连接。由于这根小支柱在一边支撑，另一边由这颗星的一只角支撑，整个装置就能直立起来，就像有了两条腿。"（72）如果你费力要去想象下这个奇怪的机器看起来像什么，你是毫无头绪的。我也从未见过一个线轴是星形的，尽管注释者已经明白要参考**大卫之星**，就是那颗在布拉格使用的标记犹太人的星。然而，你如何围着这颗星的角来绕线？绕进还是绕出？它们会从这个星的角上滑掉。这些线头都以任意方式缠绕结成，就像我先前所讨论的那些词语和音素串。它们表明奥德拉德克或使用他（它）的某人虽然是无缘无故地为了节约线，但是除此之外毫无其他明显的目的。也许某种隐晦的指代被植入卡夫卡的作品中，就像他所说的叙事元素的拼缀物以随机的序列结成。

　　我能够明白这种装置可能会直立，但是我不明白的是它怎样敏捷地上下楼梯，跑到走廊、门厅、阁楼，正如一家之父描述的那样。它极其灵活，根本不可能被抓住："*Odradek außerordentlich beweglich und nicht zu fangen ist.*"尽管奥德拉德克好像是由木头制成的，但是它是自驱的，而且它能讲话和笑，尽管它没有肺部。就像《杂种》里的猫羊，或者《学院报告》里的会讲话的猿猴，或者像卡夫卡作品中所有那些会说话和思考的其他动物，奥德拉德克属于不可辨别的种类。它既不是东西，也不是植物、动物或者人类，而是一个拒绝理性分类的，聚合所有这一切令人不安的混合物。

读者忍不住会想奥德拉德克是不完整的、未完成的或者在某种程度上是损伤的，但是一家之父说没有那样的证据，尽管他曾经寻找过。如果奥德拉德克是不完整的而且缺失的部分能够被找到，那么就更容易把它理解成一个有着特定目的的技术机器："很容易让人想到这种体形曾有过某种功能性的外形（*zweckmäßige Form*），而现在只是损坏了。然而情况并不是这样的；至少对于这样的猜测没有证据证实，在任何地方你都找不到任何其他的损伤的源头或者骨折的痕迹来表明有这样的事发生；真的，整个事情好像没有意义然而以它自己的方式是完整的（das Ganze erscheint zwar sinnlos, aber in seiner Art abgeschlossen）。"（72）这是对卡夫卡作品不错的描述，也是对卡夫卡式单词"Odradek"这个范例的描述。所有这些都是完整的，甚至是那些他未写完的作品。但是它们是无意义的。

难怪一家之父会担忧。我想象卡夫卡在想象一个事物中一定得到了极大的快乐。那样的事物拒绝理性的解释，是无意义的但是"以它自己的方式"而完整、被隔离的、自我包围。他也一定享受创造一个负责任的和理性的父亲作为"叙述者"的乐趣。这个父亲试图对闯入他家庭的这种生物的理解导致了反复的结论："无意义"（sinnlos），就像这个名字奥德拉德克拒绝所有对它可验证的解释。不但这个名字而且这个事物都是巧妙的技术构造。这个构造的目的似乎是抗拒人类合理的解释。

奥德拉德克的最后一个特征引起了这个一家之父的最大担忧。他惧怕的是奥德拉德克可能不会死亡。这点又和亨特·格拉胡斯相似。任何凡间之物，一家之父说，至少有一个可辨识的目的，那就是死亡。对于海德格尔，据他说，定在（daseins）的基本特征是他们能预见他们的死亡正如动物们不能那样。Sein zum Tode，向死而生，因此就是定在的存在。"他会死吗？"一家之父问奥德拉德克，"每种死亡的事物在死之前都有某种目标（Ziel），某种行为（Tätigkeit），那种行为就是损耗它的；对于奥德拉德克不是这样的。"（73）

这篇奇怪的文本提出的理性的原则或者根据律（Satz vom Grund）问题假定任何具有理性意义的事物具有那种意义，因为它的行为是指向目标的。它的意义能够就它的目标或者用途来定义，即 Zweck 或者 Ziel。奥德拉德克没有目的，因此他（它）的行为，即知道他死都没有损耗他。即使是一个机器，无论如何巧妙地被造出来，最终都会耗尽。只有毫无目的、用途或者意义的技术构造是能够不死的，也许像宇宙自身在其毫无止境地扩张，然后收缩形成新的宇宙爆炸。对于一家之父，最挥散不去的担忧是奥德拉德克会比他长寿："他会哗啦哗啦滚下楼梯，滚到我的孩子们和孙子们的脚边［。］真的，他无疑对任何人无害（Er schadet ja offenbar niemandem），但是一想到他超越任何其他的事物，比我活得长，我就难受（fast schmerzliche）。"（73）

我已经讲述了有关"Odradek"这个词所有的一切以及我头脑里用来替代有机模式的"奥德拉德克"。这个"奥德拉德克"是自我摧毁的无机技术结构模式的例证。这之后，我能在几个书面语的意义里，或者简而言之，把我自己当作双关语，对这篇文本所例证的无机机械或技术的其他两种形式漠不关心。

如果"Odradek"是一个不是词语的词语，如果奥德拉德克它（他）自己不是一个机器的机器，《一家之父的担忧》就是一个属于不可辨识的反常文本。它既不是一个故事，也不是一则寓言，也不是告白、自传、科学报告，它也不遵循任何其他可辨识体裁的规则。它是不规则的无机混杂单词的聚集，混合了许多体裁，但是不遵循其中任何一种的规则。它甚至不太像卡夫卡的其他文本。它是独特的。此物种仅此一例，没有父母也没有后代。

同样的，《一家之父的担忧》没有在读者的大脑里创造某种可辨识的角色或者人物。除了我们知道他对奥德拉德克担忧，我们对于这个家庭的父亲知之甚少。卡夫卡擅长创造一种冷静、有点讽刺的、几乎不能被称为"视点"或者视角，或者一个可靠的或者不可靠的叙述者，或者一个识别的人物的言语的叙述声音。"一家之父的担忧"只是一个奇怪的单词组合。它似乎从天而降，像一颗流星，或者像是刻有印记的陨石（inscribed astrolith），或者像我们在海滩上可能找到的裸露出来的石头。它只是躺在那里，像代码中难识别的信息。尽管我们知道它是卡夫卡写的，但对于卡夫卡这位以清晰的德语所写的这篇奇特、独出心裁的文本的作家我们一无所知。它的意义是它成功地对抗了阐释，而不能表意。它是无意识的（sinnlos）。

怎样都行

在转向现今的解构例子之前，先让我总结下我已在《一家之父的担忧》中所区分的模式的特征。这样一个技术人造物好像没有创造者。它似乎是自成的和自生的。它肯定不是人类意愿和技术技巧的结果。它最好被描述成一部机器，但是作为机器它是未被创造的、不起作用的。或者是脱节的，尽管它一直持续地在做事，连续地工作，像金霸王电池一样动力充足。它没有技术人员或技工的技术，然而它疯狂地制造了从人类需要和欲望的角度或者是从任一其他可想象的角度无法理解的机器技术。

我想在总结中把我认为可理解的五种系统罗列出来，如果根据我所概述的语言学机械模式以及在卡夫卡的帮助下：环境、全球金融系统、民族—共同体、身体和语言，它们能够被理解的话。这些机械符号系统在起作用。它们使得某事，通常从人类的视野看，在最后的灾难中发生。每个系统都能被看作冒充了其他的系统，但是没有一个系统是文字，而其他系统是置换、图形、替代或者象征。所有的系统都是相互联系的。它们一起创造了一个包括所有的生物技术的不完整的整体，在其中"我们"每一个都连接在这个整体上。

一个这样的系统就是大地，地球。科学家越来越发现，地球是一个复杂的机器，几乎由无数的相互发信号的原子和分子构成。我们无法控制这部机器。它只是继续做它确实要做的，那就是，创造我们居住场所中不断变化的气候，如我们的环境，我们的家或者家庭（oikos）。聪慧的科学家、技术员和工程师发明和完善了使用汽油燃料的内燃机，然后把内燃机用于带轮子的车辆，就像那些研制出化肥和杀虫剂的科学家那样，他们的用意不是导致灾难性的气候变化。他们也不是第一次得知，气候变化一旦开始就会通过反馈机制飞快地加速。现今的科学家们一直对此惊愕不已："这比我们所想象的发展快得多！"工业化后期所导致的二氧化碳和其他温室气体的含量的快速增长已经干预了生态系统启动它自动调节的齿轮和杠杆。我们不期望这样的结果，但是机制上却无法阻止这样的事情发生。

地球不是一个超级生物体。它根本就不是一个生物体。它最好被看作一部极其复杂的机器。这部机器至少从人类需求的角度看，是能够自我破坏发怒的机器。全球变暖会带来大规模物种的灭绝。它会用洪水毁灭掉低地势海岛、我们的沿海平原，以及位于其上的任何的城镇、城市和房屋。我们位于缅因州鹿岛海岸边的房屋就是一个例子。在那儿我正在写这篇文章，能看得见大海。我们离大海只有50英尺远。海平面在高潮时，只低于我们房屋地平面几英尺。

而且，当我们在大气中继续地累积碳含量，达到越来越高的水平，我们从未得知下一次排放的二氧化碳颗粒会在什么时候彻底破坏某种生态系统以及引发一种非线性的气候事件——像西伯利亚冻土层的融化，释放它所有的甲烷气体，或者使亚马孙河干涸，或者使北极的海冰融化。最好用混沌理论和突变理论来理解我所描述的这些系统，那就是瞬间爆发。而且，当一个生态系统崩溃时，它能在其他系统中引发突然的不可预测的变化，那样可以急速地改变整个地球（弗里德曼）。

另一个这样的机器是全球金融体系。那种机器现在连接到互联网和大量基于计算机的数据储存与数据操控的设备上。2007年全球资本主义内爆，导致了全球经济衰退，很多人遭受其害，美国的失业率几乎达到了 10%，还不算上那些数百万已经停止找工作的人。金融家、银行家和 CEO 们所做的导致这场灾难的决定并不是要让金融体系达到全盘崩溃的边缘。他们是这样想的，每一个都理性地行动，使利润最大化并获取他们的高薪、红利和股票期权。金融危机发生了。明显地，因为太多人信任简单的计算机程序的魔力。那样的魔力被错误地认为可相对地测算风险，那就是抵押贷款的联合违约率。大卫·埃克斯·李那时还在加拿大和美国，现在回到北京，写下了这个公式，雅致朴素的高斯耦合公式（萨蒙）。这个公式存在致命缺陷的假设，那就是房价不会上涨，也不能下跌。所有的银行家和投资经理相信这个假设。然而，包括评级机构，那些从金融"产业"拿薪水的人员，评出了一系列最终毫无意义的三 A 级的安全系数。

电脑程序所设计的"数量分析专家"允许相连的计算机和数据库所做的工作是人脑无法理解的。所有的银行家和金融寡头像美林证券、贝尔斯登公司、美国国际集团、花旗集团、美国银行等，说因为他们的机构正在走向破产，他们不理解什么是信用违约交换，什么是债务抵押债券（CDO）或者程序的运作方式是怎么样的。这些程序制造了部分以及部分的部分，把次级房贷分配给越来越远的片段。这个过程被认为是把风险扩散得如此广大以至于即使某人无法偿还这些抵押贷款，没人会遭受相当大的损失。当那些银行和金融公司的掌权者说他们并不知道自己负了多大的债务时，他们并没有撒谎。好像很多人是完全破产。在2009年的10月24日，有104家小型银行破产。从那以后，银行破产蔓延到全世界。债务抵债券在2006年达到了4.7万亿美元。在2007年，信用违约交换未偿贷款达到令人惊骇的数字：62万亿。银行和金融公司被毁，或者它们如果没有纳税人大规模地数以亿计的美元注资，没有某种不是认知对象的系统的内置来拯救的话，它们就会破产，尽管有一些内幕知情者发出了警告的信号。这有点像当我手敲键盘操作，这个句子以12号帕拉提诺字体、双倍行距、某种预设的页边距和其他自动的格式出现在屏幕上时，我并不知道在我电脑深处某个地方正发生了什么。我们的猫擅长于意外地按住一些偶然组合的键。那样使得我的手提电脑"死机"，股市崩盘就是这样。正如CEO们已经提及，相对于他们的高薪电脑金融工程师，我不知道我的猫做了什么，或者我不知道怎样还原系统。

这是现代金融系统的一个基本特征。这个系统依赖于电脑程序，把电脑精巧地互联而运行。这些运行的过程超乎人类的想象。然而，那不是要阻止它们继续自己的工作。那样的话，可能被神人同形同性论称作机器人的报复。全球变暖和物种灭绝速度快得出乎人的预料，这相当于这种金融系统不可知的运作过程。专家们不得不一直在校正我们位于鹿岛的房子被淹的时间范围。时间变得迫在眉睫。"准备好！世界末日即将到来！""准备好！金融系统在熔化！"我的读者不会没注意到"熔化"和"中毒"，如同"有毒资产"是从气候变化的词汇中借用而来的术语。托马斯·弗里德曼在以上引自《纽约时报》评论栏目的术语中，表达了我们由于疏忽大意而造成的困境如下：

为了从大萧条中复苏，我们已经不得不负债累累。人们只需要看看在通货紧缩期间，现金创纪录的金价，就知道人们担忧我们还会负下一笔债务——削减开支或新的税收收入引起的失衡——会引发非线性地脱离美元现象，这样会重创美国货币。如果人们对美元失去信心，我们可能会进入反馈回路，就像跟随潮流，凭借下跌的美元迫使利率上升，那样就抬高了我们已背负的巨额债务的办事成本，那样就会增加赤字的预测，就会进一步损耗美元。如果全世界不愿意来帮我们填平赤字，除了要高价的利率，那一定会削弱我们政府进行公共投资的能力，也一定会降低我们后代的生活水平，正如环保人士罗布·沃森所说："大自然母亲只是化学、生物学和物理学。那就是她的全部。你不能够编造她；你也不能够奉承她。你不能说，'嗨，大自然母亲，我们正在经历糟糕的经济衰退，你能缓一年吗?'"不，她以我们排放在大气中的碳含量来做化学、生物学和物理学所指示的任何事，正如沃森会加一句："自然母亲总是最后出击，而且她总是要击打一千下。"（附录 11/29/11）弗里德曼设想的自我毁灭性高利率在美国还没有出现，但这次事件最近发生在处于坡长边缘的欧元区的"地中海俱乐部"国家：希腊、芬兰、意大利、西班牙、葡萄牙。然而，欧元区国家和美国犯了同样灾难性的思想意识上的错误：认为他们能够通过大量削减政府开支，以及对富人、大公司的低税收来恢复经济的健康。正如冰岛现在的困境所展示的那样，这确实是错误的。实施这个策略甚至对于富人和大公司最终会是灾难，因为这会极大地减少消费者必须用来买公司所制造的产品的收入。同时，美国的失业率保持在 9%（如果考虑未充分就业的或者已经停止找工作的人群，那么这个比例还高得多）；无数人正失去他们抵押给法院的房产，有些房产是非法的；占人口 1% 的全美顶尖人士的收入达到了全国总收入的 20%，他们控制了整个国家财富的 40%；全国医疗保健的花费上升到 GDP 的 20%，并且在持续增长；在对自动联合免疫的灾难的喋喋不休的抱怨中，学费飞涨让越来越多的美国人无法接受高等教育。

第三种这样的体系是一个社区或者是一个国家。这样的构造是人类通过法律、体系、宪法、立法机关和政府所有的机构所相联结的聚集物。这就是福柯所说的"统治术"。金融系统是一个重要的既定的国家机构，尤其是在军事家—资本家—远程科技的财阀统治中，如美国。美国当今最明显的是，如果我们认为它不是一个有机体而是一个技术人工制品，一个技术的产物，那么它也倾向于没有大脑，或者至少是无理性地自我毁灭。

为什么一大群身体显然健康、头脑显然清醒的人要转向地狱般的自我毁灭？我所知道的对于这点最好的描述是雅克·德里达的"自动联合—免疫"的假说，那就是在任何一个共同体中存在一种用自己力量反对自己的倾向。这种共同体毁灭自己的方式是保卫保全自己，使自身免受伤害，就像人体内的自身免疫，让身体对付自身。我在《为了德里达》中，用了一些篇幅讨论了德里达的"自动联合—免疫"（123—129），但这些是从德里达的《信仰与知识》和《流氓》中选取的必要段落。他们自谓为义：

然而这种自身免疫常常出没于群落而且其自身的免疫存活体系像是夸大了它自身的可能性。没有什么是共同的，没有什么是免疫的、安全和健康的、神圣的和圣洁的，没有什么东西不经过自身免疫就可以过最能自动调节的生活……这远远超越生者，其生命唯一的价值在于比生命更有价值，比其自身更有价值——简而言之，它开启了连接机器人（模范"生殖崇拜"）、技术、机器、假肢、虚拟性的死亡领地：总之，它连接了自身免疫和自我牺牲补充的维度，连接了在每个群落、每个自动—联合—免疫里默默起作用的死亡冲动，事实上以此构成了它的重复性、它的继承物、它的幽灵传统。群落是普遍的自体免疫。没有群落，不可能培养其自身的自体免疫，因为牺牲性的自我毁灭的原理破坏自我保护（那是保持自我完整性的完好无损）的原理，而且这是考虑到某种看不见的幽灵生存。这种自我争竞证实了自动—免疫群落的存活，那就是说，向某种他类事物开放，而不是它自身：他者、未来、死亡、自由、他者的来临或者他者的爱、超越一切弥赛亚主义幽灵化的拯救城的时空。在那里，保留了宗教的可能性：存在于生命价值、生命绝对的尊严和神学机器，"制造神祇的机器"之间的宗教纽带（细心的、恭敬的、谦卑的、谨慎的、忍耐的）（82，87［译文稍作改动］）；原文 62，68—69）。然而，所有这些为减弱和中和这创伤（否认、抑制、遗忘）的努力是如此绝望的尝试。如此多的自动免疫在运转。这个过程产生、发明和发展了它们声称所要克服的畸形。因此永不会被遗忘的是自动免疫自身那种悖逆的后果。因为我们现在知道在其精神分析意识和政治意识里都存在那种抑制——无论是通过警方、军事或是经济［所指的是政治—警察、政治—军事、政治—经济］——结束它所试图解除的由生产、繁殖和再生所得到的东西（99［译文稍作改动］；原文 152）。《爱国者法案》和国土安全部通过拿走我们珍贵的公民权利、使我们受制于普遍的监控和陷入软禁的危险，有可能通过"特别的引渡逃奴"使我们在国外的秘密监狱里受虐。这些让美国公民的安全感明显减少。我反复地区分四种在变异上更深层次的领域。在这些领域中，美国正在自动免疫的自我摧毁中忙得不亦乐乎。

有一点，或许最糟糕的是不愿意对全球气候变化付诸任何努力，以至于来不及采取任何行动。我所说的已经太晚指的是不能阻止大气温度和海平面升高到让地球大部分地区不能居住的水平。

另一个自动—免疫的行为是拒绝做任何正经事来调控金融系

统。银行家和投资官员们已经铤而走险，为自己捞取巨额的薪水和红利。银行和投资公司竭尽全力地阻止调控。这可能是因为他们暗地里已经知道气候变化会带来毁灭。他们知道他们所做的会导致另一场金融崩溃，然而，他们仍在存储巨额财产。这样他们能支付，成为残余的幸存者，生活在远高于上涨水面的封闭领地里。或者他们是这样想象的。

第三个自动—免疫行为的例子是拒绝甚至是考虑唯一解决我们灾难性的医疗系统的办法，即通过的政府运作的医疗卫生体系。共和党人已经断言要废除这种温和的、起不到多大作用的由民主党通过且仍在控制国会两党的医疗卫生条例。他们还想剔除医疗保险和医疗补助，那样就会使数以万计的美国公民死于医疗保健的匮乏，也许这是不完全的非故意的人口的优胜劣汰的过程。很难相信共和党人，至少他们中一部分人，不知道他们自己的所作所为。如果没有这种强健的所谓的"公共选择"，那么国会通过的由奥巴马总统签署的"改革"就只会让医疗保险公司和医药公司大大富有，花费远远超过现有的占美国国民生产总值16%—20%的医疗保健费。

第四个例子是已经提到过的，即推迟从阿富汗战争中撤退，让美军回国。纳税人的巨额钞票已经砸在占领伊拉克和阿富汗的战争中，还不用说在各方面牺牲和受伤的人数。

如果你只是稍稍退后一点看看这四个问题，很容易就会找到理性的解决办法。然而我们共同的自动—联合—免疫似乎对于任何一个解决办法的选择变得极度不可能。很明显，我们会一直盲目地专注于自我—毁灭。

如果把人当作灵魂的体现，物质性的精神，那么另一个技术额外的领域是"人类"。就我们通常的好话来讲，身体现在越来越不被看作有机的，而是由宇宙充当生态技术员生产的复杂的技术产品。人类的免疫系统就是身体这种机器似的自我运作的例证，内分泌系统也是这样的。你不能够用思考来指挥你的免疫抗体做这做那。他们我行我素。这就是人类机器，或者正如拉美利特说的——妇女机器，但是植入了自我毁灭的倾向。例如，甲状腺功能减退，显然是一种自身免疫疾病，可能胰腺癌和其他许多的疾病和癌症都是这样的。许多形式的癌症好像是基因序列的随机错误引起的。我们无法用思考来改变一组基因序列产生某种蛋白质或者酶的方式，正如它被设定了程序来完成，或者改变免疫系统产生抗体来对抗它所察觉的，并不总是正确的外来入侵的抗原的方式。这些机械系统并不总是运行得那样好。它们是笨重的、冗长的、易于犯错误的。最近，由神经系统科学家所从事的脑化学和大脑"线路"的工作涉及人类基因组以及其功能、细胞学、内分泌系统、有着极大自我摧毁力量的自动免疫性的免疫系统。这项工作正在表明技术范式较传统的生物范式能够更好地理解身体，甚至是人类鲜明的意识伴随状态以及随之而来的自我和意志力的感受。

最近刊登在《科学新闻》上的一篇权威专题文章《进入病毒世界》概述了最近关于病毒的研究工作。这篇文章指出了基因的工作方式如何与机器相似，但是对于什么组成了"生命"的设想有极大的困扰。病毒被认为是没有生命，但对此科学家们现在愈渐不能确定，因此双关语在标题"病毒世界"中，而不是在"生物圈"中。一方面，病毒不会进食、呼吸或者繁殖。它们没有新陈代谢，因此它们一定是死的。另一方面，病毒由以许多方式活动在诸如细菌、藻类、兔子和人类的"生物体"中的基因材料组成。一个基因就是一个遗传因子。无论一个既定的基因是在病毒中还是在人体的基因组中，它就是一种能构建物质（如蛋白质）的模式。病毒随处可见。"极少量的海水里包含了成千上万的病毒颗粒"（Ehrenberg 22）。病毒由基因材料组成。这种基因材料表现得像一个原子核进入一个宿主细胞，运用那种细胞的机制来繁殖自身。病毒从其他的基因系统里借用基因，或者把它们传递出去"感染"其他的基因系统，或者把它们合并在它们自身的基因组里。

最好是说新的证据并不能引出这样的结论：病毒是活的就如同认为一切所谓的生物，是屈从于基因行为这种机器般的过程。甚至有可能最早的"活物"是最后突变为原始病毒的生物细胞，尽管那样的假设还极具争议。如果我们认为奥德拉德克如同病毒，那么就有可能有助于和《一家之父的担忧》达成规则，或者至少我们把病毒和事物、植物、动物和人类一起归入奥德拉德克的杂系混合的像语言那样的系统。病毒与语言的关系通过描述细菌和动物病毒进入宿主细胞、复制自身，然后离开宿主细胞去继续它们作为的两种不同方式的术语来表明。它们的作为通常是一种杀戮。根据滤过性病原体学者表述的这个过程显示，病毒基因组进入一个细胞，"复制"自身，然后"转录"自身，然后"转变"为自身。最后在这个被复制的病毒基因组以新的多个副本（就好像由复印机复印出来的）存在于这个细胞之前，"组合"和"包装"自身。

你可以看到，来自语言运作的数据对于表达基因研究的结果必不可少。埃伦贝格文章中的三个主要隐喻是"机器""语言"和"感染"。这些比喻是毫不夸张和没有问题的。这些是描述病毒工作方式通常使用修辞性的语言。其中有一段话非常明显地带有讽刺，持续不断地用暗喻把病毒工作的方式与全球金融系统作比较，暗示了两者愚蠢技术性的凶险。这段话也加强了我的主张，即我们往往在缺乏任何有根据的字面术语的情况下，通过和其他系统的修辞类比来思考这些系统中的每一种。任何有关这些技术产物的描述都会用词不当，那就是说，从一个领域中借用一个术语，然后把它用于命名某种事物。这种事物的工作方式没有满意的文字名："病毒也会保留它们已经获得的基因，甚至把它们扎捆在一起，出现的方式就像最近在海洋病毒中发现的那些光合作用的基因那样。这些发现暗示了病毒对海洋国民生产总值的巨大贡献以及病毒在全球能源生产中的巨大意义。"（22）

第五点，文本系统、符号系统总的来说在它们的运作中也如同机器。语言中的命令和施为形式的干预是最好的例证。一旦这些系统形成后（谁知道是怎样的？）它们就不受我们的控制。我们没有能力阻止它们自行其是，正如保罗·德曼所争辩的，我们不能再次阻止我们自己犯同样的误读错误，甚至是我们已经正确地辨识它们为错误。这里，德曼的观点是坚定的：述行话语自行其是，而不是人能动性的结果。它们通过语言的力量机械地运作。德曼总是强调语言的机械的、非人的和任意的作为。以某种不同的方式，路易斯·阿曼德在《文字技术》中也是通篇这样强调的。这篇论文的初稿通过举例写成的。这些例子是即兴而得以及从储存在我大脑记忆中心的数据库中随意支取的。当词语放进现成的语法和句法范式中，句子就在我的大脑中魔法般地形成。这一切就在发现和组成的双重意义的发明过程中发生了。然后我就把这些句子输入我的电脑中。我猜测任何人的大多数写作过程就是这样的。然而，意识到写作是如此少地受作家意识和意志力的控制让人有些不安。直到我写，我才知道自己将会写什么。Die Sprache spricht：语言言说。它通过我利用一种把我（从我的身体、我的计算机能力、键盘输入、有意识的自我和手指的意义上讲）当作媒介的腹语说话。

对于保罗·德曼而言，一种述行性言语让某事发生，但不是故意的或是被预言的。就述行语的范例而言，德曼的"许诺"（《社会契约》）中最后几句话把此表达成一个许诺："这个文本可怕的功效在于其修辞模式是一个译本。这个模式是卢梭自己无法控制的语言事实。就像其他任何的读者那样，他必然会把自己的文本误读成政治变革的诺言。错误不在于读者，语言自身使认知游离出行动。语言 verspricht（sich）"；到了那种必然导致误导的程度，语言只是好像必然地表述出它自己真理的承诺。德语短语是先前所引用的海德格尔预示性的"语言言说"（Die Sprache spricht）一个具有讽刺意味的暗示。"versprechen"的意思是"许诺"，作为一个自反性的词，是"许诺自身"。但是它的意思也是"口误"。这种情况的发生是因为前缀"ver-"的双重性。"ver-"可同时意味着"倾向"和"反对"。德曼的小短语是无意义地把语言进行机械式的建造而形成的文字游戏、双关语和文字争论的例子。语言言说是没问题的，但是它所说的是这个说话者无意想说的，那必定会误导，如以不能履行的诺言的形式。众所周知，德曼继续主张如此复杂的修辞、如此混淆的语言会"产生历史"。正如德曼在一次研究生研讨会上表述的述行性语言这种令人不安的特征："你的目标是熊，而一只无辜的鸟却从天而降。"

把这五种运作方式像互相连接的机器的领域结合起来，把它们连接成一个大的，极其笨重和闲置（désoeuvrée）的机器，那么你就到了机器人叛乱的伟大时刻。用技术的模式来概括正在这五个领域中所发生的并不会阻止正在发生的发生。就像奥德拉德克，我在这篇论文中所运用的无机生态技术、这些未成形的机器的主要模式仍在愚蠢地自行其是。然而当水上涨到我们周围的时候，这种可替换的范式为概述正在发生的事情提供了比有机模式更好的技术或者工具。然而，不幸的是，正如我所强调的什么是非理性或者轻信我已经命名的各种机器（非机器），生态技术模式不会让我们有一个清楚的认知或者理解。最多它会提出诸如述行性行为的请求，如通过碳排量的法律，那是极其不大可能发生的事。不可调和的自身—联合—免疫的规律是不允许的。

把十字架上基督的话翻译成玛雅象形文字的版本是认知和有效行动上的失败。这些象形文字的口头表达在那时被直译成西方文字。这也许是根据我现在再也不能在我们书里所找到的那个荒谬的神秘故事："落下、落下！墨水掉在鼻子上。"这篇论文可当作文字的技术，用黑墨水写到某个溺死在黑墨水中的人的鼻子上。

2011 年 11 月 5 日，鹿岛，缅因州

注　释

[1] 参见 Heidegger's *An Introduction to Metaphysics* 45 – 50（original 34 – 38）。

[2] 参见 Hamacher，特别是 296 – 300。

[3] 更详尽的讨论参见我的 *The Medium Is the Maker*：*Browning*，*Freud*，*Derrida and the New Telepathic Ecotechnologies*。

[4] Jean-Luc Nancy 把这个复杂的单词用作他的一本关于现代非社群共同体的书的标题，这本书是 *The Inoperative Community*（La communauté désoeuvrée）。

[5] 卡夫卡书中的"云点"隐喻，特别是寓言在瓦尔特·本雅明的伟大的《卡夫卡》随笔中出现了三次。在起始关于波特金的逸事中，本雅明说"遮蔽这个故事的谜就是卡夫卡的谜"（795）。著名的《在规则之前》的寓言"在其内部有云点"（802），卡夫卡运用的手势据说是形成了"这些寓言的遮蔽部分"（808）。这部分是遮蔽，因为这是可以清楚辨明这个寓言不能够表达的信条、教训或者道德的地方。耶稣的寓言有清楚的寓意。《马太福音》中的播种是关于天国和怎样去天国。耶稣告诉门徒说情况就是这样。卡夫卡的寓言没有如此明白的意义。在意义应当明确的地方却有令人费解的暧昧。因此卡夫卡的寓言意味着缺乏可辨别的意义。

[6] 我暗指的是瓦尔特·本雅明对于卡夫卡的寓言的评论。参见前面的注释。

[7] 乌力波（法语发音：[ulipo]，是法语：Ouvroir de littérature potenti-

elle 的缩写，可大体翻译为：潜在文学工作室）（主要是）说法语的作家和数学家的松散聚会，其目的是运用受限的写作技巧来寻求创作。该组织由雷蒙·格诺和弗朗索瓦·勒利奥内（Raymond Queneau and François Le Lionnais）建立于 1960 年。其他著名的成员包括小说家乔治·佩雷克（Georges Perec）和伊塔洛·卡尔维诺（Italo Calvin），诗人奥斯卡·帕斯提奥（Oskar Pastior）以及诗人/数学家雅克·鲁博（Jacques Roubaud）。该组织把术语"潜在文学"（littérature potentielle）（通过粗略翻译）定义为："寻求新的，能被作者他们所享受的任何方式来使用的结构和模式"约束被用作激发思想和灵感的方式。最著名的是佩雷克的"故事创作机器"，其被运用于他创作《生活：使用者手册》（Life: A User's Manual），以及那些已有的技巧，如漏字文（佩雷克的小说《空虚》[A Void]）和回文。该组织经常基于数学疑问构想出新技巧，如棋盘上骑士的旅行和排列"乌力波"）。（画线部分来自维基百科词条 < http://en. wikipedia. org/wiki/Oulipo > [Accessed Nov. 5, 2011]）。

　　[8] 就凯奇、佩雷克、乌力谱和乔伊斯以排列的机械化过程的某种方式作为文本的创作者，参见路易斯·阿芒德富有学识和引起生态技术争议的书《识字的技术：语言、认知、技术》（Literate Technologies: Language, Cognition, Technicity），特别是最后一章"星座"（Constellations），165 – 223。阿芒德的首要关注点在于语言、思想和意识的技术方面，他所说的"识字的技术"，而不是气候的变化；在于金融体系，或者在于民族共同体，或者甚至在于新媒介的影响。虽然如此，他的书对于我这篇论文中所表达的思想的影响是极大的。

　　[9] 我已经在 The Medium Is the Maker（27 – 29）讨论了这些序列。

　　[10] 因为无论这有多大的价值，可能价值不大，卡夫卡自己没有永久的居所。据我的经验，《布拉格游客指南》指出了一处又一处据说是卡夫卡通常和他的家人曾居住过的公寓，如果他所做的能被称为生活的话，卡夫卡自己对此有怀疑。这些公寓大多数围绕着著名的老城广场或者在邻边的街道上，但是至少有一个在此城完全不同的地方，在这条河的对面，靠近布拉格城堡。就像乔伊斯苏黎世那样，卡夫卡也搬了很多次家。乔伊斯一次次从一处寓所搬到另一处，是因为他不能支付房租而被驱出。卡夫

卡搬出去是因为他的父亲在这个世上站立起来了，想要居住在总是越来越自命不凡的公寓里。

　　[11]"忏悔"是一个牧师在教民向他告解后的解决办法。罪犯在被执行绞刑之前会被给予"临终忏悔"的权利。参见莎士比亚《理查三世》。"给予他临终忏悔"在德语中是"kurzen Prozeß mit ihm machen"。Prozeß 是卡夫卡式的共鸣，尽管约瑟夫·卡的"Prozeß"根本不是短。他被告知他最好期望他的试炼无止境。这样不愉快的经历并没有发生。

　　[12]参见 de Man 收录在 *Allegories of Reading* 中的"Allegory of Reading（Profession de foi）"："解构阅读能够指出由替代达到的无根据的认同，但是他们无力阻止它们循环，甚至是在他们自己的话语中。解构阅读也无力不交叉。因此说发生了异常的交换。"（242）

　　[13]例如，参见 de Man 的 *Allegories of Reading* 中的"Excuses（Confessions）"："解构比喻的层面是一个不依赖于任何欲望的过程；这样在它的表现中不是无意识而是机械的、系统的。然而在原则上是任意的，就像语法一样。这威胁到自传的主体不是立即呈现和曾经拥有部分的失去，而是作为任何文本意义和表现之间的激进疏远。"（298）

引用文献

Armand, Louis. *Literate Technologies: Language, Cognition, Technicity.* Prague: Literaria Pragensia, 2006.

Benjamin, Walter. "Franz Kafka: On the Tenth Anniversary of His Death." *Selected Writings: Volume 2: 1927 – 1934.* Trans. Rodney Livingstone. Ed. Michael W. Jennings, Howard Eiland, and Gary Smith. Cambridge, MA: The Belknap Press of Harvard University Press, 1999.

de Man, Paul. *Allegories of Reading.* New Haven: Yale University Press, 1979.

Derrida, Jacques. "Literature in Secret: An Impossible Filiation." *The Gift of Death.* 2nd ed. Trans. David Wills. Chicago: University of Chicago Press, 2008. Trans. of "La littérature au secret: Une filiation impossible." *Donner la* mort. Paris: Galilée, 1999.

—. "Telepathy. " Trans. Nicholas Royle. *Psyche: Inventions of the Other*, *Volume I*. Ed. Peggy Kamuf and Elizabeth Rottenberg. Stanford: Stanford University Press, 2007. Trans. of "Télépathie. " *Psyché: Inventions de l'autre*. Paris: Galilée, 1987.

—. "Faith and Knowledge: The Two Sources of 'Religion' at the Limits of Reason Alone. " Trans. Samuel Weber. *Acts of Religion*. Ed. Gil Anidjar. New York and London: Routledge, 2002. Trans. of "Foi et savoir: Les deux sources de la 'religion' aux limites de la simple raison. " *La religion*, with Gianni Vattimo. Ed. Thierry Marchaisse. Paris: Seuil, 1996.

—. "Autoimmunity: Real and Symbolic Suicides. " *Philosophy in a Time of Terror: Dialogues with Jürgen Habermas and Jacques Derrida*, with Jürgen Habermas and Giovanna Borradori. Chicago: University of Chicago Press, 2003. Trans. of *Le 'concept' du 11 septembre: Dialogues à New York (octobre-décembre 2001)*. With Jürgen Habermas and Giovanna Borradori. Paris: Galilée, 2004.

Ehrenberg, Rachel. "Enter the Virosphere. " *Science News*. 10 Oct. 2009. 22 – 25.

Friedman, Thomas. "Our Three Bombs. " *New York Times*. 6 Oct. 2009. Web. 7 Oct. 2009. < http: //www. nytimes. com/2009/10/07/opinion/07friedman. html? th&emc = th >. (Accessed Nov. 5, 2011.)

Hamacher, Werner. "The Gesture in the Name: On Benjamin and Kafka. " *Premises: Essays on Philosophy and Literature from Kant to Celan*. Trans. Peter Fenves. Cambridge, MA: Harvard University Press, 1996.

Heidegger, Martin. *Being and Time*. Trans. John Macquarrie and Edward Robinson. London: SCM Press, 1962. Trans. of *Sein und Zeit*. Tübingen: Max Niemeyer, 1967.

—. *The Fundamental Concepts of Metaphysics: World, Finitude, Solitude*. Trans. William McNeill and Nicholas Walker. Bloomington: Indiana University Press, 1995. Trans. of *Die Grundbegriffe der Metaphysik*. Frankfurt am Main: Vittorio Klostermann, 1983.

—. *An Introduction to Metaphysics*. Trans. Ralph Manheim. New Haven: Yale University Press, 1959. Trans. of *Einführung in die Metaphysik*. Tübingen: Max Niemeyer, 1966.

—. "Language." *Poetry, Language, Thought*. Trans. Albert Hofstadter. New York: Harper and Row, 1971. Trans. of "Die Sprache." *Unterwegs zur Sprach*. Pfullingen: Neske, 1959.

Kafka, Franz. "The Worry of the Father of the Family." *Kafka's Selected Stories*. Ed. and trans. Stanley Corngold. New York: W. W. Norton, 2007. 72 – 73. Trans. of "*Die Sorge des Hausvaters.*" < http: //www. kafka. org/index. php? landarzt >. (Accessed Nov. 5, 2011.)

Miller, J. Hillis. *Ariadne's Thread*. New Haven: Yale University Press, 1992.

—. *For Derrida*. New York: Fordham University Press, 2009.

—. *The Medium Is the Maker: Browning, Freud, Derrida and the New Telepathic Ecotechnologies*. Brighton and Portland: Sussex Academic Press, 2009.

Nancy, Jean-Luc. *Corpus*. Paris: Métailié, 2006.

—. *The Inoperative Community*. Ed. Peter Connor. Trans. Connor, Lisa Garbus, Michael Holland, and Simona Sawney. Minneapolis: University of Minnesota Press, 1991. Trans. of *La communauté désoeuvrée*. Paris: Christian Bourgois, 2004.

"Oulipo." Wikipedia. Web. 25 Oct. 2009. < http: //en. wikipedia. org/wiki/Oulipo >. (Accessed Nov. 5, 2011.)

Pynchon, Thomas. *Gravity's Rainbow*. New York: Penguin, 1973.

Ruskin, John. "Of the Pathetic Fallacy." < http: //www. ourcivilisation. com/smartboard/shop/ruskinj/ >. (Accessed Nov. 5, 2011.)

Salmon, Felix. "A Formula for Disaster." *Wired*. March 2008. 74 +.

Williams, William Carlos. *Selected Essays*. New York: Random House, 1954.

（刘容 译）

第三章

谨　慎

——在资本主义范围内，节约意味着谨慎

贝尔纳·斯蒂格勒（Bernard Stiegler）

消费者正在消费消费品。

——雷蒙·格诺

欧洲乃至世界的未来必须从社会主宰群体的心理力量特征来思考。这种精神力量产生的影响变得巨大而具有破坏性。[1]心理力量是一种捕捉注意力的系统组织。该注意力可能来源于无线电（1920）、电视（1950）和数字技术（1990）等心理技术的发展，并通过各种形式的网络传播到全世界。结果产生了一个恒定的工业化关注渠道网，于近期引发了一个广泛关注的现象：美国疾病分类学家将这种注意力的损坏称为注意力缺陷障碍。这种注意力的破坏是力比多能量遭到损坏的一种典型的案例，且后果严重，由此造成了资本主义力比多经济的自我毁灭。

西蒙顿·吉尔伯特认为"注意"这个词是个性化的真正意义：它总是兼具个体精神和集体特质。注意是专注于一个目标的心智能力，即给自己寻找一个目标的心智能力。该注意力也是对目标进行关注的社会能力——这个目标可以是其他的任何目标，

或者是其他目标的目的，再或者是一个典型的目标。注意也是礼貌的称谓，因为它建立在菲利亚（philia：友爱）的基础之上，即建立在社会化力比多能量的基础之上。这也就是为什么注意力遭受破坏会同时导致心理机制和社会机制（形成于集体个体化）也遭到损坏。在一定程度上，后者构成了一个谨慎机制。注意之中加入谨慎机制也有关注之意。（也是"当心"之意，我将在讨论毁灭性时强调这一点。）这个谨慎机制也是一种力比多经济，其中一个心理机制和一个社会机制相互链接在一起，通过种种技术机制造成今天力比多能量的毁灭。可以这样说，它们实际上是心理技术机制和社会技术机制。换言之，我们面临一个问题，这个问题基于我所谓的一种通用器官学。

因此，注意力缺陷障碍以及一切通过精神力量剥削注意力而带来的毁灭性影响的事物所产生的主要危害是，萌芽期的心理机制和基于友爱的交际变得脆弱。现在，过早消除力比多经济也会毁灭工业资本主义的投资：精神力量的主体就是营销。它已基本成为投机性质的金融化资本主义的臂膀。

巨大的金融危机令全世界为之震颤，造成的灾难性结果就是短期霸权，而注意力的破坏是其产生的原因，同时也是其产生的后果。失去关注就是失去长期预测的能力（即对期待对象的投资预测），这种预测能力会系统化地影响受精神力量控制和操纵者操纵的消费者的心理机制，也会影响操纵者本身。投机者是绝不会关注投机对象的，更不会关注他们自己。

投机商会通过捕获关注的心理技术手段直接或者间接地影响大批民众的意识。因此，由于关注和关心的缺失，这些意识变得更加封闭了。也就是说，这证明在短期内，由果及因的投机行为是有一定道理的：琼-弗兰斯瓦·莱奥塔借用了《后现代状况》

（*The Postmodern Condition*）一书中的一个词来形容这种行为，即他认为在某种意义上这就是一种施为行为。正因如此，短期制度才得以伴随注意力破坏的恶性循环而建立。

这就是巨大环境危机爆发的背景。现在成了全世界都担心的首要问题，甚至引起了诺贝尔委员会的注意。人们发现并普遍认可资本主义的第三极限在呈递减趋势之后有所回转，我将在后面对此进行分析。这个发现也同时出现在力比多能量呈现自毁趋势之后（力比多能量的自毁直接源自注意力的破坏）。

这亦是环境危机产生的背景。通过该危机，人们突然意识到长远计划的重要性，这是不证自明的。也就是说，当一场巨大的金融危机出现，并会造成由损毁注意力的金融化所诱发的投机和短期组织危机时，就要重新慎重地拟定投资政策。在这里我们可以看到有相当规模的产业集群正在实施或准备实施新型运作方式，如微软在雅虎上引入 OPA 格式，以及谷歌决定投资手机网络。

这些措施的目标是获得社会网络，即数字网络的控制权。在数字网络中，精神注意力及群体注意力的捕获和形成的新模式浮现出来：这是一个正在进入网状结构的新时代，形成了一个新阶段，我将其描述为虚化（grammatization）过程。在此阶段，出现了虚化的，亦即形式化、可复制的跨个体化机制，正因如此，这也是可计算和自动化的机制。现在，跨个体化（transindividuation）是精神个体化稳变为集体个体化的一种方式：跨个体化是让精神充分社会化的举措。

社会网络之下，注意力的技术问题显然明确地成为跨个体化的技术问题。后者随即被精神个体化技术定型，精神个体化的最初构想是以集体个体化告终的。西蒙顿分析提出，精神个体化同时也是集体个体化，两者之间在确认上有着惊人的组织类似。总之，这是一个有关指数化、注释化、标签化和模块化痕迹（Mtraces）的技术问题，以及关于维基技术和协作技术的问题。

由此，读读"福柯"是很有必要的，也是有保证的。一方面，福柯也表示过，自我的技术作为精神配置技术的一部分，一直就是集体配置技术——通过在对赛涅卡和鲁基里乌斯的通信信函的分析中，福柯证明了这一点。另一方面，福柯没有看到随即而来的精神力量问题，即随着编程行业的出现，市场将自我心理技术和精神个性化心理技术转变为个性化装换的产业心理技术。也就是说，转变为贯穿网络间的心理技术，成为中断传统体制中的社会网络的个性化装换的工业网状组织。[2]毁掉传统社会网络之后，心理技术就成了社会技术，并倾向于成为一个新的环境和一个虚化的社会关系新形式下的个性化装换新网状环境。

分析这些事实，以此构建一个特定的背景。这背景基于对欧洲及世界的未来合理必要的思考，我们必须回到究竟什么是注意这个问题上来。精神和集体的个体化本质上构成了关注，以至后者必然是集精神性和集体性于一体的。并且，胡塞尔认为注意起因于"滞留"（retention）和"前摄"（protention）两者的关系［胡塞尔将"意向性意识"（intentional consciousness）称为我所说注意］。现在，产生注意力的"滞留"和"前摄"这样的关系总是由"第三滞留"（tertiary retention）来调解——如心理技术和社会技术就是其范例。

如果要对胡塞尔原生滞留和次生滞留（primary and secondary retentions）进行区分，我们必须论及第三滞留（tertiary retentions）。例如，第一滞留是，当你听我说话时，言语中会有动词。动词在主语之后，你不会察觉到主语，但会在动词中保有这个主语。这样就使得我的话语得以维持或展现。你也会在我的话语中保持你的注意力：为了投射出动词对其指定补语的动作，你将主语和动词结合在一起。这个投射就是前摄（protention），即一种预期。

胡塞尔所说的原生滞留是将一个词保留到另外一个词的操作（胡塞尔是通过研究分析一个音符自身如何保持前面一个音符的韵律方式，同时产生了对另一个音符的推测而得出这个结论的——伦纳德·迈尔将其描述为一种预期）。这个操作在于保留一个词，而这个词却是不再出现的。句子开头的音在一个点已经结束，然而仍然存在意义，因此谈话才能继续。

我们必须分清楚我们所说的原生滞留和次生滞留。后者是一个记忆问题：属于过去已经发生过的某事物（因此它是前原生滞留）。然而原生滞留仍然属于当下，属于一个正在流逝的当下。就对话本身而言，当下的方向——也是指出其意义的方向感。现在，次生滞留也允许我们从原生滞留的储存中寻找可能，因为原生滞留是一种初级选择，其选择标准是由次生滞留设置的。

在听我说话时，每个人都会听到不一样的内容。因为每个人的次生滞留都是独一无二的：每个人的过去是独一无二的。在这同样的过程中，听话者对我所说的话每次都有独一的理解，意思是听话者在理解我言语的时候，对我的言语赋予了个性的理解。每个人的理解都不一样——会这样是因为每次听话者在我的言语中选择的原生滞留是独一的。在这个过程中，说话者试图保持并维持听话者的注意力。

但是，如果你可以的话，现在重复刚刚听到的整个讲话。例如，已经用 MP3 格式记录在记忆棒中的讲话，此时，对于之前的原生滞留而言，你显然会影响新的原生滞留。这个新的原生滞留与此同时就成了次生滞留。你会因此质疑你之前对这句话的理解：在此重复的基础上，你会产生一个不一样的理解。此外，这个新的理解呈现为一个过程而非一个状态。更确切地说，是你自己的个性化和这个讲话所例示的个性化相连接的一个过程。在这种情况下，这个过程就是说话者自己的个性化。我没有时间解释，你因此形成的滞留循环必须概念化为个性化装换循环的关键原因。

尽管如此，如果这样一种讲话形式的第三滞留的重复，例如用 MP3 格式记录下来的讲话，与我现在给你读的文本是一个状态的话，我就可以重复我在之前另一个时间在别处构思的讲话了。这就是柏拉图所谓的记忆衰退之"药"，这种药允许产生注意力的影响。也就是说，滞留和前摄的连接，其存在完全证实了把这个药作为一种精神技术装置是合理的。更确切地说，这种装置允许对产生注意力效应的滞留和前摄的连接进行控制。

胡塞尔也把这种影响分析为几何学起源的条件——在这里，书写实现了合理的原生滞留和次生滞留各种形式的形成。在这一过程中，形成了个性化转换的长期循环。同时形成的还有柏拉图在《斐德罗篇》（Phaedrus）和《高吉亚》（Gorgias）中指责过的一些事物。他之所以指责这些东西是因为它们通过第三滞留和记忆力衰退滞留的调解认可了这个思维回想工作的短期循环。

因此，第三滞留是精神生活外化的助忆术形式。该精神生活将有序的踪迹构建到滞留装置当中（该装置在《事物的秩序》《知识考古学》或《规训与惩罚》中有所描述）。此装置具有关注系统的特征，正如治疗系统的滞留装置是药理学的基础一样。[3]

现在，滞留装置将其自己构建到一个新的分配组织（distributed organization）中去。这个新的分配组织实际上代表对工业社会之前的组织的一个重要突破——这也是亚历山大·盖洛威（Alexander Galloway）和尤金·沙克（Eugene Thacker）最近写的《开拓》（The Exploit）这本书的主题。在此，我想表明，超工业世界将采取各种举措应对这个突破，面对这种情况新的工业政治必须做出抉择，并且对这些剧烈的变化承担后果，基于此，新的问题也随之呈现出来。但首先我必须说明一下这个突破为什么会在资本主义与其三个局限相撞的时刻出现。该突破既带来了机遇又带来了一种新的威胁（由一种新"药"引起的威胁）。

在 19 世纪末和 20 世纪末，资本主义遭遇到了它的头两个局限性：

随着资本主义生产系统的实施，工业革命成为虚化过程的一个延伸。在此过程中，控制不同动作的装置借此形成了第三滞留（包括心理技术学）。该装置就像机械工具一样淘汰掉了工人们的知识技能，并且在此基础上实现了生产力的极大提升，带来了一个新的繁荣局面。不论怎样，除了以工人阶级的存在形式在此过程中引起的问题外，资本主义还遭遇了另一个局限，马克思将其分析为收益递减趋势。

为了对抗资本主义发展的这个局限性，《美国生活方式》（*The American Way of Life*）这本书创造出了消费者这样一种人物角色。消费者的力比多被用以系统性地对抗生产过剩这个问题。这正是利率下降趋势在社会中的具象化。捕捉注意力时引起的这个力比多的投入终结于消费者生存技能［处世之道］的消除，也终结于服务型社会的巨大发展。这个发展让这些消费者脱离他们自己的生存技能。这些生存技能也就是作为达到法定年龄的成年人应该承担的各种职责。这些父母不再无所不知，不再无所不管了，自己反而成了一个脑满肠肥的孩子。再加之心理技术学的心理力量缩短了原始认可的过程，所以不再激发出他们自己的求知技能期望，也不再激发出他们孩子的求知技能期望，以致他们的孩子不再认同他们。这种期望的破灭（也就是注意力和关心的破灭）是资本主义遭遇的一个新障碍。这一次，这种破灭不仅体现在生产模式上，也体现在消费模式和生活方式上，也就是说，这些生物能量已经转化成精神力量了。

自此以后，第三个局限就扰乱着我们的注意力了。从 19 世纪和 20 世纪遗留下来的这个局限是在工业化生活方式发展因素中形成的。这个局限不仅在思想和力比多层面成为毒害物，而且在地球物理学和生物学层面也成了毒害物。治疗学的开创带来了一种关于新的关注并注意世界的生命构成模式，在此之前，第三局限我们无从谈起。注意力形成过程中的技术、科技和社会药理学机制相当于我们这个时代的器官学特征，个性化转换科技的特殊性形成了一套工业体系的基础结构。这套工业体系本身作为一套关心体系在以一种内源性的方式发挥其作用：使得关注成为其"价值链"，即其经济，并由此更新了"经济"这个词的原始意义，因为节约就意味着谨慎。

在由生产模式造成的科学技术出口的影响中，西方社会通过财政化运动产生了无数工业竞争者（保罗·瓦莱里已经在思考他们即将带来的后果），而这个运动除了引起全球经济战争之外，毫无意义。在这场新型战争中，我们面临如下风险：首先，社会防御不再针对内部或者外部的敌人，而是针对毁灭时间的过程，这个过程指的就是长期的范围；其次，我们在为自己设定期望目标的过程中，很有可能会设定这个范围。当资本主义这三大局限性的效果相结合时，这个过程就失控了。

由经济金融化引发的世界竞争伴随着复杂平衡局面的崩溃而覆没。这个复杂的平衡局面使得资本主义发展的同时也使工业民主社会得到发展。而这个发展是由主张福利的国家主权对财富再分配的凯恩斯主义组织所推动的。正如吉尔·德勒兹所言，经济战争的背景使市场成为社会控制中的"社会管控工具"，并使得力比多能量自我毁灭的趋势瞬间恶化。

这样一来，如果我们承认，文化优于一切形式的迷信，而这些迷信也就是指对象的附属物，那么，这些对象从整体上构成了一套关注系统。但从消费层面来说，资本主义的生活模式在 20

世纪末成为一种令人上瘾的方式，从而替代了文化，即关注。我们在这一生活模式中越来越难以找到持久的满足感——这在消费文明中引起了巨大的不满。正是在这个背景下，珍妮（Jenny Uechi）在《广告克星》（*Adbusters*）这本书中写道：

> 据朱丽叶·斯格尔（Juliet Schor）近期做一项的调查研究显示，81% 的美国人认为他们的国家过于注重消费，而近 90% 的人认为这个国家太过于物质化了。

我们都知道，这个新的全球资本主义的发展绝不可能重复既有的西方、日本和韩国工业民主特征的生产消费模式。这种生活模式的输出同时也意味着有碍生产率提高的各种因素扩散到这个星球最广大人群中，这除了导致人类的灭绝之外，别无他果——更不用说精神机制覆灭了。而这些现象带来的影响和"增长"一样快速向世界传播开来。从这个事实来看，这确实是一个畸形的发展 [une mécroissance]。要是不创建出一个新的逻辑、开发出新的投资对象，这个新的全球资本主义将不会重获活力——这里，我们不仅要理解"投资"这个词的字面意思，还要把握其全部意义：包括该词在工业经济中的意义和力比多经济中的意义。

在我陈述的这个阶段，有必要提出一点，美国作家杰里米·里夫金（Jeremy Rifkin）写的一篇关于心脏杂音检查的文章很有意思，该文章广泛传播于法国和欧洲各地。里夫金以"石油时代的终结"为标语来进行论述。他提出我们将如何确保"可持续发展"这样一个问题，但没有提到发展迟缓的相关问题。这种迟缓的发展是一种使期望破灭的"发展"，剥去了生产者和消费者的个体化，阻碍了马克斯·韦伯（Max Weber）所谓的资本主义精神活力。我们必须将这种精神理解为力比多能量，这种精神只有在升华的过程中才能形成，之后毁于市场技术。

里夫金从来都没有提出过这些问题（然而这些问题是他所著《欧洲梦》和《付费体验时代》这两本书的范围）。里夫金坚持认为，"外部成本"的增长恰逢石油时代，或者更广泛地说是石化燃料时代（在经济学中，"外部成本"称为负外部效应）。他描述到，资本主义遭遇的第三个局限成为一个真正全球化的生产和消费科技系统。他在文章中提到：在这个背景下存在一种石化能源的残留物，我们必须在最大限度地利用这种残留物的同时，也要为能源的生产和消费付诸其他行动：

> 为了给未来做好准备，各国政府务必开发出新能源，建立新的经济模式。

我确信经济模式的改变存在种种风险，但我不同意维持生存的能量是问题的核心：真正的问题在于一种能量的存在，而这种能量就是力比多能量。

目前，只是在生产氢能技术调节储存的基础上探寻再生能源新产品和关乎生存的可持续能源的相关问题。里夫金就想让我们相信能源危机是短暂的，是能够克服的，并且资本主义的第三个局限也是如此。而这些都无须问及力比多能量问题，也无须考虑第二个局限性，这第二个局限性又是第三个局限的事实。于此，力比多能量已遭毁坏。并且，其中的驱动力就像装着种种罪恶的潘多拉盒子一样，自此以后，统领人类，并使注意力消散全无，同时使他们丧失关注这个世界的能力。

力比多能量本质上是可持续的，除非它衰变为被驱动本身驱动的能量时就变为不可持续的能量了。这对其目标反而具有破坏性。这驱动力本质上就是一种具有破坏性的能量，因为它要消耗其驱动对象，也就是说，它在消耗它自己。这种由消费者消耗的结局是毁灭性的。Consummare（"完成"）是"消耗"（consume）这个词的词源。其最初是"使完成""达成目标"的意思。经过基督教的使用，现在这个词被赋予了"失去""丢失"以及"毁灭"和"破坏"的意义。从 1580 年开始，这个法国词汇 consommer 就有消耗商品和能量的意思了。从 1745 年开始，我们就听到"消费者"这样的说法了，后来，"消费"（consumption）特指为满足需求而使用某个对象之义。在 20 世纪初，"消费"才成为一个经济词汇。而 consumerism（用户至上主义）这个词只是在 1972 年的美国出现过。

如果消耗毁灭了其对象，那么相反，力比多作为期望而非驱动，即内在期望的升华，就会关注其对象。这就是为什么资本主义第三局限的问题并不是对化石燃料让渡的问题，而是对自我驱动经济的让渡，以及力比多经济的重建，也就是说，考虑到这种能源随其对象的输出而递增，这种让渡是可持续的。资本主义的第三局限不仅是化石燃料储量的破坏，也是由消耗破坏一般物体构成的局限。到目前为止他们已经成为驱动的对象，而不是欲望和关注的对象。消费心理技术组织在精神层面和集体层面造成了所有形式的注意力的破坏。

因为，他似乎无视一旦达到了第三局限，资本主义的一切意义都会陷入第二局限中。对我而言，里夫金的论述中充满危险：他试图让我们相信，由于氢能技术的发展，自身驱动的增长可以持续。然而，这种论述是非常有趣的，重要的原因至少有三点：

1. 它为生存能源提供了真实的选择余地，而这一体系则建立在氢能的基础上，这使得有害界限得到了抑制。

2. 交流和通信网络，即记忆力减退系统和第三滞留的记忆力装置的一些问题与能源界限不明。这也是上述论述提出的问题。

3. 最后，也是最重要的一点，它假设基于氢能的网络必须建立在社会网络的基础之上（万维网使得社会网络成为可能），因此，也必须超越生产和消费的对立。

一个基于消费，并且建立在与生产对立之上的组织是危险的。这不仅是因为它产生了过量的二氧化碳，而且还因为它毁灭了人们的心智。生产和消费对立的结果是：生产者和消费者都因为其知识的缺失而被无产阶级化了。他们被沦为生存经济，并且被剥夺了其自身的生存之道——也就是他们赖以生存的经济存在——力比多经济，即期望。这就是为什么资本主义三大局限相结合的基本问题是对这种对立以及结构性无产阶级化的克服。

现在，里夫金的提议中尤其有意思的一点是，基于研究中一开始就阐明的立场，他假设能源系统、通信或记忆系统共同发展。最新的通信系统和网络恰好与生产和消费的对立决裂，并借此构成了可持续能源分散式网络以及重新分布的可能性。在此，通过把氢气储存技术与因特网模式的网络技术相结合，每个人既是生产者，也是消费者。

这是对地球人类而前所未有的挑战——这简直是个规模巨大的挑战，它需要精神力量的非凡动员能力来直面这个挑战。这个挑战引发了康德所说的超感官，也即无限（无限可再生）——工业和资本主义世界的诱惑就是要想出一种科技和科学回应，来否认资本主义的三大局限。这一带着否定的诱惑使人不能理解：

1. 当这三大局限交错融合，会产生一种高层次的系统性革命，即一种新型的事物。

2. 我们必须改变工业模式的生产动力的原因，不仅是为了产生一种新的科学技术合理性，也是为了构成一种新的社会理性，即关注世界以及生存在世界中的生命。

3. 这里的基本问题是要朝着长期投资的方向再次适应金融波动。这要靠针对投机倒把、短期生活模式的工资战争。而其最常见的例子就是由系统市场开拓所驱动的社会组织是通过毁灭力比多的过程来实现的，以显示其可持续投资的能力。

4. 基于驱动的消费明显是对社会有害的。如果对这种消费不加以限制，而且化石能源是用之不竭的话，那么其灾难性将要远远大于化石能源的耗竭。也许这种耗竭最终是一种幸运：生存能源只有在我所说的一致性水平的能力上才有益于存在能源，但这不能解释真实能源问题。这就是所谓的上升革命的真实写照，虽然它只是一个模棱两可的概念。

在过去的 10 年间，随着电子科技在原料制造以及资料交易和复制过程中成本的极大下降，作为社会整体（工业化国家和发展中国家）需要在数字器械的传播中具备一项新的竞争力。这项竞争力既要有实用性，又要具备分析和自反能力。这些功能性产生于社会网络，但到目前为止，这种传播只适于专业演员所特有的功能性——这种功能性目前尚被工业化中的劳动分工所组织（也被其本身的衍生物所组织，比如说知识产权法）。

社会化的革新越来越频繁地呼吁各种社会形式的学徒制。这些学徒形式似乎是自我组织的，并倾向于规避社会化革新的一般过程。这一过程被描述为"下降"（由科研、发展、市场的综合体先导控制），构成了所谓的"上升"革命。这一说法正越来越频繁地为人们接受。在基于生产—消费这一矛盾之上的工业化领域中，上升革命打破了社会关系组织的结构。这基于一定的动机，这些动机以一致性为导向，也就是说，以希腊语和罗马语中所谓的"skholèand otium"对象为导向，这些都是非常具体的注意对象：知识对象（专有技术、生活艺术，理论倾向，即深思倾向）。

在数字技术中，信息、交流、电信等技术相互汇合并且趋于融合，在这一基础之上，被称为"网络对象"的一部分交流对象正在发展。就这样，数字技术形成了一个新的技术环境。该环境从本质上说是错综复杂和相互关联的，它从属于西蒙森所说的"联合技术地理环境"，重新调整了他所说的超自然的和集成的个性化过程，并且转化成为精神科技，这项科技至今还在作为控制技术而发挥着基本作用。

在这个技术环境中，电子设备构成了一个整体系统，与之共同起作用的还有通过 IP 协议才得以问世的网络技术。现在，由此产生的动态系统不断地革新，在一个小型化和个性化设备的关系经济及相关服务经济中立足——尤其是杰里米·里夫金所谓的关联技术（R 技术）——这一动力系统设置了新的社会动态。迄今为止，在工业化社会中，这种动态前所未闻，而且极富典型性。这一动态系统为人们的社会心理状态所推动，人们已经不满足于传统的组织模型。因此，这一动态系统以期望的方式，并通过摩尔的"法则"的努力与 IP 网络的特异性的联合积聚了一种强有力的潜力。

我们必须把 IP 协议理解为一种网状技术协议。该协议在社会网络中有着结构性的影响。形成适合于 IP 协议的新技术环境可归因于其中的一种新型元语言在本质上具有的双向性、多产性和集成性特征。在此，元数据被收集和组织：这是那些特征的结合，它们为我们所谓的"社会网络"的构成建立了基础。

这一元语言构成了虚化过程的新纪元。该过程在全球范围内改变了个性化转换的条件。一个精神上的过程在集体个性化的层面上被转化。在这个过程中精神上的个性化是显著而深刻的，也可以说，是被其他的精神个体所认知的；相反地，这一由精神个性化所导致的集体个性化就是个性化转换的过程。现在，我们恰恰可以在"社会网络"中观察到这种在个性化过程中形成的循环——虽然，乍看之下它们会显得有些庸俗。

这就是为什么网络 IP 科技协议所引起的动态系统必须被描述成为一种个性化过程的影响。这种个性化具有精神性、集成性和技术性特征。类似特性之前从未出现过。对我们而言，由于社会数字网络显得既蹩脚又令人失望，所以很多时候，它们把数亿计的精神个体汇合起来，形成一个集体个性化的过程。这一过程有时可被评价为富有创造性——如果我们回想一下在线电子游戏、网络版第二人生、脸谱网、即时通、天空博客等。但是我们必须把像维基一样的合作平台包括在内。维基平台是在 Linux 系统环境下软件发展领域中的开放资源群落。此外还有其他许多风靡世界的形形色色的首创平台——教育、知识合作一体的合作空间等。

西蒙多安关于社会心理个性化的理论是一个关系理论。通过这种关系，个性化装换的过程产生了这个个性化（这产生了西蒙所说的含义）。这种个性化转换的过程包括在被这些关系"编织"为一体的循环中。在此集体个性化的过程被稳固化。然而，这种循环形成的条件是千变万化的。尤其是，这些循环既可以指由其形成的精神个体（这一含义指其形成的过程），相反也可以中断其过程，并将其并未参与的概念强制成形——精神个体已经被无产阶级化了。也就是去个体化了。包含个性化装换的含义后来似乎失去其意义和方向：这就是后来在离解环境中发生的事情。

这种环境是在生产和消费的对立中被创造出来的。这引起了个性化的普遍丧失，以及各种不满和焦虑。相反，IP 技术使个性化转换的新循环得以增殖。这就是为什么这一技术收到社会实践的可观投资。这种社会实践未曾遭到任何工业和商务策略的预测与程式化。因此，这种科技关系环境似乎要通过个性化转换技术的演变来重构相关的对话环境（即所有参与这一环境的人都推动了其个性化的形成）。

这并不是说，这些技术的出现不能作为缩短个性化转换过程的原因。从严格意义上说，所有的认知技术（这些个性化转换技术都属于认知技术组）都具有药理学效果。正如认知形成技术一样，它可以被倒转并推广到认知变形技术，并且缩短这种认知，即将之从个性化装换和概念化过程中排除出来：它们总是会产生分离。

这种环境应该刺激欧盟认真寻求一个新的工业模式。关于这一工业模式的基础，我和美国农工协会的同志们称之为精神技术的一项工业策略——升华——作为唯一的可持续力比多经济模式。只有在此条件下，里夫金的主张才可以为一种新的存在策略提供存活基础（从生物圈的层面考虑，这同时也是生物政治学的基础）：这是一种莫谈政治的立场，扭转和克服了精神力量的极端逻辑。对欧洲和世界其他地区而言，实际的问题是，欧洲是否能和美国及其他各大工业化国家一道，创造出一种欧洲生活方式，即节约意味着谨慎。

注　释

[1] 这篇论文由乔治·柯林斯翻译。

[2] 乍一看，经过初步的分析，这里个性化装换形成似乎构成了最终的和完美的具象，即把我已经在别处所描述的相关环境的摧毁具体化。这种环境是象征意义上的。中断个性化装换的过渡实例的相关环境的形成，使得个性化装换得以循环。这种循环对于工业社会的进化节奏太漫长了。然而，我还相信个性化装换的形成对于个性化装换的长期循环构成了一种完全闻所未闻的可能性。这里，风险集中表现为地球已经正站在全球超级工业化的十字路口。

[3] 注意力，称之为 A，是第三位的滞留，也就是记忆技巧和记忆技术，它们被称为 R3。如果到了后者决定滞留和前摄关系的程度，即 R 和 P，且考虑到第三位的滞留形成了必须被称为滞留设备的系统 RD，那么公式为：$A = fR3 = R/P$ where $RE = RD$。

引用文献

Foucault, Michel. *The Archaelogy of Knowledge.* Trans. A. M. Sheridan Smith. New York: Pantheon Books, 1972.

—. *Discipline and Punish.* Trans. Alan Sheridan. New York: Vintage, 1977.

—. *The Order of Things.* New York: Vintage, 1970.

Galloway, Alexander R. and Eugene Thacker. *The Exploit: A Theory of Networks.* Minneapolis: University of Minnesota Press, 2007.

Lyotard, Jean-François. *The Postmodern Condition.* Trans. Geoff Bennington and Brian Massami. Minneapolis: University of Minnesota Press, 1984.

Rifkin, Jeremy. *The Age of Access.* New York: Putnam, 2000.

—. *The European Dream.* Cambridge: Polity, 2004.

（周丽莉　译）

第四章

单一性

贾斯汀·瑞德（Justin Read）

单一性是巴西诗人奥古斯托·德·坎波斯在其 1963 年的诗作《城市》（"cidade/city/cité"）中创建的，我已将其导出用作描述全球化过程中世界秩序的一个概念。然而，由于"单一性"这个概念有其自身的"本质属性"，我们不能用常规的方式来思索它。也就是说，"单一性"实则是用来描述我们所处这个世界的一个抽象概念，但我们千万不要把这个抽象化的概念"理想化"了。更确切地说，作为一种概念，"单一性"的抽象性实则是"单一性"这个概念的"虚拟化"，即一个虚拟现实，通过这个虚拟现实，理想、理想化、实质、精神、乌托邦等的价值都被抽空殆尽。[1]因此，单一性并不只是描述全球化世界的一个概念；单一性就是全球化世界，就是我们所居住的这个世界。用诗学逻辑的话来说，单一性就意味着隐喻、转喻、类比、象征、同一性、同义反复和矛盾等用法在具体空间不再有差异。

单一性的出现是世界秩序的一个历史性、结构性转换的标志，通常被冠之以"全球化"。全球化是世间万事万物都向全球范围扩展的过程：生产、市场、建筑、社会以及生命本身。但是"行星范围"绝不等同于"巨大性"或者"同质性"。通过对单一性的思考，我们按照一个统一的"标尺"逐渐了解到这个星球的比例，这个"标尺"的测量范围从亚原子微粒扩展到星系的运动；总之，这个单一性是普适的，这只是因为其运作范围横跨微观和宏观，遍布当地和全球。因此，全球化的全球范围成了衡量从世界上任何一点移动到另一点的方式的标准。在单一性中没有差异可言——如果万事归一的话，那还有什么差异可言呢？然而，还有运动的存在——网络之内以及跨越多重网络的运动。因此，一定有一种方式能够测量那些跨越于相互交织的网络间的运动。单一性提供了一种范围，通过这种范围，网络流量能够按照一种单一空间之内的差异运动来计算。

换种方式来说，单一性是世界达到绝对网络一体化的界限，在这一过程中，看似多样的信息网络被一起植入一种复杂而系统的奇点之中。这种单一性是不同网络之间的"接口"或者"界限"，通过这一接口，我们可以估算并量化出从一个网络跨越到另一个网络的运动。至于网络一体化，单一性可以实现从一个网络到另一个网络的无缝测量，使得量子、有机分子、个体、生态系统、数字计算机网络、移动电话、太阳系、经济（资金）流动、福利、语言翻译、管道工程、垃圾回收、学术出版等一个单一范围的任何事物的跨越成为可能。因为运动完全是可以测量的，因此，在单一性的前提下，从一个网络到另一个网络的"跨越"成为"信心飞跃"而非"天降神迹"。尽管任何特定的网络会显得截然不同或有差异，但单一性使一个网络中的运动（如网络信息流通）和另一个网络中的运动得以相继被测出。因此，虽然单一性本身没有差异，但我们必须把单一性看作一个存在差别的系统——一个存在差别的空间。

单一性是虚拟现实的一种形式，但只有按以下方式才如此：它是连接这个星球的实体领域和网络信息流的虚拟领域的接口。因此，单一性是虚拟现实，因为它集虚拟与现实为一体。也许我们以"非实质"来思考"虚拟",也许这种含义确实存在,至少存在于哲学和批判理论中,因为"虚拟"已被解读为"可能"之意(尽管"没有必要去实现")。然而,在如今的社会秩序中,我们心照不宣地将虚拟视为日常生活的真正力量和平凡的一面。世上的一切都已进入信息网络流中:资金和通信当然也不例外,还有交通(我们可以到达这个星球的任何一个地方),能源(世界上随处可以产生能源并得以利用),产品(可以随处生产和消费),农业(食物可以生长在任何地方,也可以在任何地方被食用),等等。最终,生命本身被信息化、网络化了。生命的意义不再是一个形而上学的问题了,而是一个新陈代谢的物理过程了(遗传信息的传递)。人类生产已经使生命的空间(如地球)发生了不可逆转的改变,以至从真正意义上的自然来说,这个生命空间不再是自然的了。除了生态系统这样一个单一的网状环境以外,别无自然可言。总而言之,我们可以从两方面来看我们的世界:一方面是世界地理上的"高低不平的"地形,另一方面是全球信息流的"平缓"地形。我们往往会认为全球化的"平缓地形"包含了地球上的"高低不平地势",但这种想法不完全正确。单一性是诸多"离散"网络(如上面所列出的)与单一网络的整合,即为"万网之网"。但是,将地球和地球上的生命视作众网本身的话,单一性也是"高低不平"地势与"平顺"地形之间的界线:意思是,信息世界"浸透"了现实世界(而不是"覆盖"了它)。这两个"方面"——高低不平/现实世界是一方面,平顺/虚拟世界是另一方面——实际上都是"一样"的。

不知为什么发生了全球化的转变(单一性的出现);而且,没有一个方向——定局——指向全球化的走向。最终,历史不再推动我们前进(这并非"由多重因素决定我们的运动"),似乎全球化是人类"进步"的要求。这正是因为事物会随着时空的变迁而变化，但这并不意味着这些事物"进步""发展"或"自我完善"了。然而，种种原因都表明，世界秩序的某些变化是随着时间的推移而发生的。第一个变化是从"传统"社会转变为"现代"社会。政治上，"传统的"主权——主要是欧洲封建制度，以及其他在美洲、亚洲、大洋洲和非洲的社会制度——都是建立在杀人权基础之上的；掌权者（国王、君主、酋长）能够决定某些人的生死，要么是身体上的（死刑），要么是象征性的（放逐），他们就是这样来维护社会秩序的。"现代"主权，至少像福柯（Foucault）和阿甘本（Agamben）从理论上阐明的那样，转变为一种"生命政治"制度；主权是为了保护和维持生存（"生命"），而不是判决死亡，主要因为人们生来（象征性地）就是自主权的主体，拥有独立自主的权利。已与生命政治学的历史转变相平行的是（用亨利·列斐伏尔的话来说）"绝对空间"（人们在世界上的地位是由神圣的社会宇宙秩序所决定的）向"抽象空间"（人们在世界上的地位是由人们抽象的资本主义生产关系所决定的）的转变。单一性将会是生命政治学和某些领域抽象空间的一个突破。在单一性的空间中，极富活力的网络横扫自然界与象征界（精神界）；自然界让步于混凝土世界，象征界让步于虚拟世界，而所有的网络系统都是"人为的"。对于政治秩序而言，正如迄今为止人们理解的那样，"生命政治学"体现在显型层面，而鉴于此，单一性的生命信息体现在基因型层面。如果单一性的政治成为可能，那么它们就只能以一种强化的生命政治形式表现出来，并由此成为一种全球生态政治。就单一性而言，任何可能的政治秩序所要面临的问题并非关于生物个体继续生存或死亡，而是关于生命本身可能在信息流中合成的过程。

将单一性描述为世界秩序中的一种"历史转变"，可能会引导人们认为我是在说新政治秩序替代了旧政治秩序，正如一个新的空间秩序取代了旧的空间秩序那样。这里，我谈论的并非如此。尽管我没有对列斐伏尔所说的从"抽象空间"新发展而来的"差异空间"理论提出质疑，但我不能因此就说存在过从旧到新的过程，因为所谓的"旧"事物很可能孕育了同时代名义上的"新"事物（列斐伏尔，《空间》352—400）。单一性不是"新的世界秩序"，而只不过就是量化测量各种信息网络流的方式。这种地图集式的记载仅仅是在性质上通过**单一性**建立流动制图的一个初步尝试。

在过去 10 年的大部分时间里，我一直在读一行诗，诗名为《城市》（*cidade/city/cité*）（1963），这首诗是巴西图像派诗人奥古斯托·德·坎波斯的作品。这首诗不仅是一张单一性地图，也描绘了贯穿于**单一性**世界的运动（流动）。初看上去，这首诗似乎让人读不懂。它就是单行字母，没有一个能懂的词位，或者说，就是一个字母组合，传达的内容毫无意义。然而，经过一番仔细阅读后，我们开始注意到某些规律。尽管这些字母毫无意义（仍然如此），但它们是有发音的，是可以读出来的。于是，我们开始间歇性地伴着停顿读这些字母：从"atrocaduca"到"ducapaca"再到"pacausti"，等等。我们意识到这首诗实际上是由不完整单词组成的——如 atro, capa, causti……vera, viva, uni, vora——并且，这些不完整单词大多数是按照字母顺序排列的。因此，结合这首诗的题目，这些不完整单词才能得以"完整"。这些不完整词在这一行诗结束时附着于并融入诗中。诗的题目堪为一把"钥匙"，通过这把"钥匙"我们能读出"atro-cidade"（城市萎缩）、"cadu-cidade"（卡杜城）、"capacidade"（能力）、"causticidade"（腐蚀性）、"veracidade"（准确）、"vivacidade"（活泼）、"unicidade"（唯一）、"vo-racidade"（贪婪）这些词了。这些词位字符串可以即刻翻译成三种语言：葡萄牙语（刚刚引用过），英语（atrocity "残暴"、caducity"易灭"、capacity"能力"……），以及法语（……veracité "准确"，vivacité"活泼"，unicité"唯一"，voracité"贪婪"）。所有这些词（名词化的形容词）都可能用来描述一个城市。诗作者模仿城市中心建筑群的排布，将这些字母堆砌在一起，从某种意义上来说，这形象化地再现了城市密度。但这里的"城市"（city）根本就不是完整的"城市"一词，而只是一个"后缀"，属于某完整单词的一部分（如-cidade，-city，-cité）。实际上，这个"城市"是在一首诗的空间中将语言逐字排印而成的。然而，这个"城市"事实上也被分解成了语言，因为它形成的是一个"虚拟"的单词列表，这可以用来描绘一个城市（但并没有指定这些词描绘的是哪个城市）。这个词位字串符形成了诗，也就是说，"城市"并非存在于具体的空间（如页面），而仅存在于虚拟的阅读空间中。

在第一次反复阅读奥古斯托的诗时（即"殖民对立面"），我试图看看这诗歌是如何绘制出巴西圣保罗地图的。自伊比利亚统治时期以来，拉丁美洲各个城市的构建一直沿袭着在新世界的"贫瘠"之地建立秩序这样的观念。起初设计的拉丁美洲城市是一个和谐空间，为的是让这片土地能够在君王和教会的统治下成为"文明"之地。这文明使命由一类文士给完成了——"字母城市"[2]——这类人将会通过写作来维护社会、法律，甚或神学秩序。然而，不像传统的拉丁美洲城市，圣保罗是在 1870 年后才发展成为一个"摩登"城市，与商品（咖啡）、工业生产和资金在国际上的流动联系在一起。不像有序且呈几何形布局的殖民城市那样，圣保罗城市都是在无序的工厂、铁路和"平民窟"沿线周围发展开来的，没有任何连贯的城市规划，这城市周围都是产生巨大财富但又集聚极致贫穷与剥削的地方。由此，奥古斯托的现代诗打破了因征服美洲而建立起来的世界秩序。这首诗大幅改变了传统的诗歌格式，它曾经还是一首不可读的"文盲性"

的诗，现在来看却是一首"极富文化"的诗，可以同时用三种语言来读。这首一行诗标志着文盲性与极富学识性之间的界限，形成了一个城市空间，大概就是依着这种方式，现代圣保罗是从"超级富裕"与"超级贫穷"的关系中产生的。从"发达的第一世界"（英国和法国）的主要语言来看，这首诗似乎将"欠发达的第三国家"的巴西的葡萄牙语纳入发达国家联盟级别。这首诗似乎坚持要把巴西"提升"为第一世界。事实上，正好相反：由于信息可以随即在三种语言间转换，这首诗能够让极富文化和无知之间的关系（典型的欠发达国家关系）"传染"至整个世界。这首诗实际上与殖民相关——对空间、语言、法律和思想的"殖民"[3]——同时，这种殖民形式从"对立"方出击，而不是我们从历史角度所期望的那样。

因此，奥古斯托的诗在圣保罗中心标志着一条"内化"界线。通过这个边界，这所城市才得以成为一个全球化城市。这首诗绘制出了一条区别极富文化性与文盲性、发达与欠发达、富裕与贫穷的边界线，但这个地图没有在两个独立的领土间划分界限。这首诗没有划出内外空间界限。更确切地说，这首诗就是一个"内化"界线，在圣保罗城市画出一条分界线，用来展现极富文化性与文盲性、发达与欠发达、富裕与贫穷所有这些是如何结合在一起、如何相互依存、如何和谐统一的。但是，一旦边界内化，市区范围会终于何处？奥古斯托的诗所绘之处，市区范围达到无限大。换言之，就市区范围这个内部范畴而言，圣保罗是"全球化"的，没有外部界线。这个由诗歌"绘制"的"城市"根本不是一个城市，但却可以有效地分布在整个地球。

这首诗表明，其排序形式可以在全球范围得以复制和转换。这首诗《城市》（"cidade＜葡萄牙语＞/city＜英语＞/cité＜法语＞"）的"排序"建立于拉丁文衍生脚本的字母表。然而，在这首诗中，字母排序什么时候中断是有迹可循的。事实上，可能是这样一种情况，即这首诗基本上打乱了字母顺序。这种乱序最显著的例子就是题目本身："cidade（城市 < 葡萄牙语 >）"（或"city < 英语 >"和"cité < 法语 >"）并没有按字母顺序接在"vora"后面（这个词是这首诗序列中的最后一个"词干"）。当然，这首诗中的"-cidade"被用作一个后缀，而非一个意思为"城市"的词位。通过这个例子，我们可能会说最重要的是这些构成诗句主干的有序前缀（如 atro-，cadu-等）。然而，尽管诗题与诗行之间总是泾渭分明，但在这里，诗题直接截自诗行——因此，这些以字母"v"排序的"词干"直接引导字母"c"开头的这些词，这暗示着词语前缀字母顺序的中断。"cidade"这个词也标志着这首诗形态上的一个有形的中断，从水平轴线转换到垂直轴线。

另一个乱序的例子来自前缀本身之中："velocity"（速率），"veracity"（真实性），"vivacity"（活跃性），"unicity"（单一性），"voracity"（贪婪）。这个特别的词汇字符串引发了诸多问题，这些都是关于内部真理（the truth）（真实性"veracity"）以最大速度（speed）（速率"velocity"）流动的问题。这真理关乎对生命两种截然不同的描述：一个是生活的积极能量，即生命力（the life force）（活跃性"vivacity"）；另一个是破坏性的需求，即食用肉类食品，生命的暴力（贪婪）。真理在积极和消极这两种生命节点间加速流动，在这首诗中，这四个词以字母"v"为牵引排在一起。然而，这写好的（如果没有手稿）索引被"unicity"（单一性）中断。虽然这首诗本身就是一个统一城市的空间地图，但"unicity"（单一性）这个词还是跳出了字母顺序。更精确地说，事实的真相在于，单一性标志着对生活的渴望（活跃性）和生活需求（贪婪）之间的界限，也标志着一种秩序转型为另一种秩序，标志着语言秩序（用字母表示的城市）向翻译秩序、信息流动秩序和城市秩序的转变。

　　然而，事实上，这首诗中几乎没有字母顺序。回想一下，词位字符串只能"虚拟地"创建。因此，翻译有意义的内容也只能是"虚拟"而为之。但是若要产生这种虚拟、有意义并且非接触性的实体的话，只能将实际上存在于页面上（或者屏幕诸如此类的东西上）的一行字母分成非连续的几个单元：如 atro, cadu, capa, causti, dupli, elasti 等。然而，实际上这首诗中没有任何迹象表明要求其单独的一行字母要以这种方式划分开。我们可以这样将其轻而易举地划分开：at, roca, duc, apaca, u, stid, upliela, st, ifeli, 等等。这样来看的话，我们只需明白，这首诗大部分根本就没有字母顺序可言，因此，没有有意义的内容，也就不可能翻译出来。同时，这首极富文化但又文盲性的诗既可译，又不可译。这首诗建立了一个从文盲到欠发达再到贫穷的句法链——正如联合国教科文组织（UNESCO）、世界银行和无数非政府组织（NGOs）这些全球机构所做的那样。但它创建的这个句法并没有剔除秩序和权力。更确切地说，无知和贫穷被包含在权力的秩序和语言当中——正如秩序的不可译性一样。

　　单一性正是如此，即覆盖全球的统一城市（Uni-City），或者一座覆盖全球的城市。我们仍然会给"不同"的地方安上个别名，当然，事实上，现在的世界就是一个单一城市，或者更确切地说，是一个单一性的城市网络。[4] 因此，世界秩序不再是由各个"中心"和"外围"，"第一世界与第三世界"，以及"内部"和"外部"关系或类似的二元关系所构成的了。于是，全球化是世界秩序的结构性转变，其方式体现在以下几方面：在最近不远的某个历史起点上，"内部性"和"外部性"之间的关系（这种关系构成了单一民族国家的资产阶级资本主义秩序）似乎崩溃或者发生内爆。这种内爆在城市之中（任何一个城市，所有城市）产生了一个"内化"的边界，以至不再有境内和境外的划分，而其仅仅是一个单一的灭点，在这个灭点，城市范围无限大。因此，单一性是一个"内化边界"，但这个边界按地区分配整个星球，使其具有绝对的"外部性"。尽管许多人得出结论认为，这种全球化的外部性代表了全球资本主义的一个"平缓"或"同质"空间，但这种观点只是部分正确。我们生活并穿梭于地球有形的物理空间中，我们将其称为"具体空间"。然而，首先，全球化的这个"地球"对我们的而言似乎是非物质的、看不见的和不可触的；它是跨网络的信息运动，通过这些网络，人类社会使世界变得"人为化"或工程化了。我们将这个"人为"的世界称为"虚拟空间"。事实上，具体空间和虚拟空间这二者之间没有区别；我们要能区分它们，就得设想一下虚拟空间是如何浸透具体世界的，反之亦然。单一性就是这浸透的临界线，也是具体现实与虚拟现实联系与合并的端点。

因此，单一性不是我们平常所认为那种"布局"的地方，更确切地说，是一个边界地带，从中可以生成可译性或不可译性的空间。那么，城市空间又是形成于何处呢？乍看之下，"cidade/city/cité"这首诗恰似通常意义下符号化的一个基因序列，就如"C－T－A－G"的组合一样（"C－T－A－G"即四种碱基：胞嘧啶（C）、胸腺嘧啶（T）、腺嘌呤（A）、鸟嘌呤（G））：

TGCAGCCTCAACCTCGTCAGGCTCAAG
CAATCCTCCCACCTCAGCCTCCAGAGT
AGCAGGGACGATAGGTGTGCACCACCA
TGCCCAGCTAATTTTGTATTTTTTTTC
TTTTTTGAGATGGAGTCTTGCTCTGTT
GC（国家生物技术信息中心）

这是一个偶然的巧合，但并非毫无意义。读奥古斯托的诗——城市——我们就进入酶促阅读过程。

现在，我们可以设想，其中的细胞和分子——我的意思是说，就是现在你身体里所包含的每一个活的细胞——都是信息传播的媒介。事实上，在生物化学领域里，这就是所谓的"信息代谢"。这"信息代谢"可以被定义为"生物信息的存储、检索、处理和传递"（Matthews，Holde，Ahern 876）。在信息代谢过程中，一个核酸［脱盐核糖（简称 DNA）或核糖核酸（简称 RNA）］充当模板，用来合成蛋白质或其他核酸（另一个 DNA 或 RNA 分子）。因此，信息代谢有三个独特的过程：DNA 复制、DNA 转录和 RNA 转译。

在 DNA 复制过程中，一组酶（拓扑异构酶、解旋酶和引发酶）"解开" DNA 分子，并将其"张开"。通常，DNA 分子盘绕成双螺旋状。这组酶在 DNA 两链间有效地开出一个"分叉"。接着，另一组酶（聚合酶）"穿过"并"读取"在每条链上排好的基因信息；解读信息过程中，这组酶又为每条链创建一个互补链，这样一来就形成了两个"子代"DNA 分子。因此，DNA 复制就是用 DNA 模板来合成 DNA 分子副本。相比之下，DNA "转录"就是用 DNA 模板来合成 RNA。在转录过程中，另一种酶（RNA 聚合酶）"读取"盘绕在 DNA 分子中的碱基对序列（C–T，A–G），并且"生成"一个单链 RNA 分子。最初，这种 RNA 既有"举足轻重"的基因密码（称作外显子），又有"无足轻重"的基因密码（称作内含子）。其中，外显子最终用来创建蛋白质。这些"无足轻重"的内含子产生于 RNA 分子拼接过程之中，结果，这一转化过程导致了所谓信使 RNA 的产生，而组成这些信使 RNA 的只有"举足轻重"的外显子（真核生物细胞 DNA 中的编码序列）。最终，在 RNA 转译过程中，信使 RNA 充当模板，用来合成蛋白质——身体里所有细胞都需要的这个"物质"来合成。在 RNA 转译过程中，信使 RNA 通过一根茎状物与转移 RNA（或者 tRNA）相结合。实质上，这根茎状物将转移 RNA 用作一种基因词典，以便能将信使 RNA 上的信息转移到一个新的媒介中去——这种媒介就是串接在一起形成蛋白质的氨基酸。

说这些有关信息代谢的题外话不是为了反复讨论遗传学的细节，而只是为了表明，现在已经证明生化代谢包含了几个过程，在这些过程中，信息以一种有效形式进行复制和转录，然后将信息内容转译出来（这些信息内容以蛋白质形式转译出来，其中，蛋白质就是构造身体实际所需的"物质"）。我们所知的生命已转换成了信息，且这样的信息是可复制、可转录且可转译的。通过理解和描述"自然"分子生物进程，分子生物学在一种虚拟信息矩阵模式下有效地运用到"嵌套"基因分子研究当中。事实上，通过在线访问美国国家卫生研究院（National Institutes of Health）现在已经完成的人类基因组计划，这种虚拟矩阵示意图是很容易读取的。这并不意味着身体细胞的生命创建于人之手，实际上，人之手形成于一个信息化过程。现在，这个信息过程通过人类社会可能实现工程化，并造福人类社会。科学将信息注入生物系统中了，并通过实验产生了更多的信息，但这并不是说科学或者科学知识总是还原性的或都是错的。更确切地说，人们已经开始将活的生物体理解（并利用）为一个环境系统的一部分，在这个环境系统中，"自然"生命和"人类"知识相互重组。这里没有人工和自然的区别，因为所有的"自然"系统（不仅是各个生物系统，还包括各个环境系统和气候系统）都可能实现"工程化"，从而将其运用到社会规范当中。

那么，从一方面来说，人体是由细胞构成的。从另一方面来说，每个细胞都是一个信息网络，并且每个细胞中的信息与形成身体的其他细胞中的信息是有网络联系的。此外，细胞中的信息在不断地分解和转译。事实上，当分解和转译达到最大限度，就会造成不可控制的增长——癌症——这很快就会成为一个由其他网络管控的社会事务了（这些网络包括卫生保健系统、医疗技术、药学研究、政府、教育、宗教、家庭等）。

因此，"cidade/city/cité"这个题目碰巧就像是读取、复制、转录和转译一系列字母所需的酶。这是偶然，而非错误。阅读这首诗时，我们可以从拉丁美洲城市网"跳到"全球化的城市网，再"跳到"细胞代谢网，仿佛所有这些网络都属于一个单一的网络环境。这个"城市"（单一性）无异于一种生活环境系统，该系统产生于信息环境的浸透——这种信息则充斥于各种彼此交织的网络之中。这个城市边界是内化边界：在复制过程中，这个边界在一条 DNA 链与另一条 DNA 链之间开放了。

单一性是一个同具合成与分解的空间。同样地，这个空间是由可译性与不可译性的相对（差异）流动界定的。在这个空间，存在信息流密度，即数据流特别密集的区域。尽管这些密度在量上一致（都是数据、信息），但在质上不同（数据流存在差异）。在单一性里，一些网络密度通道信息是极具可译性的；而另一些网络密度通道信息又极不可译的。从外显子和内含子的 DNA 转录来看，单一性空间合成或分解了"有意义"内容的密集空间，这些"有意义"的内容是（可转译的内容），并且我将其称为外显子，而将"无意义"内容的密集空间（不可转译的内容）称为内含子。外显子和内含子对单一性（初期形成的）结构的稳固而言都是必要因素，尽管目前还尚不清楚其中的原因。

明确的是，在经济利益观念（贪婪）最为强烈的情况下，外显子的可译性会达到一个最大值。2008—2009 年的金融危机就是近期一个痛苦而显著的例子。从全球经济秩序的角度来看，以网络"流"来认识世界已经成为司空见惯之事（参看卡斯特"流动空间"的简短论述）。资本已转向信息化——数字"内容"可以以近乎光速的速度传遍世界各地。自 1990 年以来，随着资本信息化的强度和敏捷度的不断加强，资金得以涌入任何一个

"火热"的市场。此外，资本信息化可以将创造出的极为复杂的衍生产品推到"火热"的市场中去，创造这些衍生物的目的在于及时利用资本的流动。同时，只要这些市场"遇冷"，资本信息化又可以及时将这些衍生产品抽出。正如曼纽尔·卡斯特所写的那样，衍生产品"用来重组世界各地以及各个时间的价值，从而产生市值外的市值"（104）。

不幸的是，正如近来造成的这个惨痛教训，衍生产品也会产生资本缩减外的资本缩减。最好的一个例子当属2000年以来的美国房地产市场了。由于按下一个按钮（字面意义）资金就可以移动，因此世界各地的资金都涌入美国房地产市场中去了，速度超过了联邦监管机构可控范围——更确切地说，超过他们"想"管控的速度，因为美国联邦政府的官方政策鼓励这样的资金涌入。换言之，资金在无形中流入房地产市场中去了。从而，资金竭力将房地产（real estate）转化为虚拟（virtual）财产：房屋贷款被打包成了大规模的债券（衍生产品），以至实质上是利用不动产，积累虚拟资金数量（房屋贷款），之后，这些虚拟资金就可以充当抵押品进行进一步的贷款（债券）；实质上，银行发行贷款后，用这些贷款去借其他贷款，之后又用这些抵押贷款去贷更多的款。然后，银行（用债券、债务抵押债券等形式）从其他银行购买这些派生贷款，或者将其卖给这些银行，这样，每贷出一美元的实物资本，实际上就可以"创造出"30美元以上的资本。当然，若不动产价值骤减，人们集体拖欠抵押贷款，这30∶1的利润比率就会转为30∶1的债务比率，资金就会从整个全球市场中瞬间蒸发。

虚拟收益立即变成了虚拟损失，这才证明是一个真正的问题。自1980年以来，全球金融活动都转向了网络化。由于废除了经济大萧条时期的整合防范，各金融机构才得以融合。庞大的金融机构安置在指挥控制中心（例如，曼哈顿下城的摩天大楼），这些金融机构可以对消费者和商业银行、证券市场、保险、对冲基金，以及它们创造的任何其他金融活动进行运作。这些活动也都是在同一时间转为数字化的，所以各项交易可以通过数字信息网的复杂演算自动"管理"。资本的信息化让庞大的金融机构进一步在全球范围形成网络化。实际上，全球所有的金融机构都在互相贷款资本，来填补它们的日常经营费用，这得益于大数字网络工具的辅助。理论上，这些贷款应该由其他方式来作担保的，如对冲基金和债务抵押债券。然而，从当前的金融危机来看，各金融机构（以虚拟的方式）也都是通过发行和买卖这些"抵押品"获利的。因此，实质上全球资本主义越是以虚拟的方式为自己"保险"，一旦危机爆发，就有越多的资本容易蒸发。由于金融机构是通过贷款资本一天天地运营着，所以资本大规模的消失实质上会威胁到整个市场的运行。

全球金融网络本是为降低风险而设计的。由于资本已经转向信息化，因此能将资金及时从一个投资项目中撤出，并重新分配到另一个更有利可图的投资当中去。此外，衍生产品的创建是为了对冲风险，这样一来，如果市场的某一方下跌了，在这个下跌"后端"仍然可以产生利润。然而，近期的金融危机表明，资本信息化尚未消除错估风险的可能性。一方面，从事外显子工作的强大资本家可能会故意伪造数据，然后以超过我们能调控的速度转译整个系统中的这些伪造数据。另一方面，也是比较重要的一方面，即金融网络外显子取决于内含子，但是不能通过内含子计算信息流。实际上，"内含的"流量是不可计算的，因为它是不可译的。因此，即使外显子与内含子之间不能相互传达协议条款，抵押贷款是向内含子的居民发行的；金融和企业外显子利用的是内含子的劳动力；"自然"资源和能源来自内含子。但以这种方式处理内含子的风险是不可预测的。

然而，金融流动能够而且必须得到监管。换言之，单一性中的力量超过了政府和国际机构的力量，然而，单一性仍然需要政府和国际机构来监管与维护网络。毕竟，对于流动的资金而言，必须设定并实施一些货币政策。全球企业结构需要一些制度来确保合同的执行，以及确保资产的可替代性，等等。从这个意义来看，单一性是世界秩序的一个历史转变，比现代秩序、工业现代化秩序和现代民族国家秩序更进了一步。但单一性不是旧秩序的发展，而就像民族国家的力量被彻底消除了似的。没有什么能避开这个情况；事实上，民族国家的力量可以在某方面放大。历史需要这样重写一遍：资产阶级资本家的民族国家显然继承了天主教的神学制度；但是，这绝对不是说神学制度的力量减弱了，这一点可以从宗教对世界所产生的难以置信的影响所见证。民族国家亦将如此。为什么？历史和法律主治范例在现如今都只是信息网络而已，它们都被框进了单一性这样一个"网络之网"。历史、神学和资本的信息化所带来的风险尚不能计算或预计。

通过连接外显子和内含子，单一性标志着各个生活欲望之间的界限，这单一性则被认为是一种非物质生命力（活力）；为了获得最基本的生活必需品，为了抵抗饥饿，以及对食物的需求，一个生命为生存要摧毁另一个生命，这即是贪婪。单一性将欲望与需求连接得如此紧密，以至于无法区分。但无法区分它们会带来怎样的法律和政治后果呢？

在思考这个问题答案的过程中，可能会犯的一个最严重的错误就是拿外显子的包容性与内含子的排他性相较量。单一性中真实存在各种不满、失权以及剥削形式，但没有一个与包容性和排他性这样的二元关系有关。由于外显子和内含子是以相互依存的生产关系联系在一起的，二者都被"包括"进了单一性的空间和流动中。[5]单一性将万事万物都囊括进了一个单一的整体中，单一性只在绝对的外部情况下发挥功能。人和事物随时都"在外面"。这种绝对的外在性改变了我们必然考虑权力和权力关系的方式。一旦将所有事物都置于外面，就不会有所谓的超然存在，至少不会有像某些物质本身形而上学的本质。对大多数解构主义实践者而言，这应该是好消息：单一性中只有物质。对解构主义实践者而言，不好的消息也是：单一性中只有物质。正因为单一性中没有超然存在，所以也不会有内在，只有数据。当然，这里有一个问题，即没有一个政府权力机构是围绕数据流而形成的。政治不是由超然存在所构成，就是由内在性所构。前者就像是，基于我们都有灵魂这样的前提，上天通过教皇或国王来传达旨意；后者就像是，每个主体生来就具固有权力，他们有权合理选择成为共和国或者民族国家的代表。不知法律在没有超然和固有感的情况下是如何实施于单一性之下的——或者更确切地说，通过什么样的法律效力可以认为法定权力是合法的？

就这一点而言，单一性是一个自相矛盾的空间。并且，这引发了各种政治和法律哲学问题。显然，在政治、法律和政府组织方面，单一性代表世界秩序的一个历史性和结构性的转变。一旦主体性的超然和固有模式失去了有效性，似乎就会出现一个新的主体权力模式（和/或者征服）。但这是不会发生的。为什么？大多数哲学家、理论家和评论家（毕竟他们致力于外显子中）都认为有一个严格的周期化，在这个周期化过程当中，世界制度史就是一系列法律政治的范例史。因此，欧洲从罗马帝国制度走向了天主教制度；随着美洲的发现，教会力量减弱了，并且给现代民族国家体系让位。现在认为民族国家的日子已经结束……接着会带来什么呢？

在我看来，当代政治哲学家中，吉奥乔·阿甘本（Giorgio Agamben）给出了最贴切的答案。紧随卡尔·施米特（Carl Schmitt）和米歇尔·福柯（Michel Foucault），阿甘本力图对世界的"新"律法（全球各地的法律效力）建立理论。阿甘本认识到，针对作为"政治生命"（代表着"bios"，人的生活方式意义上的生命）的"赤裸的生命"团体（代表着"zoë"，动物性的生命）而言，这种律法是生命政治律法。因为生命政治学——此政治学指向的是生命的维持与保护——成为民族国家的一个主要目标，所以，国家秩序在自相矛盾中陷入危机。为了维护法律效力，并由此在危机时期保护生命，民族国家发现其必须暂停实施自己的法律；法律效力（律法）需要法律力量，这是个例外状态。"这是在现代民族国家政治体系陷入一个持久危机的状态下产生的。这个政治系统的是基于一个确定的地方（土地）与一个确定制度（国家）之间的功能关系而建的，并且介入了镌刻着生命（血统或国家）的必然规则。国家决定直接承担照顾国家生物生命的这一首要任务"（《牲人》175）。

如果我对阿甘本的整部作品理解正确，那么，单一民族国家的秩序陷入危机的原因在于，尽管民族国家体制建立在把生命以象征的形而上学的方式刻记的政治基础上，但这个国家永远不可能恰当地用公民身份这样象征的形而上学的术语来解释赤裸的肉体生命。例外状态是"形而上学"和"肉体"的界限，在这一点上，二者可以结合；因此，生命政治规则就对进入例外状态进行管制。然而例外状态仅仅标志着生命政治规则转变为一种"死亡政治"，从而最高权力就可以任意处决各个主体。在这方面，纳粹党的集中营成为国家律法危机的主要象征，并且也成为所谓的世界新法则的入口：

　　例外状态，原本是法律主治秩序的一种暂停状态，而现在却成为一种新型稳定的空间布局。该空间布局居住着赤裸的生命，这些生命越来越不能再适应那样的制度。血统（赤裸生命）和民族国家日益分离，这成为我们这个时代政治的新事实，而我们所说的集中营就是这种离解的表现。对于一个不具地方化的制度而言（即例外状态，在这个状态

中，暂停实施法律），现在对应的是一个没有制度的地方
（集中营就是永久的例外空间）。在一个确定的空间，政治
体系不再限制生活形式，也不再管理法律规则，而是在其正
中心，包含了一个超过它的错位位置，并且，在其中，几乎
任何谎言和规则都能在实质上接受。作为错误定位的集中营
是政治的隐形基体，在这里，我们仍然生活着。我们必须学
着去识别的正是这种集中营的所有变形形式，如类似于机场
等待区和某些城市郊区的构造形式。（《牲人》175）

为了保护"人民"的生命，民族国家建立了一块外部领地，
这块领地上住着的是被剥夺了国籍的人们，这片由这些主体构成
的地带可能是废弃之地，没有任何法律的衍生物可言，也没有任
何保护措施来防卫杀人和种族灭绝行为。这片空间转变为一个
"几乎触及"全球的永久性流离空间，在这片新空间里，生命体
不可能再生活于司法制度之下。阿甘本得出结论，"当前，集中
营还安然地处在城市内部当中，并成为世界上一种新的生命政治
制度"（《牲人》176）。

正是在这点上，阿甘本的理论站不住脚：单一性中没有像
"城市内部"这样的空间，只有全球性的外在。当然，阿甘本对
我们了解单一性历史性的转换起到了一定的帮助作用。然而，他
的错误在于将历史残生的空间与"城市内部"空间相提并论。
他的这番诱导是为了将类似于（巴西）贫民区或马奎拉多拉加
工区贫民窟这些"第三世界"地带直接与纳粹的集中营作类比。
从网络一体化的角度来看，（巴西）贫民区和马奎拉多拉加工区
贫民窟——即内含子——比集中营的情况更微妙、更复杂。这并
非是在对痛苦和暴力的相对程度进行比较，因为这样是毫无意义
并令人生厌的。更确切地说，首先我只是想声明，内含子不是排
除在外的区域，这些信息不可译的内含子完全融进了单一性的世

界秩序当中。其次，单一性并非是阿甘本制度说法当中所说的那种法律政治空间。阿甘本主要的盲点是对某种主权权力绝对衰退的设想，即他认为会有一种新的制度来取缔这种主权权力。但这在单一性中不会发生。

全球化城市已被理解为一种"流动空间"，在这个空间中，商品、服务和人们都是完全可译的。曼纽尔·卡斯特对"流动空间"给出了如下定义：

> 信息和全球经济都在围绕指令运转，控制中心能协调、革新和管理错综复杂的厂商网络活动。先进的服务行业，不仅包括金融业、保险业、房地产行业、咨询行业、法律服务、广告业、设计、营销、公关、安保、情报收集和信息系统管理，还包括研究与开发（R&D）和科学创新。无论属于制造业、农业、能源行业的服务，还是其他行业的服务，这些服务行业在所有经济活动过程中都处于核心地位。它们都可以简化为知识的形成和信息的流动。因此，先进的通信系统才得以让它们分散到世界的各个地方去。（409—410）

卡斯特提到，网络可以定位到世界的任何一个角落，对此发挥促进作用的不仅有通信网络，还有交通运输（海、陆、空）网络。因此，大型企业就能够在全球任何提供最有利成本—效益的地方尽显其能。流动空间最显著的影响——其显著性在于受到了最重要的关注——是全球化城市的出现。全球化城市不仅是全球网络的一个指挥—控制中心点，也是一座城市，这座城市的生活（文化）与其他全球化城市类似。因此，现在我们有许多相距遥远的城市，如洛杉矶、纽约、东京、伦敦、圣保罗、曼谷，但这些城市似乎都提供了相同的城市存在方式——即一种可译的城市存在方式。然而，全球化城市的这种观点只是部分正确，因为"全球化城市"实际上是局部的——只是刚刚提到过的任何一个地方的一部分。而在全球化城市中，城市生活可见一斑的同质性是有限权益方面的同质性。

从"地方空间"到"流动空间"的历史性转变远比全球化城市本身的出现更重要。也就是说，我们传统上认为城市空间是由密集建筑物的有界中心（或多个中心）所定义的地方，这个中心四面都是房屋和较小的建筑群，这个地方四面环绕着乡村。地方空间只是相对于城市外部范围而言。此外，我们习惯用中心与边缘这样的空间模式来定义的"城市"；这种模式的使用得到了扩展，连现代地缘政治的世界秩序也套用了这种模型，即体现在，富裕工业化国家为"中心"，贫穷或农业国家为"边缘"。然而，"中心—边缘"模式呈现了一种静态空间，一个可以由边缘包围着的空间，因为空间被认为是根本不动的。流动空间中最重要的就是"贯穿"式的运动。输入数据流，处理数据，输出数据。资本流动进来，处理资本，资本流动出去。飞机飞进来，进行登机等程序，飞机飞出去。我打开我的电脑（电流进入），处理文字和发送邮件，然后关掉电脑（电流切断）。因此，将一个静止空间定义为一个"地方"或一块"区域"并不是那么重要，更重要的是，事物和主体是如何穿梭于空间之中进行传输的。从这个角度看，很明显，"城市"是万网之网：不仅有企业服务网络，还有水、能源、食物、文化等，所有这些都在空间之中穿梭和传输，但愿穿梭的渠道是有序的（但实际上并非总是如此）。

在圣保罗，一位与奥古斯都·德·坎波斯同时代的人推出了最为严谨的流动空间理论，这个人就是犹太/普鲁士/德国/捷克/巴西的哲学家维兰·傅拉瑟（Vilém Flusser）。在《城市，图像洪流中的波谷》（*The City as Wave Trough in the Image Flood*）这篇文章中，傅拉瑟试图重塑空间：

比如，我们习惯将太阳系看作一个地理位置，其中，单个星体是环绕一个较大星体运转的。我们有如此看法，是因为这已通过图像展示了出来，而并非由我们自己的眼睛感知而来。然而，今天我们也有一些掌握到的其他图像。有一张向我们展示的就是太阳系。这张图片里的太阳系如铁丝网网络，也如一个引力场。并且，在这个网中，有许多囊状的井区，在这些井区中，这些铁丝线相互交织得要更紧一些。在其中一个井中，我们再一次认出我们的地球，因为有一个更小的星体，即我们的月球，内置于这个囊状物中。太阳系的这两张图片都是模型，而非地图。当然，第二张图片比第一张图片更有利于进行一次火星之旅。在第二张图片中，我们看到，为了最终落在火星所在井区，我们必须首先爬出我们所在的井区，出来之后要小心，不然要落入太阳所在的井区。城市景象与此有异曲同工之处。当我们讨论一个"新都市主义"时，把城市形象塑造成弯曲的领域更有意义。（323）

与这太阳系的第一个"地理位置"模型对应的，是一个"传统的"中心—边缘式的城市空间模型，对此，傅拉瑟试图有所超越："我们所构建的典型城市形象似乎该如此：房屋作为经济上的私人空间围绕一个市场、政治公共区域而建，在对面的山上伫立着一座庙宇，即一个理论上的神圣空间。"（323）实际上，傅拉瑟描述的是古雅典市的理想景象。古雅典城是公民（城邦——希腊语"polis"）之间建立理想关系的一个公共区域，公民在返回私人住所（住所——希腊语"oikos"）之前，会在公共市场（集会——希腊语"agora"）和他人相互接触。

这种古典的城市秩序已不复存在。在当代的单一性（笔者语）"流动空间"（卡斯特语）中，这种由许多离散、有界的地方构成的城市形象无法留存下去。傅拉瑟认为，这样的城市成为一个"错综杂乱的电缆"之地，在其中，公共政治和经济关系实际上是通过通向私人生活空间的管道来回传输信息来联系的，那么，这里有的只是主体间的信息流动。对傅拉瑟的详细引用如下：

> 我们不得不想象一个人类之间的关系网，即一个"主体间的关系域"。应该将贯穿于这个网中的这些线视作网络渠道，像各种表征、感受、意愿或知识这样的信息就在这些渠道中流动穿梭。这些网线临时捆结在一起，并发展成为我们所谓的人类主体。所有的这些线构成了具体的生命世界，其中的节是抽象的推断。当这些结解开之时，人们对此就有了识别。这些结就像洋葱一样是中空的。自我（我）是一个抽象的、概念性的点，这个点周围缠绕的是具体的关系。我就是你说话的对象。显然，这种类型的人类形象是显而易见的，这不仅归功于心理分析学和存在分析学，也对应其他领域的概念，例如，生态学（生物体生态系统节点）；分子生物学（表型与基因信息一道成为节点）；或者原子物理学（主体部分与四个领域的力一道成了节点）。如果我们紧紧抓住一个主体间的关系域——"我们"是具体的，对此，我和你则是抽象的——那么，城市新形象的轮廓就出来了。大概可以这样想象一下：人类之间的关系结织于这个网上的不同地方，这些地方密度不一。越是密集的地方，就越具体。这些密集的地方演变为这个域的波谷，我们不禁想象到其来回摆动的样子。在这些密集点，结与结之间挨得更近了；它们是在相互的推抵中相疏相近的。在这种类型的波谷中，人类间固有的可能关系越发明显。这些波谷对周围的场（包括引力场）产生了吸引力；吸引进这些波谷的，更多的

是主体间的关系。每一波都是实现主体间虚拟世界的一个闪光点。这些波谷就称作城市。（325—326）

值得一提的是，在互联网迅速发展之前，傅拉瑟就在其著作中建立了清晰的社会网络理论——这使得我们了解到，在傅拉瑟时期，作为日常生活常见的狂热抽象图像究竟是什么样的。然而，在互联网迅速发展之后，我必须在这里对傅拉瑟的一些主张加以扩展和修改。

首先，对于将城市描绘为一个主体间信息流动密度（一个波谷）而言，傅拉瑟是做对了的。在这样一种比喻中，每个主体（自我）相对于另一个节点（另一个"结"）而言，都只是一个信息密度（一个"结"）；每一个结相对于所有其他的结而言都会产生一种力量，以至于，如果有足够的信息结集在一起，那么它们就会形成一个"深"密度，我们将其称为一个"地点"。从这个意义上来说，至少从主体身体固有的一种内在身份而言，没有主体身份这样的东西。更确切地说，可以抽象为个体主体的信息密度之间只有关系。换言之，在单一性中，主体身份总是被信息流动的单个网络或多个网络取缔，所以主体本身只集经验于两个"密度"之间做差异运动。然而，单一性中的网络不只是针对人类或主体；不仅人类主体成为信息网络（如信息代谢），建筑、空气、水、计算机、塑料制品和书也构成了信息网。因此，我们必须在单一性中，从客体间的关系域来考量主体——"主体"信息如何在客体—网络之间流动。

其次，为此，傅拉瑟将他的"城市"（单一性）视作一种市场，在这个市场"面具借了出去"（324）。由于"自我"就像一个被掏空的洋葱，主体们为了相互展示面具，就要穿过城市。现在，我们完全可以将傅拉瑟所谓的"面具"叫作"用户名"或"替代物"。为了通过这些网络，通常要求我们表明身份；然后，我们就制造一个我们的虚拟形象，并用一个独有的签名或密码来给这个图像作担保。如果网络无法核实这个虚拟的身份，那我们是不允许通过的。因此，只要我们的替代物获得核实，我就能查邮件、语音邮件、银行账号，能在世界各地使用信用卡或护照。

这些面具的流动正好就是马克·欧杰（Marc Augé）的"非场所"（non-lieu）理论。过去有一种情况是这样的，人们的身份确定来自地方感：或许，我们的村庄安置在了社区、人类世界和神灵世界（绝对空间）的某个地方；再或者，我们内在的自我感或许与其他自我（抽象空间）相统一。无论如何，我们总能向其他人一样知道我们的自我能够相互识别。然而，对于欧杰的理论而言，现在，我们时常在空间（非场所）里穿梭，在这些空间里，我们的匿名身份（而非已知的身份）不断受到确认。矛盾的是，我们需要不断地证明我们的身份：我们要出示护照、刷信用卡、输入密码。然而，只有这样做，我们才能在匿名身份下继续进行下一步，这些匿名对象在空间（大型购物中心、路上、机场）来往并不需要受到质询。正如博拉瑟那样，欧杰也推出了一个关乎世界的理论，在这个世界，我们具备多种形式的身份，每一种身份都由一个信息流目标网络取代。我们还能怎么解释身份盗窃呢？如果我们将身份锁进我们自己的身体里（放置那里），其他一些匿名人士又怎么能偷走我们的身份（现在又被移动到某个网络的非场所），并犹如戴着我们面目的面具一样来行事呢？

不论怎样，博拉瑟和欧杰都发现，"面具""身份"和"非场所"的作用相当，对于这样一点而言，二者是错误的。所有主体都戴上面具，隐藏所有身份，这样，所有匿名主体就可以进出所有非场所。如果现在再看奥古斯都·德·坎波斯的那首诗，我们会记得《城市》（*cidade/city/cité*）这首诗是可译又不可译的；这城市是一个奇点（一条单行线），但它流动于"超翻译"和"非翻译"的差异运动中。那么，单一性就是地球上无界的信息/城市地域；但远非一个"平滑"的地球，单一性因为有许多密度、波谷、节点和黑洞而坑坑洼洼，正是这样，信息可以快速、缓慢或暂缓流动，就像绒毛静电（噪声）一样。正如早些时候所讨论的那样，认为基因学和城市化之间的飞跃是可能的，我们应该还记得，在 RNA 转录过程中，为了使 RNA 的转译得以实施，"无意义的"内容（内含子）必须和只留有"有意义"内容（外显子）的信使 RNA 拼接。同样，单一性的这块地域由不同的"内容"空间标记：各个外显子和内含子。由于单一性既是城市空间，又是信息网络，我将"外显子"更准确地定义为人口集中地，此处的信息网络密度往往可以立即在整个单一性中翻译出来。相比之下，"内含子"或许可能比外显子的人口密度大，但信息密度却要小些，因为在单一性中，内含子里的信息并非要像有意义的内容那样随时翻译出来。外显子在信息上"富裕"（全球财富）；内含子在信息上"贫乏"（全球贫困）。

人们通过一个外显子的能力是由契约式的主观识别来维持的：人们必须有能够得到网络证实的替代物（如信用卡、护照、号码）；否则，人们在这个世界上简直无意义可言，并且"栖居"（局限）于内含子中。同样地，不论刻意或无意，内含子可以吸纳外显子中的身份，从而流通绝对匿名。无论如何，贫富之间的界线、外显子和内含子之间的界线，都可以成为一个单一城市区域邻里之间的界线；这些区域之间的依赖关系当然仍有影响，凭借这些依赖关系，我的意思是，"全球财富"和"全球贫困"、外显子和内含子都是相互依存的，通过这种相互依存的关系，产生了全球城市空间。单一性将整个世界划分为一个全球边界区域。

然而，全球边界区域的边界并非用来界定地理上（地理政

治上）的不同领地。这个边界就是单一性，因此，对一个领地
与另一个领地的划分不具有合法性。这里不存在合法性或非法性
这样的问题，因为单一性根本上就是完全"合法的"；没有合法
与非法之说，因为单一性根本上就属于法律之外范畴；没有文明
或野蛮之说，只有用户、居民，替代物和/或者剽窃者。那么，
单一性边界又是用来划分什么、区分什么领域的呢？通过叙述世
界是单一的城市网络流空间，我们要说的是，一切事物都已信息
化。因为"我们"是唯一真正的信息，而"自我"和"他者"
之间并没有差异性。有的只是网络流的相对密度或传播（你只
是网络流的一个密度，我也是）。

因此，这个边界构成并分布相对程度的可译性——但是如何
实施呢？这是现在的图集条目引发的一个最大的问题，我希望我
已经回答到了哪怕只是部分的答案。正如我所了解的那样，必须
由某些或成套的协议来保证可译性，这样一来，用户或居民也许
就能够凭借一个完好特定的身份（代替物）进出某个外显。这
些协议是由预先存在的社会制度建立的，这是这些协议得以建立
的唯一缘由。因此，单一性中并不存在法律效力——即没有法律
（nomos）——从而，像法律、主权、公民权或主体这些的构成
都可能是合法的。单一性中并不存在"世界公民"这样的说法，
因为公民权本身就是被排除在外的。也不存在公民，只有居民和
替代物。公民权范畴取决于内在的主观权力，但单一性中身份的
产生并非是内在的。更确切地说，身体只是基因型信息的表型。
同样地，通过信息网络，只有证实、转录和转译了的身份（或
者未证实、未转录和未转译的身份）。也不可能有象征性的
"人"来管理国家 ——只有数据和信息流在主体间穿梭。然而，
社会制度——国家——仍然需要监管和维护网络流通与各个
协议。

一方面，单一性既不是规范的（nomos）也不是混乱的

（anomie），而是一个非规则性空间。然而，同样，单一性仍然是一个合法的、政治性的空间，尤其是一个讲生命政治的空间，这个空间需要现存的律法范畴——需要从现存律法中取得给养。单一性是一个单一法则，其本身重组到了已有法规的物质残留物中，解除了形而上学的法律基础。如果单一性的这个法则保留同现存法律的寄生（并由此将寄主摧毁）关系，单一性里的生存还是得依赖于"众多"的法律、协议、法律依据、契约、强制力和受律法（nomos）担保的主体。单一性本身是没有律法的，尽管如此，单一性以递归、追溯……方式运转世界的旧律法。

布法罗，美利坚合众国/科沃布热格，波兰

注　释

［1］在单一性上没有任何先天的或者根本的原因或理由，甚至没有一点否定。

［2］这是乌拉圭评论家安格尔·罗摩在拉美文化理论最重要的著作之一（*La ciudad letrada*）中提出的一般性观点。

［3］与阿尼瓦尔·奎加诺（Aníbal Quijano）做比较。奎加诺和他的对话者认为自从欧洲征服美洲，"殖民性"（不仅仅是殖民主义）是全球力量（资本主义）的主宰认知范式。任何试图批判认识论和权利而未认识到与殖民性的关系的言论注定是重申殖民统治而已。因此，像沃尔特·米格诺罗这样的对话者寻求从殖民性的"外在性"运作——边界、边缘——因为从"内在性"的立场说话仅仅只是自我毁灭和徒劳无益。我的单一性理论在某些方面与这个世界观一致，但在其他方面却大相径庭。从"内在性"讲话是徒劳无益的原因在于没有内部这样的事物。单一性存在于绝对的外在性——主要是因为单一性的历史根源在于全球财富与全球贫困之间的政治经济和技术的依赖关系中。换句话说，全球财富与全球贫困没有什么不同，它们是作为相互依赖的差别关系同时产生的。从空间理论来看，财富

和贫穷分别占据着构成单一性的外显和内含（本文后面将会对这些术语做出解释）。因此，米格诺罗和奎加诺确实论述的是权利殖民性的外在性，但仅仅是限于单一性代表了这个星球的再度殖民化的"正面"是绝对的外在性。他们进行外在性论述是因为外在性就是一切。他们的批评著作充其量只能是适度的成功，因为他们都从外显着手，即使是他们的意图是想从内含论述。

［4］为了阐明，我们可以效仿列斐伏尔，把单一性看作"城市生活"而不是"城市"。1970 年，列斐伏尔写道："我将从以下假设开始：社会已经完全城市化了。这个假设意味着一个定义：城市社会是一个完全由城市化进程产生的社会。这种城市化在现在看来是虚拟的，但是在将来就会变成真实的。"（列斐伏尔，《城市革命 1》）后来在同样的著作中，他说："从这里开始，我所指的不再是城市而是城市生活。"（45）

［5］由于这个原因，那些通过提供给他们电脑或信用卡或小额贷款而习惯于内含子的人不可能被包括在内，因为他们从起初都没被"排除在外"。

引用文献

Agamben, Giorgio. *Homo Sacer: Sovereign Power and Bare Life.* Trans. Daniel Heller Roazen. Stanford, CA: Stanford University Press, 1998.

—. *State of Exception.* Trans. Kevin Attell. Chicago: The University of Chicago Press, 2005.

Augé, Marc. *Non-Places: Introduction to an Anthropology of Supermodernity.* Trans. John Howe. London: Verso, 1995.

de Campos, Augusto. "*cidade/city/cité.*" *Viva Vaia, Poesia 1949 – 1979.* São Paulo: Editora Brasiliense, 1963: 115.

Castells, Manuel. *The Rise of the Network Society.* Malden, MA: Blackwell Publishing, 2000.

Flusser, Vilém. "The City as Wave-Trough in the Image-Flood", Trans. Phil Gochenour. *Critical Inquiry* 31 (Winter 2005): 320 – 328.

Foucault, Michel. *Society Must Be Defended: Lectures at the Collège de*

France, *1975 – 1976*. Trans. David Macey. New York: Picador, 2003.

Hardt, Michael and Antonio Negri. *Empire*. Cambridge, MA: Harvard University Press, 2000.

Lefebvre, Henri. *The Production of Space*. Trans. Donald Nicholson-Smith. Malden, MA: Blackwell Publishing, 1991.

—. *The Urban Revolution*. Trans. Robert Bononno. Minneapolis: University of Minnesota Press, 2003.

Matthews, Christopher K. , K. E. van Holde, and Kevin G. Ahern. *Biochemistry*. 3rd edition. San Francisco: Addison Wesley Longman, Inc. , 2000.

Mignolo, Walter D. "The Geopolitics of Knowledge and the Colonial Difference. " *The South Atlantic Quarterly* 101. 1 (Winter 2002): 57 – 96.

National Center for Biotechnology Information (NCBI) . "NCBI Reference Sequence: NG _ 005905. 1 (Homo sapiens breast cancer 1, early onset (BRCA1) on chromosome 17) . " Web. 1 July 2009. http: //www. ncbi. nlm. nih. gov/nuccore/126015854? from = 10479&to = 91667&report = fasta.

Quijano, Aníbal Quijano. "The Coloniality of Power, Eurocentrism, and Latin America. " Trans. Michael Ennis. *Nepantla: Views from the South* 1. 3 (2000): 533 – 580.

Rama, Angel. *The Lettered City*. Trans. John Charles Chasteen. Durham, NC: Duke University Press, 1996.

Read, Justin. "Obverse Colonization: São Paulo, Global Urbanization, and the Poetics of the Latin American City. " *Journal of Latin American Cultural Studies* 15. 3 (December 2006): 281 – 300.

—. "Speculations on Unicity: Rearticulations of Urban Space and Theory during Global Crisis. " *CR: The New Centennial Review* 9. 2. In press.

（周丽莉　译）

第五章

比 例
——比例的错乱

蒂莫·克拉克（Timothy Clark）

我们总免不了站在一些局限的比例范围来观察周围的世界。因此，正如在一个多维的蛋糕面前，我们对事件的看法只能看到一个低维度切片。

——西蒙·A. 莱文

引言 比例效应

你在一个小镇上迷了路，无法赶上一个重要约会，而约会地点就在镇中街道某处。你拦住一个面善的陌生人，向他打听去处。他很大方，给你一张地图，碰巧地图就在他的公文包里。他说，整个镇子都在地图上。你向他道完谢，一边继续前行，一边打开地图确定线路，却发现这是一张世界地图。

这是比例错误。

尺度（源自拉丁语 scala，原意为梯子、台阶或楼梯），是一个实用的换算空间维度或时间维度的标准化单位。因此"地图显示比例"描述了地图上的距离与实际地面距离的比例。尺度的转换不论从大到小或从小到大，都意味着对同一区域或形态进行计算转换和大小缩放。然而，随着气候变化，我们手上的地图尽管范围包括整个世界，但当涉及一些日常问题如政治事件、道德危机或诠释特定的历史、文化、文学等时，世界地图往往很可笑，几乎毫无用处。因为，当我们将比例的因素考虑进去，有关气候变化的政策和概念似乎无不遭到破坏甚至嘲笑：一个国家在搞环境改革运动，却因世界的另一端没有采取这样的措施，全无效果。长期努力建成的自然保护区，旨在保护某个稀有的生态系统，却被放大到另一个完全不同的地方。即使是气候学研究也对比例问题较为头疼："矛盾的是，预测地球这个封闭系统的未来，比预测某一区域的未来更简单"（Litfin 137）。

地图显示比例本身就是一个有失充分性的概念，因为非地图的比例概念不是一个平滑缩放的过程，它还有跳跃性和不连续性，伴有无法计算的"比例效应"。例如：

> 在工程科学领域，比例是指模型和实体的大小差异。尽管一个小小的木制建筑模型建成后结构稳固，但我们并不能以此推断，实际大小的木造建筑物就一定能承受该结构。（Jenerette and Wu 104）

我们另举一个例子。在一张世界地图上，从地理角度看到的一个"小"比例，从生态角度看却极其庞大，这是因为非线性比例是结论性的，往往不可计算。加勒特·哈丁写道：

> 我们的社会曾采取过许多愚蠢的行动，如果更多的人能敏锐地意识到比例效应，这些错误是可以避免的。每当我们由小到大换算比例时，我们应该警惕，在小范围内极适用的传统智慧，用于大一点的范围时却可能引发矛盾……参照比

例效应，如果一个民主国家的某个选区选举失败，可能整个国家都会受到危害。(52)

另外一些比哈丁争议略小的思想家提出复杂性理论，认为随着文明全球化越来越复杂，比例效应必然出现："一旦社会发展超过了某种程度的复杂性，它将变得愈加脆弱，最终会达到这样一个临界点：一场较小的动乱都可能导致社会的全盘崩溃"（MacKenzie 33）。另一些人则认为，由于人类在社会管理中采取了不同比例，环境危机在某种程度上就是由这些相互冲突的比例造成的。吉姆·达特写道：

> 环境、经济、技术和健康是全球性的问题，但我们的管理系统仍旧基于单个的民族国家。与此同时，我们的经济体系（"市场经济"资本主义）和许多国家的政治体系（利益集团的"民主"）基本上仍然采用单独投入的策略，但不幸得到的往往是集体产出。

比例效应影响着气候变化，这令人困惑，因为它们很容易一点一滴融入道德和政治，既趋于零，也趋于无限：参与现代消费的人越多，人均影响和责任就越小，但这些微小的影响会日积月累，最终造成严重的影响。由于比例效应的影响，在一个范围内不言自明的或合理的规则在另一个范围内很可能是极具破坏性或不合理的。因此，旨在复制西方繁荣到其他地方的一些先进的社会经济政策，若放在另一范围内，却可能沦为摧毁其生物圈的一个疯狂计划。

然而，对于单个家庭或汽车驾驶者来说，他们的行为产生的比例效应是无形的。比例效应本身不会表现出来（没有任何本质还原），只有通过过去、现在和将来的累加，跨越广袤的空间和时间，这种现象才会显现出来。人类的社会机构将被其行为由内至外摧毁。过去是，现在也是，这是一种可怕的重复。

本文的论点是，当前占主导地位的文学批评和文化批评忽视了比例效应，这一问题值得重视。

比例的错乱

当前一种普遍存在的比例错乱表现在人们谈论环境时，其语言表述与所传递的知识无法等同，严格意义上说这是一种"规范性"的崩溃。因此文明或将走向毁灭这句话与沏茶时没有必要把水壶装满这样的命令，在严肃的程度上并无二致。很多商家都悬挂着这样一幅海报，它把整个地球描绘成巨大的恒温表，上面附着一则荒唐而醒目的标题"你控制着气候变化"。汽车司机买一辆对环境危害稍微小一点的汽车，就是"拯救地球"。

这些在比例上错误的跳跃和对人类力量不切实际的幻想，让我们想起 20 世纪 50 年代及之后与原子弹有关的那些大话。莫里斯·布朗肖认为，有人说人类有能力控制整个地球，也有能力摧毁它，这是极大的误导。"人类"不是一个大而无边的话题，也不是其词义所示的一个整体。在实际生活中，这种摧毁肯定不是某种有意为之的自我伤害，不是"人类在摧毁自己"。这种说法很武断，其可信度就像说一只乌龟从天而降，刚好砸到埃斯库罗斯的头一样（Blanchot 106）。

这些近乎荒谬、天花乱坠的环保口号使布朗肖的观点更有说服力。在政治概念变得越来越广、越来越让人摸不着头脑，甚至连沏茶该掺多少水都需要公众投票来决定的时代，既有的地区政府、理性和责任的概念变得紧张甚至开始瓦解。"碳足迹"这个概念的提出改变了公有和私有概念之间的差别，而公有和私有是当代自由主义国家形态的基础。通常在某种政治环境中，人们对未来的关注表现为热烈呼吁，重建共识。无论他们是以个人的名义，还是以一种文化或是一个国家的名义，他们怀着强烈的决心和明确的目的，进一步强调现有的道德准则和责任准则。但是，就气候变化而言情况却并非如此。在气候变化中，一种几乎不可计算的非人为力量普遍而盲目地瓦解着目前合理的存在，随之而来的是一种不确定性和混乱，即之前规则明了的竞技舞台或是平等的概念已不复明了或平等；科学与政治之间的界限变得愈加模糊，国家和民间社会之间的区别也不如之前明显，曾经人们普遍接受的常规程序和理解模式开始受到政治模式、伦理道德和知识的渗透。甚至许多关于环境批判的言论因为被各种持续对立的政治所影响，也形成了一种定式，只以人与人之间的等级差别和相互的对立来说明环境的恶化。这些言论看似一种逃避，它们认为非人为力量是令人惶恐不安的，对此避而不谈。

环境危机也给知识学科既定的界限提出了新的质疑。日常新闻反复报道，试图让人们相信许多环境问题得不到缓解，归结于一个系统的问题：功能障碍，或是不公正。例如，人口过剩和大气污染一出现，立马就引发了社会、道德、政治、医学、技术、伦理和"动物权利"等问题。如果"环境"这个让人感觉有点陈词滥调的词条常显得太模糊不明——毕竟，它的含义是"万物"——那么将气候变化政治概念化的难度几乎等同于要"立即考虑到万物"。比例效应爆发的整体力量，暗示着看似琐碎或微小的行为却有巨大的利害关系，而知识的界限将会打破，各个学科领域将会相互交融。知识学科的分类已深入人心，因而人们对未来可能出现的场景将会感到恐惧，举例说明，人们甚至难以判断以下两种说法哪一种最终更可信——（1）"气候变化现在是公认的一个合法而严肃的问题，政府将会继续采取措施，以改进汽车的燃油效率"。（2）"为了保护环境，我们能做的就是拿起砖块瞄准汽车砸过去"？[1]

反"自由批判主义"

我们当前已接受的文学和文化思想都建立在了错误的比例上。这个观点稍显突兀，文学评论家或文化评论家该怎样看待它呢？

气候变化所带来的最具争议性的政治影响可能在于它冲击了人们对自然最基本的、最主流的设想，也质疑了"民主"看似不言而喻的价值：它作为最具启迪性的方式，指导着人们处理一切事务。戴维·希尔曼和约瑟夫·韦恩·史密斯写道："许多环境问题，无论是现有的还是即将出现的，都因自由主义及民主制度的腐败而日益严重。目前的政府管理体制是不太可能解决这些问题的。"（15）这里的决定性目标在于"自由民主制度"和目前在政治思想中占主导地位的自由传统，即一种集私有财产制度、市场经济体制、个人权利本位思想和国家概念为一体的传统——"其存在的目的是在正式的、人人平等的基础上确保个人自由"（布朗《边缘作业》39）。自由政治的传统要追溯到托马斯·霍布斯和约翰·洛克对于政治这个概念的诠释，他们视政治为一种基本的、人与人之间的契约，这种契约保证了个人财产不受侵犯和个人对自然资源的开发使用权。对权利的这种定义乍一听似乎十分中立：适用于几百人或是上亿人的权利也能适用于数十亿人吗？然而有人就比例问题提出了质疑，因为自由的传统观念产生于17—18世纪，那是"人口密度小、科技发展水平低，且拥有看似取之不尽的土地和其他资源"的时期，而现在那些资源都已被人类消耗殆尽了（Jamieson148）。更主要的是，"洛克理所当然地认为各种资源是充足的，认为各种资源能造福于大众，所以个人或一个团体在利用资源的同时不会剥夺他人对于资源的使用权"（Ross 57）。然而，当代西方社会因追求经济的持续增长，对新土地和新资源前所未有地开发、占有，以满足自己的物质需要。这种不可能无尽实现的需求或假设，虽长久以来被化石燃料这种自然馈赠的礼物所掩饰，但是现在已清晰地展现在世人面前，问题百出。汉斯·乔纳斯所写的"所有的传统道德理念"适用于这里：它"只有用长期养成的行为来判断"(7)。

自由就是将个人享有的各种权利推及更多的人，让更多人享有权利。然而自由的这种概念在目前复杂而停滞受阻的经济状况下已经行不通了。气候变化打乱了人们必须考虑的比例问题，歪曲了事物内部和外部的范畴，并阻碍了传统封闭式经济的发展，这种解释或阐释的方式似乎连雅克·德里达都没有表示怀疑。德里达在他家喻户晓的《马克思的幽灵》(1993)中阐述了威胁着整个世界的"十大灾害"(81—83)，然而笔者（汤姆·科恩）注意到他并没有提及环境危机，而十大灾难中最严重的应该是环境危机，这十分令人疑惑：

> （德里达）的那套理论今天看上去显得很无力——那十大灾难都成了常态的、人与人之间的政治苦难——小到人们的失业问题，大到脆弱的国际法。如我们所"知道"的那样，现在整个社会都无形地被自身的力量所驱动，自动抹去或是自动删除了非人类因素。（引自 Wood 287）

确实，德里达大量论述了责任以及国界、边界和"国内"这些词在概念上的不成立和形式上的不稳定。在《宜居论》(2000)一书中，他写道：一个国家理应神圣不可侵犯的领域已经被瓦解了，内部领域已然成为外部领域。一些国家通过对他国公共空间、国家政治、电话线、被监控的电子邮件等多方面的植入性干涉，已经让他国的私有领域暴露无遗。然而，德里达只关注法律和通信系统，他的思想里还残留着一丝理想主义（61）。在这样一个客观事物完全比人更政治化的环境中，如果我们仍旧只关注个人意识作出的决定和随之带来的痛苦（无法判定的痛苦等），我们会显得十分狭隘和不足。德里达的著作中并不认为伦敦的露天暖气设备与太平洋岛国图瓦卢被渐渐淹没的事实有直接相关的联系。因此《宜居论》中提及了电视、电子邮件和因特网，却只字不提中央供暖系统、厨房电器、洗衣机或者汽车之类（或者说，在此情形中，私人财产仅仅指供个人自己所用的财产，虽然它与德里达的个人主权话题也有着密切联系）。事实上，"所有的一切都是政治，但并不是所有的政治都跟人类有关"（Harman 89）。

温迪·布朗认为德里达"对待自由的方式显示了他所谓的民主是建立在自由主义基础上的"（《主权带来的犹豫》，127），他认为德里达的论点仍基于政治的本质是自由这个概念，个人有选择过何种生活的自由，而政治体制则赋予个人这种自由的范围，政治的任务是如何让它延伸并超越目前的国界乃至于超出人类的范畴。[2] 将德里达看作一种引入其他论点的切入点，而不是一种独立的观点展现，也不关注自由或平等这个难题或有/无条件的宜居；重新定义该论题所阐述的概念，并不是去改变德里达所提出的有关自由进步论传统的基本术语，我们在此讨论的是他提出的比例假设。为了推崇布朗的观点，大家可以这样说——人们似乎忽视了非人类力量和比例效应，这使得他们往往将《宜居论》中所说的政治形态当作人为划分的范围。然而，环境问题的出现导致了政治形态的模糊，这样，德里达对人类准则、规范和决定的关注看上去更像是一种遏制。

他认为，在作决定的那一刻，人们是在与无法决定的事情协商。这个概念同时因比例效应而被淡化或夸大，尤其将它应用到诸如是否该开灯或是否该买冰箱这种日常琐事中时。德里达后来也提出了有条件宜居或无条件宜居的边界问题，似乎都因比例和二维空间而终止了其研究进展，因为当前国与国之间的边界已无法确定，各国都共存在于同一个大环境中，而这些研究未能突破这一点。法国奢靡繁华的种种琐碎生活细节，像一个具有破坏性的侵入者一样，已经悄悄潜入孟加拉国广袤的洪泛平原上农夫们的生活空间里。

非人类政治也提出了目前占据主导地位的自由文化政治或进步文化政治的一系列问题，这种文化政治在大多主流的、非常专业的文化批判中都有所提及。目前常采用的方式就是在理解文本的基础上，把所有的问题都当作文化政治的一种表现形式，这种方式类似于用自由主义传统来看待公民社会，即将公民社会看作一个平台，个人或集体在这个平台上去收获利益、争夺权力或获得身份。比如说，A 团体通过对 B 团体的（含蓄的）诋毁，树立了令自己满意的形象。而此时，由于 B 团体将 C 团体与 A 团体看作一丘之貉，C 团体也因此"被边缘化"了，而没有被看作一个不同于其他两个团体的、有着自己的主张和见解的团体，等等。[3] 然而，这几个团体同时各自宣布了自己对于空气、水、空间和物质资源的所有权，他们只关注个人或集体的权利，而忽略了因不断给地球带来麻烦，从而导致的猛烈而强大的外在力量。同时，地球自身也存在力量，但人们往往认为这种力量是理所当然的，忽视了它的存在。评论家们笔下的地球仿佛仍是一个无限延伸、平坦而被动的物体，而不是一个球形的、有主动性的生命体，好像地球上最远的距离不过是从你的肩膀往后看到尽头。曾经看似合理的、内涵清晰的、不言而喻或者进步性的思维模式和实践模式，如今在许多方面需要被重新测评，包括隐藏的排他性、掩饰的代价或只是提供一种想象的或暂时的结果。然而，我们很难预测这项工作将怎样付诸实践——至少目前看来这项工作太过繁杂，千头万绪。（"我一直都认为凯鲁亚克所著的

《在路上》是一本不可靠的书，不过你看，在这事上说得还挺靠谱的！"）

　　或许环境批判主义和后殖民批判主义不仅对气候变化的批判最为犀利，而且他们对于尺度的设想也更具有后设批判思想，这种批判思想体现在个人对于自由主义的诠释上，它是一种仍适用于特定的文化和文学评判主义领域的思潮。因这些著作应运而生的伦理价值也将打破当前我们对于礼仪的定义，还会重新定义各种理论对私有空间的物理界限划分，比方说，某位评论家提出的关于历史、宗教、殖民主义或道德规范的观点应该是"公共资源"，它属于辩论会、研讨会、文献和各种会议等公共场合，可是这个公共资源却只有他一人能使用，大家都理所当然地认为这是他"自己的观点"，他因此而获得的高薪和生活方式仍被看作一种荣誉。

让我们以跨越六个世纪时空维度的比例
来重新阅读雷蒙德·卡福所著的《大象》

　　传统的文学和文化评判主义是如何忽视了比例问题的？目前盛行的这种文学和文化评判主义阅读模式又是如何忽视了比例问题的？这个问题通过一项实际的阅读实验便可解答。如何以一系列日渐广阔的时空比例去阅读、再次阅读同一文本，然后读下一本、再下一本呢？我们尤其应当关注此类阅读给既定的评判性思维带来怎样的负担，又给目前最为盛行的阅读模式带来怎样的负担。

　　我们就以一个具体的文学文本为例，雷蒙德·卡福最近所著的短篇小说《大象》（1988）。该文本的文体是喜剧独白，男主角是一位饱受亲戚纠缠的蓝领工人，他的亲戚生活在祖国各个地方，因为生活上的种种困难，总向他寻求经济帮助。他最初满腹怨言，后来逐渐接受了这一切。大多数时候"大象"是电话另一端的某个家人，例如，弟弟最近失业了，他远居千里之外的加州，需要男主角立即借钱给他付房贷。可是随后，他却发现他弟弟其实可以不用向他借钱的，因为弟弟的妻子可以卖掉她娘家的部分土地而筹到钱，但是他弟弟却又一次向他伸手。男主角此时不得已卖掉了自己家的二手车，甚至把电视机也抵押了。男主角的一个女儿生有两个孩子，她的丈夫是：

> 一个甚至都不愿意出去找工作的混球，一个即使别人双手奉上一份工作他都不干的窝囊废。也曾有那么一两次他找了个工作，不过要么他睡过了头，要么在上班的路上汽车抛锚了，要么他没有任何理由干脆就不去上班，诸如此类的事太多。(77)

男主角年迈的母亲，是一个"又穷又贪婪"的老妇人(74)，她靠着两个儿子对她的经济援助维持着自己的生活，时而有迹象表明她的身体健康状况每况愈下。男主角自己的儿子因为想要移民，也开口向他要钱。除此之外，男主角还得给前妻付赡养费。他带着怨恨，开出这些支票。随后他做了两个梦，这两个梦成为他感情上的转折点。在其中一个梦里，他梦见自己年幼时被父亲扛在肩膀上，很有安全感。他张开双臂，想象着自己骑在大象身上。第二天清晨，纵然他之前对亲戚们借钱的要求感到恼火，但他仍旧给所有亲戚都传达了自己衷心的祝福。随后他决定步行去上班，离开家时连门都没锁。他沿着马路悠然步行，张开双臂，就像幼时骑在自己父亲肩膀上那样。此时，他的同事乔治驾车从他身边经过，停下车来，想要顺道载他一程。乔治嘴里叼着根雪茄，这车是他借钱改装的。于是男主角上了车，他俩正好一起试试改装后的车速如何：

"走吧，"我说，"还在等什么呢，乔治?"于是我们开始飙车。车窗外风呼啸而过，他把油门踩到了底，汽车飞驰而过。我们就坐在他那辆债台高筑的汽车里，一路狂奔着。(90)

如果考虑到气候变化所带来的一系列新问题，你会在此文本中读到些什么呢?

首先，如果"一定要把资本主义看作一种提前消费的经济模式"（引自 K. 威廉·卡普《福斯特》，37），那么我们可以轻易联想到，"大象"可能是这种消费环境，是男主角所描述的债务链，是大家提前消费了商品却还没挣到偿还的钱，如故事的结尾处那辆债台高筑的汽车。初次阅读这篇小说时，读者清楚明了。然而，如果我们把对比例的思忖带入文本，阅读就变得更为深刻了。

任何对文本的整体模拟性解读——如果可以实现的话——将文本释义为带有不同启迪意义的术语，总是会为文本设定某种空间范围和时间范围。这是分析文本的前提，即便在分析中没有明确说明。人们解读文本的范围可以彻底改变该文本中各要素原来所侧重的意义，然而我们会发现，文本自身无法对一切解读作出评判的标准。

我们可以运用三种不同的范围比例。首先，我们可以用一种个人的（严格来说是天真的）角度去解读文本，这种角度只考虑书中男主角在具体的几年时间内既定的家庭范围和熟人圈子。

按照这种比例去解读文本的话，我们会体会到某种人文主义的温情，仿佛卡福笔下的故事已成了一场商业电影。家庭成员之间的忠诚战胜了命运所带来的不幸；爱和原谅成为微不足道却很真实的家庭英雄主义故事的主旋律。这种解读方式可以将卡福对于这篇小说的设定当作"一定程度上阐明了我们在面对困境时，什么造就了我们成为一个公认的合格的'人'，而什么又让我们与合格的'人'背道而驰"（Nesset 104）。在这一点上，《大象》甚至更接近卡福式的感伤。

第二种理解比例是一种文学批判的常规解读方式。从空间上来说，这种解读方式是依据某国文化和该国人民在几十年的时间，或者说特定"历史时期"来划分的。几乎所有对卡福的评判都是基于这个比例来划分的，一般认为其作品是美国 20 世纪晚期的现代短篇小说（有时范围会更广，评论家们将其作品定义为埃德加·爱伦·坡之后的现代短篇小说）。1995 年，柯克·内赛特写下的话最具代表性："卡福笔下的人物形象反映了美国文化的一系列问题，尤其是当今美国中下层社会的文化，并间接对此发表了他的看法"（7）。对卡福的评论中，其他占主流地位的评论大体上都表示赞同，比如说影响人际关系的失业问题和消费者文化，美国家庭生活的理想与现实间的差距，社会上盛行的物质主义思潮，以男权主义为代表的性别主义思潮等。基于这种比例的解读，《大象》的最后一幕被解释为一种肯定而短暂的逃避，美国消费者暂时遗忘了对消费资本主义的不满，逃离了消费资本主义给他们带来的挫折感，而将注意力转到那辆象征了个人自由和可移动性的私家车上。

第三种理解范围是一种假设的范围，当然，这也是最晦涩的一种。从空间上来说，它可以被看作关于整个地球及其居民的，比如我们可以将《大象》中的场景映射到以 1988 年为中点的前后 300 年（1688—2288 年）共 600 年的时间范围内，它要大家记住这个时间段里地球的宜居程度，而该小说的价值在于为此提供了权威可信的场景。

这样做有何意义？首先脑海中闪现出的念头会是按照这种范围去解读《大象》，实在"讲不通道理"。这样做似乎是特意再现了比例错乱，正如大家熟悉的环境标语所昭示的（"少吃一点肉便可拯救地球"）。同时，这样解读时我们有点僵硬或武断的感觉，这种感觉更让人确定，我们过去曾经熟悉无比的"言之有理"的理解方式，现在看来其实束缚了我们的认知方式和道德模式。

那么是什么被束缚了？环境历史研究领域不断证明，以一个很长的时间段为范围，我们会发现人类的历史与文化呈现出完全不同的形态。它改变了这样的概念：什么让事情变得"重要"，什么又没有。[4]非人类的事物有着决定性的力量。因此有人提出，纵观全球，过去的300年中发生了两件大事：一是对于化石燃料的产业开发和利用，二是全世界各地均放弃本土生物品种，取而代之的是有利可图的进口杂交物种：牛、小麦、绵羊、玉米、蔗糖、咖啡、桉树、棕榈油等。因此世界上大多数的小麦——一种原产于中东地区的作物——目前在许多国家种植，如加拿大、美国、阿根廷、澳大利亚，正如现在占世界上大部分的人口最初都是欧洲原住民一样。人口的巨大变化，包括奴隶、家养动物和植物，已经在很大程度上决定了当代世界形势。人口的巨大变化与具有破坏性的单一性粮食生产、国际贸易与交流的剥削系统，以及现代国家制度之间都有紧密联系。最让人感到凄凉无望的是，以目前地球的总体生态状况来看，人口数量大爆炸，资源消耗突增，地球现有的资源不能永久维持单一的物种以目前这种迅猛的速度增长下去。西方人口目前所处的正是这样一个充满着怪诞、破坏性和暂时性能源分布不均的世界，这个世界是短暂，而他们却认为这样的世界是稳定、熟悉、令人安心的现实存在。

不顾更严峻的现实问题，以较小的比例来解读《大象》所蕴含的要素，这就是基于第二种比例解读所得的"民族主义方法论"。"民族主义方法论"这一术语来自亚当·斯密斯，被乌尔里希·贝克这样引用道："虽说世界正变得（或者说一直以来都是？）彻底国际化，我们的思想习惯和意识习惯却仍然陈旧，就像墨守成规的文化教学和科研一样，意图掩盖当今世界的民族国家仍是各自为营这一现实。"（21）也就是说，我们目前仍然以曾经的方式来考虑、诠释和判断民族国家，仿佛民族国家间的国土边界发挥着一种不言而喻的法则作用，这种法则是一种连贯一致的集体智慧，它能让我们很好地了解某一段历史和文化，与此同时，我们会忽略一切与此叙述不符的地方。毕竟，文学评判最初是在第二种比例的基础上建立的一种文化上的自我定义。几乎所有对卡福的文学批判都以此为标准。甚至卡福所说的"里根当局的美国的黑暗面"（引自 Nesset 4）这个看上去如此简单的话语都能成为民族主义方法论的一个实例，它与社会化评判的程度成正比。社会化评判是基于国家范畴和该国独有的文化惯例而形成的各种或"接纳"或"排斥"的社会化的评判，其形成的过程先是出现大体框架，而后涵盖各种内容，最终形成评判，这些评判为人们所熟识，但也受人们所限制。

我们曾以一个国家为背景来进行文学或文化批评，对这样的评判假设我们非常熟悉。然而，如果以更大的比例来评判，这种批评的充分性就明显偏于狭隘、自私自利甚至带有破坏性。如果我们采用第三种全球范围比例来看主流的文化批判方法，以广泛的自由主义、进步主义的思想和广泛的平等主义来看待"接纳"和"排斥"这两个主题，我们会发现什么呢？站在全球范围来阅读卡福的作品，《大象》里的人物角色确实各有困苦，但都不是物质上的贫困，以这种考虑问题的角度出发，那么卡福的作品中常见的有关边缘化和贫穷化的修饰文辞便不再晦涩难懂。《大象》中的男主角有自己的房子和汽车；他那被认为穷困潦倒的兄弟有两辆车，为了保住自己的房子被迫卖掉其中一辆；他那被认为深陷贫困的女儿与丈夫孩子住在一辆房车里，但好歹她也有一辆车；他弟弟的妻子自己有土地；他的儿子向他要钱，却是去做大多数人永远都做不到的事——坐飞机到国外旅游；他的母亲没有和任何一个孩子住一起，但也独自住在她自己的房子里。《大象》中真正涉及经济问题的不是里面所描述的人物，那些各自持有自己的财产却需要经济援助的家庭。男主角认同独立文化，家庭成员对他的依赖使他感到愤愤不平，同时他仍坚守职业道德，这积极地推动着经济系统和基础设施体制的发展，而经济系统和基础设施体制的发展又依赖于持续的高消费水准，于是一种普遍意义上的、强化的循环陷阱诞生了。"一事成功，万事顺利；一诱成功，万诱顺利"（Jonas 9）。

德里达阐释了理应独立的"内部"环境，包括家庭、房屋以及个人的房产，由于与公共空间相互重叠而遭到彻底破坏。德里达的这种例证重申了政治上的自由概念，尽管"内部"环境的提出使自由概念更为复杂了。但是，如果从第三种比例去分析，一切人和事物都是"局外"的：就大家熟悉的社会化要素而言（如种族、社会阶层、性别等），个人更多时候是作为一种物理实体展现出来的，这种物理实体会消耗大量的资源，由此产生的垃圾却需要付出昂贵的代价才能被分解（这里不是指人的品行，而是"人的痕迹"）。如20世纪大多数文学作品一样（包括《在路上》），我们采用第三种理解比例来解读《大象》，将文本转变成一种特殊的哥特式的幽灵叙事故事。里面的角色皆被看作物理实体，他们现在被一分为二："人"和有责任的存在。理解比例越大，人物对地球产生的意义越接近物化（尽管比例效应给人类赋予的地位本就是一种生物力量）。从个人或是一个国家的这个角度上来看，那些情节、人物、背景和琐碎小事看似正常无害。但如果从全球的角度来看，这些情节、人物、背景和琐碎小事却带有毁灭性，像一个扰乱地球并逐渐将其蚕食的平行宇宙，它带来的恶性结果不言而喻。如此一来，小说认为重要的历史力量是人类独力而为，这种观点便难以站住脚。人们生活中不可或缺的物质基础设施如住房、汽车、公路等，可能会在一定程度上取代我们更为熟悉的身份和文化表征，将其作为意义的焦点所在。技术和基础设施不仅表现出其固有的政治性，从比例效应来看，还有不可预知且双重政治化的属性。如果以比例效应来分析技术和基础设施的使用者与建造者最初的意图，那这些意图简直是一种笑话。如威廉·奥夫武斯所说，《大象》就像是"能源的奴隶"[5]——这些基础设施以化石能源为燃料，它们会带来压倒性的后果，无处不在且极具破坏性，如一支侵略军一般野心勃勃。因此我们在解读《大象》时应该更加客观，应该意识到非人类力量变化多端，而当代批判主义乃至生态批判主义思想值得我们怀疑，因为他们往往将所有环境问题内化为一个问题，即最终它是一种主观的态度或信念，是人类对自己的行为（甚至可以说"人类在自我毁灭"）。例如，就汽车而言，没有一辆车是真正的"私有"，这有点可笑，正如普通大众投票决定灌不灌水壶，这种事会比他们一直以来所持有的政治观点更具有实际成效，无论这种事看上去多么不起眼。[6]为了维持家庭的需求，"能源奴隶"式的政治再次出现，甚至是一些微小的日常琐事，例如，书中男主角女儿的丈夫因汽车抛锚而失去了工作机会，以及男主角的哥哥许诺说："我让该工作'排队'等我了，真的。我每天得开车上下班，往返有五十英里，不过这也不算问题——噢，见鬼。如果有必要的话我会开一百五十英里"（83）。汽车也因人类寄望于实现个人的"自由"而数量激增——《大象》最后一幕场景就是男主角坐在副驾上，满足地抽着雪茄，催促乔治加速，有多快开多快。

　　解读卡福的作品时，如果我们强调非人类力量，就会忽略掉一些大家熟悉的批判观点，如公共价值观被腐蚀了之类的；我们也容易忽略掉卡福所谓的极简主义的社会/文化力量在短篇小说创作中的使用，以及他对晚期资本主义社会的支离破碎、人与人之间的疏离的细致描述，从中可以发现原因和后果、意图和结果、付出和回报上缺乏一种完全对应的关系，与之紧密相关的是一种普遍的不安全感。未来对文本的解读将进一步淡化人类的力量，而强调各种界限的脆弱性和偶然性——公有和私有之间、物与人之间、"无辜"和"有罪"之间、人类历史和自然历史之间、痛苦和平庸之间，以及（借助科技）所得到的便利和失去便利之间等。总之，按第三种比例去分析，一种非人类的讽刺将使短篇小说变得错乱，并将短篇小说看成是任何一种易被同化的文本，如同任何一篇现有的道德/政治读物。

西蒙·莱文写道："描述某一系统时根本没有一种正确的比例或水准，但这并不意味着所有的比例所起的作用相同，也不是说没有测量或评判的准则。"（1953）然而，以多重比例去解读文学文本，和科学领域的建模和解读中的比例功能，这两个概念存在根本性的差别。在此建模中，对细节的压抑被当作在大范围里动工，即在更大的比例中广泛适用的模式涵盖了个体差异。显然解读文学文本不会按这种方式进行。解读任何文本时都要先推断出该以什么理解比例去阅读该文本，然而这些推断可能只会让人产生不同的价值判断，而不能决定人们的价值判断。以三种不同理解比例解读《大象》，我们得出的结果各不相同并相互冲突。然而第三种理解比例就是决定我们怎样解读文本的最终参考和最后审判吗？为了灌输一种具有返璞归真性质，也日益被人们所熟悉的绿色道德，生态批判遭到了挑战。生态批判急切想将生态问题转述为道德上亟待解决的问题，欲指导人类如何生存，而对基于第一种比例的《大象》解读中蔓延的无助感视而不见。这种思想突出的是低层次理解比例所带来的隐形代价，但是第三种比例倾向于将个人首先看作一种物质存在，这显然是有问题的。这种尺度讽刺人类的日常道德标准、希望和努力，近乎残忍地将这些与人类剥离开来。比如说，虽然这篇论文所选择的论点是汽车这个不太具有争议性的例子，但是该论文认为环保最重要的一方面却应该是人类自身的生存繁衍问题。从人类自身的物理排泄这个很无情的角度分析，文中男主角生育了两个孩子，这个事实相对于他的生活方式或者财产而言更加关键。这种分析方式突出了一个问题，即人口数量过剩问题，它甚至能将堂娜·哈拉维推向反对的浪潮中，或者更苛刻地说，它同时也能迫使堂娜·哈拉维以很矛盾的理解范围去考虑问题，鉴于她在某采访中曾表示她是"一名生物学家"，"正面临着一个现已远超过六十亿人口的星球"：

> 而该星球或许本身的承载能力并没达到如此地步。我不关心你们就计划生育和人口控制的思想观念是一种倒退这个问题展开多少轮争论。但这是事实，如果不采取严格的人口控制措施，那么作为一个物种而言我们人类将无法继续生存下去，成千上万或成百上千万的其他物种也无法生存……所以你们可以恨中国的独生子女政策，你也可以认为他们的政策非常正确（说到这她笑了）。（引自 Schneider 153）

总之，同时以不同的比例去解读文本，并不是贬斥一种比例而褒扬另一种比例，而是为了让文本更加丰富多彩、标新立异，同时创新性地对文本进行重构，这一切都是通过将文本同时嵌入多重乃至矛盾的思维框架中得以实现的（因此即便是看似最积极进步的社会性论点，在某一个比例上可能就某一点达成共识，而在另一个比例上却连概念也讲不通）。这里所讨论的对于《大象》的总体解读就是基于多重比例且各比例之间观点互相矛盾的例子。男主角的各种行为诠释了他的慷慨品质，而与此同时，按照比例效应去解读这些行为，它们极具讽刺，这种慷慨行为与不计其数的祸端紧密相关。根据不同的比例去解读该文本，它可以被理解为：（1）被扭曲了的个人英雄主义事迹；（2）对社会排他性的抗议；（3）面对不可理解的天灾人祸以及根深蒂固的思维模式的种种局限。

更深刻的总结似乎跃然纸上了。把气候变化与文学或文化批判主义联系起来不会创造出什么新的阅读方式，因为它所带来的最主要结果便是比例上的错乱，这种错乱也是一种知识能力的内在集中。对于评论家们来说，相对于去研究长期的物理因果关系、某基础设施的环境成本或非人为力量问题这一超出了当前人文学科范围固有模式的问题而言，固步于自己擅长而熟悉的文化表征、文化思想、文化理想和文化偏见等学术范围内会容易很多。这也可以表明，人文学科现有的思想内涵格局亟待改变。

注　释

[1] 这也包括电动汽车这个具有欺骗性质的替代品。与汽车相关的大多数污染排放物都来自汽车生产过程。所谓的生态友好型汽车也需要消耗电能，电能总得由某发电站先发好电再配送。

[2] 布朗将民主的概念替代为真正享有权利会带来的艰难挑战，与之形成对比的是自由的概念，自由是关于代表权预期地形成一种对外的阻碍，以此来抑制个人"自由"。维森特·B. 李奇质疑德里达的政治思想中没有一丝共产主义元素，发现"一种长期右倾的自由主义思想投影在德里达的左翼民主政治上"（242）。

[3] 我在"自由和文学研究中制度化的美国精神"这章中叙述得更为详细，详情请见我的书 *The Poetics of Singularity: The Counter Culturalist Turn in Heidegger, Derrida, Blanchot and the Later Gadamer* 11 – 31。

[4] 例如，见 Ponting, Crosby, Chew, and Diamond。

[5] 见 *Ophulus* 169 – 174。

[6] 迈克尔·诺斯科特写道："当被应用到汽车上时，'私有'这个概

念越来越站不住脚。使用汽车需要建立诸多公共设施及维护设施，包括大量的混凝土、钢铁和停车设施，这些设施占了欧美城市建筑空间的 1/2。"（215 – 216）

引用文献

Beck, Ulrich. *The Cosmopolitan Vision.* Cambridge: Polity Press, 2006.

Blanchot, Maurice. "The Apocalypse Is Disappointing", *Friendship.* Trans. Elizabeth Rottenberg. Stanford: Stanford University Press, 1997. 101 – 108.

Brown, Wendy. *Edgework: Critical Essays on Knowledge and Politics.* Princeton: Princeton University Press, 2005.

—. "Sovereign Hesitations." *Derrida and the Time of the Political.* Ed. Pheng Cheah and Suzanne Guerlac. Durham, NC: Duke University Press, 2009. 114 – 132.

Carver, Raymond. "Elephant." *Elephant.* London: The Harvill Press, 1998. 73 – 90.

Chew, Sing C. *World Ecological Degradation: Accumulation, Urbanization, and Deforestation 3000 BC – AD 2000.* Walnut Creek, CA: Altamira Press, 2001.

Clark, Timothy. *The Poetics of Singularity: The Counter-Culturalist Turn in Heidegger, Derrida, Blanchot and the Later Gadamer.* Edinburgh: Edinburgh University Press, 2005.

Crosby, Alfred W. *Ecological Imperialism: The Biological Expansion of Europe, 900 – 1900.* Cambridge: Cambridge University Press, 1986.

Dator, Jim. "Assuming 'Responsibility for Our Rose'", *Environmental Values in a Globalizing World: Nature, Justice and Governance.* Ed. Jouni Paavola and Ian Lowe. London: Routledge, 2005. 215 – 235.

Derrida, Jacques. *On Hospitality: Anne Dufourmantelle Invites Jacques Derrida to Respond.* Trans. Rachel Bowlby. Stanford: Stanford University Press, 2000.

—. *Specters of Marx: The State of Debt, the Work of Mourning & the New International.* Trans. Peggy Kamuf. New York: Routledge, 1994.

Diamond, Jared. *Collapse: How Societies Choose to Fail or Survive.* London: Penguin, 2005.

—. *Guns, Germs, and Steel: The Fates of Human Societies.* New York: Norton, 1997.

Foster, John Bellamy. *Ecology against Capitalism.* New York: Monthly Review Press, 2002.

Hardin, Garrett. *Living within Limits: Ecology, Economics, and Population Taboos.* New York: Oxford University Press, 1993.

Harman, Graham. *Prince of Networks: Bruno Latour and Metaphysics.* Melbourne: re. press, 2009.

Jamieson, Dale. "Ethics, Public Policy, and Global Warning." *Science Technology, & Human Values* 17 (1992): 139 – 153.

Jenerette, G. Darrel, and Jiango Wu. "On the Definitions of Scale." *Bulletin of the Ecological Society of America* 81. 1 (2000): 104 – 105.

Jonas, Hans. *The Imperative of Responsibility: In Search of an Ethics for the Technological Age.* Trans. Hans Jonas and David Herr. Chicago: University of Chicago Press, 1984.

Leitch, Vincent B. "Late Derrida: The Politics of Sovereignty." *Critical Inquiry* 33 (Winter 2007): 229 – 247.

Levin, Simon A. "The Problem of Pattern and Scale in Ecology." The Robert H. MacArthur Award Lecture 1989. *Ecology* 73 (1992): 1943 – 1967.

Litfin, Karen T. "Environment, Wealth, and Authority: Global Climate Change and Emerging Modes of Legitimation." *International Studies Review* 2. 2 (Summer 2000): 119 – 148.

MacKenzie, Debora. "Are We Doomed?" *New Scientist* 5 April 2008: 33 – 35.

McNeill, John R. *Something New Under the Sun.* New York: Norton, 2000.

Nesset, Kirk. *The Stories of Raymond Carver: A Critical Study.* Athens: Ohio

University Press, 1995.

Northcott, Michael S. *A Moral Climate: The Ethics of Global Warming.* Maryknoll, NY: Orbis Books, 2007.

Ophuls, William. *Requiem for Modern Politics: The Tragedy of the Enlightenment and the Challenge of the New Millennium.* Boulder, CO: Westview Press, 1997.

Ponting, Clive. *A Green History of the World.* New York: St. Martin's Press, 1991.

Ross, Stephen David. *The Gift of Property: Having the Good.* Albany: Suny Press, 2001.

Schneider, Joseph. *Donna Haraway: Live Theory.* New York: Continuum, 2005.

Shearman, David, and Joseph Wayne Smith. *The Climate Change Challenge and the Failure of Democracy.* Westport, CT: Praeger, 2007.

Wood, David. "On Being Haunted by the Future." *Research in Phenomenology* 36 (2006): 274 – 298.

（许敏　译）

第六章

性别差异的消失

克莱尔·科勒布鲁克（Claire Colebrook）

最近，很多评论家断定性别差异正在消失，无论是从很具体的实例还是从广义上说。人类 Y 染色体的进化价值不断弱化，一些科学家认为它的存在时间已经屈指可数了。除了这些细小明显的消失趋势之外，如果生命仍生存于这个星球，那么它有可能将彻底改变：生命的繁殖将不再通过有机体的性，而在我们的头脑中两性生殖模式已经根深蒂固，尤其在当今时代，非人类和后人类的思想仅止于想象动物生命有机体会不会有无性繁殖，人类仍停留在性别二元论阶段[1]。无性别差异——或者说繁育后代和"生命"不再是一个生物体与它的异性配对（配偶）生命的延续，这不是生命科学吸引大家好奇心的一个噱头。我们跨越惯性思维，把两性与欲望分开，而讨论性别二元论这个更值得我们深思的话题。在人们熟悉的早期"理论"里，（至少）有两个论断谈到了这种差异性与同一性的统一：拉康坚持认为只有假定女性不存在，人类才可能有伦理，他排除了主体对自我满足的依赖性；保罗·德曼则认为成长、成熟和成型这种逻辑顺序是一种倒退，反映了人们目光短浅，思想僵硬。尽管今天也有新理论不再把两性看作一种需求的满足，不过它也阻碍了人们对性别消失法则的思考：性别的消失不仅可能由两性繁殖造成，也可能由无性繁殖造成。这两种关于性别消失的观念——性别与性别消失之间的必然联系，和性别差异本身会逐渐消失的可能性——最近成为热门的科学研究话题，这不仅没有淡化人们对二元有机体理论的热情，反而似乎又引发大家退回到异性伴侣这个话题上。

有可能地球上曾发生过的重大生物灭绝事件都与性别差异的消失有直接的关系：如果恐龙这个物种的性别也像今天的龟类和蜥蜴一样受气候影响，那么一颗彗星导致的极寒气候就会阻碍雌恐龙的出生，继而导致了雄性恐龙数量过剩乃至该物种最终灭绝。一项新研究表明，利用干细胞可能生成精子；因为很久以后的未来——10 万到 20 万年内（这对于物种进化长河而言仅为眨眼工夫）——预计 Y 染色体将消失。许多物种已经实现了无性繁殖，或者通过两性繁殖但已不会产生不同性别。最近一则报告指出，无性繁殖已超出了植物领域，亚马孙蚁类的蚁后在没有与其他基因链交合的情况下实现了自我繁衍。此外，人类异性之间的关系和差异作为生命的基本要素，两性的出现既对整个物种进化有重大意义，也对人类生命有机体有重大意义——人类只有存活的时间足够长，才能实现干细胞繁衍，或由干细胞生成精子，克隆，非有机的人工繁衍，甚至打破有机体之间的界限，实现虚拟现实。从更广泛意义上看，当前的进化轨迹与人类任凭干细胞技术发展以及预计的数千年的进化时间线相冲突。在这种情况下，性别差异不仅是物种进化的一个因素，而且也会随着有机生命的灭绝而消失。以下任何一种威胁都有可能对物种的生存带来毁灭性的打击（这些情况相互排斥但也可能多种情况同时发生）：全球气候变暖、资源耗尽、流行性病毒、生物物种入侵、推崇核战争的"流氓国家"兴起、由经济危机带来的社会动乱，甚至由于缺乏相应法律法规而难以采取措施来处理其他威胁，这也可能是一种致命威胁。这些威胁的数量以及其不可预测性加大了引发全球性惊慌和混乱的可能性，因为对某一问题倾注精力，势必就会忽视另一个问题，影响对该问题的重视程度和资源兼顾。仅以一例说明，大家可能还记得：某些环保主义者提倡控制人口增长，却被左翼的女权主义者所谴责，声称环保主义者在关系到人类生死存亡的危机中（再一次）把焦点放在了控制女性以及生育上。如果物种的消亡属于生命进化自然法则中必然经历的一部分，那么有机生命也可能面临灭绝，例如通过消除性别差异，让性别变得不再是我们现在所知的或所能想象的方式。而人类由于惧怕自我物种灭绝，因此不惜一切也要设法让人类继续生存，这反而会加快有机生命灭绝的步伐。可能大家要问，在面对这些危机以及由此带来的各种严重后果时，我们的理论和性别研究能解决气候变化这一问题吗？原有的气候变化不能被排除在因人文、社会、政治和体制的变化所带来的次变化外。至少，这是人类对性别的反馈——人类想让人类靠有机体的自生自长来繁衍生息——最终被破坏的恰好是能让人类自生自长繁衍生息的这种自然体系。人们研究气候变化与性别之间的关系时，总是强调全球气候变暖和资源过度消耗带来的灾害对女性危害更大，因为在缺少工作和就业机会的情况下，女性通常会首先受到波及，而且一般在出现危机时这种不平等的状态是不允许提及的。然而，以性别差异的概念去分析气候变化，需要我们考虑到气候变化对万物的影响——人类采取各种方式保持物种的有机繁衍，然而正是这些方式将人类置于无法繁衍的境地——所有受气候变化影响的物种都会受性别差异和生存法则的影响，这是所有物种不得不遵循的规则。毕竟，气候变化不只是单独的"气候"变化，也不只是人类见证着自身生存环境的变化如此简单。气候变化还"包括"人们与超出"环境"或住所领域的力量进行对抗，气候不仅指人类居住环境的气候，也指一种超出人类有机体的力量对人类的渗透。这个超定而混乱的可能性范围提醒我们，性别差异

的问题不再局限于生命，不再局限于有生命的组织及它们之间的
相互关系；也不再局限于讨论性别差异会怎样在人类关系中消失
这个问题。因为无论就其基因现状还是就其设想形态而言，性别
差异是决定有机生命生存或消亡的关键因素之一。性别差异是一
种看似奇怪的生命法则，这种"法则"提高了有机生命的变异
（及生存），同时也改变着人们对生物有机体界限的理解、关注
和情感。在此我坚持认为，性别差异的消失并不具有某种偶然
性，它不是生命系统良性发展的一个偶然事件。相反，性别差异
得以存在，本身就意味着它可能消亡。某个生物体或物种将繁衍
建立于性别差异基础上，就意味着它不会采取依靠克隆这种快速
繁衍方式。它通过 DNA 重组和变异来增加基因的多样性，这会
让该物种的基因生命力大大增强。（只有通过染色体的交合，单
细胞组织的突变才会以如此快的进化速度形成新的特性。）性别
差异是生物延续其基因的必需条件，也是某一物种所表现出的特
质，常被我们看作异性存在加以考虑分析（这符合常规标准和
道德标准）。正是由于人们不承认性别差异将不复存在的可能
性——或说不承认超越有限生命之外的差异——才促使有性别差
异的有机生命加速灭绝。

　　那么性别差异是怎样与物种灭绝的可能性形成本质上的密切
联系呢？要保持性别差异需要不同物种以固定的形式存活下来，
需要该物种保持自己的类型或相对稳定的存在形式，这样该物种
通过配对便会有更大概率来延续其基因系。进化论中最基本的原
理之一——也是备受推崇的进化心理学中我们既熟悉又苦恼的一
点——就是基因的存活通常以生物体为代价，这使得看似不可捕
捉、索然无趣的基因传递行为也有了一定的合理性，无论是在生
物数量层面上还是基因的遗传和存活这个层面上。性别差异给基
因系创造了最大的存活概率，可是基因的存活却只能以牺牲有机
体自身的利益为代价。单纯的克隆技术或人工繁殖能让生物体本

身的特性保存下来，但是异性繁殖却只能让生物体一小部分基因
得以保存。通过异性繁殖，生物体能产生更大程度的变异，这使
得他们存活的概率更大，而这种存活并非只是个体特性、生物体
或自然种类的存活。如果一种生物或生物体仅靠技术保持它自身
的样子，而不经历异性繁殖的风险，那么它的基因系产生的多样
性也就不能最大限度地存活。因此性别差异需要有机生命呈现一
种固定性和持续稳定性（通过差异性可获得），同时，性别差异
也超越了物种的闭合性和特性，其存续的范围并不只限于有机体
和有生命的物种。

正是异性之间这种时间联系和动态联系——它使得有机体既
能以某种固定形态存活，同时也乐于接受不属于其固定形态的变
异——巩固了生命体在人们心中高度规范化的印象，让人们以为
生命的力量不会威胁到有机组织的性别差异。人们不假思索地抬
高性别差异，赞颂短暂的生命。生态批判主义以及各种环保主义
思想主张将人文主义与自然相结合，认为我们不是冷漠的、彼此
隔绝的笛卡尔主义分子。他们坚持认为“人类中心说”并不是
最首要的，但是这些关于气候环境和生态的基本认识违背了他们
的观点：因为，倘若我们不是把生命当作固定的特殊个体，不考
虑他们与伴侣之间在情感上相互依赖这个因素，而视生命为一种
具有淘汰性和控制性的力量，那么我们不得不抛弃关于气候的衡
量数据，从现在的衡量单位（克利马）转而强调地球表面的布
局（或者各个地区，如“气候”climate 最初的概念 climes 意为
“许多地方”），让生命有界限却无限制。无性别差异——或者说
没有任何持续的身份或者生命力量的合成、变异、延续和交
合——一直都被当作邪恶的、不被接受的东西，也通常与非人道
的行径联系在一起，为人们所拒绝和防范。保持合适的两性差异
这一强烈要求也阻止了生物有机体停止一切加剧物种灭绝的行
为，因为物种的诞生应符合一种持续性、目的性、特质性和动态

的自生性。如果人们过去认识到了一切非人为行动会带来的后果——人类一直以来小心避免着非良性的、无关紧要、混乱无序的物种变异——那么他们可能会对非生命世界或非意识范围的力量所带来的灾难更为惶恐，那样他们或许能一改之前不重视性别差异正在消失的这一事实，转而认真面对这个日趋严重的问题。

因此我们应该注意到，恰恰是在这种情形下，有界限的性别差异才会被放开，任其存在于一种猛烈的自我毁灭的环境中——理论界与文化界再次回到两性的有界范畴。无独有偶，也恰恰是在这种情形下，资本主义似乎面临崩溃，因其环境太封闭、太想避开与其他文化的猛烈交流与巨大差异，他们想要重归于一个有团队精神、身份认同、社交交际、政治形态和人道主义的社会。为了阐述更加清楚，我们可以这么说——最终加速人类灭亡的不是人类将自己置于这个互相开放的世界，而是人类如同自杀般的自我封闭和故步自封，因为那样的话人类只能站在自己的角度去想象自己的世界。正如近来人所认同的一个道理，导致经济彻底崩溃的并不是资本主义制度本身——一种完全自由和开放的市场——而是封闭的、以自我为中心的思想、特权主义、封建世袭制、利己主义、自古就有的裙带关系以及陈旧的利己主义思想。所以，通过描述如机械般冷冰冰的、不近人情的、偶然随性的繁衍方式，一个冷漠的、不近人情的、纯粹技术上的资本主义世界如噩梦般的场景油然而生，这个世界里只有交换和复制品；它就像是意识与意义的一个整合体，在这里意识和意义都可以矫正。尽管生命整体上有边界、有意义、有目的，这些特征恰好形成了其盲目的自我封闭性，它将我们局限于有限的视野内，看不到视野外的其他生命链。

受适当束缚、具有创造性的两性生物体在生命理论中已经成为道德标准。在这之前，我们有必要停下来，思考一下当前的"理论"是如何应对这个灭绝生物的环境；科学家们提出的人类时代可能走向终结，随之发生的是生物大灭绝，"理论"又如何回应这种愈演愈烈的可能性。当前的理论研究没有重视科学信息过量这个问题；信息的过量输入会让人应激、麻木从而产生"有效积极滞后"，这种滞后问题也没有得到理论研究的重视，它转而从一个理论的领域（脱离非人类研究）退回到传统的两性研究。在所有案例中，神学拟人论尤其引人关注，它坚持多产、有效、相对紧密而活跃的两性关系，反对以不同的细胞交换各自的生物特性。这种重复的繁殖最终没有结果，也没有意义（假定是非关政治的）。

再思考一些具体的例子。朱迪斯·巴特勒早先的研究坚持认为"任何行为都没有主体（施行者）"，"性"是某种行为的反馈作用，缺乏主观意识的力量。后来她又提出，相互认识和组建家族的框架模式是政治理论化的基本起点。鉴于此，巴特勒认为面对面的交往方式不仅利于人与人之间相识，而且利于保持政治理论的终极视野，它将关注点聚焦在对人性的规范上（即便代表这种规范的人或物往往会成为批斗的对象）。对于巴特勒来说，正是这种面对面的交往方式标志着再现和认知局限的瓦解。

再现如果要诠释人类，那么它本身不仅势必失败，且它的失败势必展露无遗。有一些东西无法再现，而我们却一直试图将其再现出来，这种矛盾肯定会在我们诠释的过程中留下痕迹。从这种意义上说，人类本身不属于那些无法诠释的物体，相反，它阻止了一些可行的尝试。一个人的面孔并没有被失败的表征抹去，相反这个面孔却促成了这种失败的可能性。然而，当面孔用于拟人化行为中时，一种完全不同的情况发生了（《不安的生命》144）。以自我为中心的封闭行为愈演愈烈，会产生非人所愿的严重后果，巴特勒讨论了这一急需解决的问题，她以"他者"的角度探讨了这种干涉情况（借助于列维纳斯的伦理，他的整个思想系统首先建立在伦理基础上，强调社会思想的朴素性，反对纯力量的非人性行为）。巴特勒有关自我和生命的思想首先是基于伤痛的，她也许把反抗看成是必不可少的构成，但是她的理论基础是自我与他者，或者边界与创伤之间的界线：

> 或许我们不得不赞同列维纳斯的观点——自我保护不是终极目标，保持一种自我中心观也不是最急需的精神需求。我们总是接受别人强加于己的、违背我们自己意愿的思想，这时我们总免不了一时脆弱、因觉得亏欠别人好心而心怀感激。要反抗类似情况，我们只能通过宣扬自我的无社会性高于社会关联性，并积极反抗这种困难棘手的，有时甚至让人无法忍受的关联性。让原本无主观意愿的思想领域形成一种社会意识可能意味着什么呢？这也许意味着一个人不会阻止自己在他者面前展现主体性，意味着一个人不会试图改变那些无主观意愿者，使他们成为遵循主体意愿的人，而是将无法忍受展现自我的行为看作一个信号和一个提醒，让他们意识到自我的普遍脆弱性。（对于列维纳斯，称之为"普遍"并意味着"相称"）。（《解读自己》100）

这种基本的自我—他者模式限制了人们的思维，使人们不去思考发生在生物圈以外的无数细小琐事。对于创伤的关注使得主体成为一个固定的、外表可以被窥测的整体，而把他者看作成这种干扰的力量，既使主体主动等待这种干扰，也将这种相互干扰控制在人与人关系的某一局部范围。在拉普朗什和列维纳斯的观点之上，巴特勒超越了拉康提出的有关性别设想的结论。"他者"并不存在，只存在于幻想中——这是一种欲望：一个人只有解密他人的欲望，这个人才能获得超越本体碎片化信息以外的充分认识。在对爱的描述中，拉康期望能有一种相互独立的关系，但是，难道对于他的观点我们只能做到这样了？我们能尽力做到的就是去重构人类的两性关系吗？在拉普朗什和拉康的论述中，人与人之间除了相互诱惑吸引外，还有另一种思考问题的方式，然而他们研究的兴趣却主要围绕两性关系、他者和爱这几个方面。

阿兰·巴迪欧把邂逅爱情归为事件发生的四种一般情况之一。巴迪欧在对圣保罗教堂所做的一项研究中发现，一对异性伴侣并不总是遵从爱的常规性模式，爱并不能充分说明问题。爱的获得遵照一套爱情价值，在这个思想的支配下，个人尽力从他者那里争取得到一种普世的圣保罗学院基督教式的爱。

因此，这种新信念的思想包括：把本体的爱传递给他人，也许依靠自觉性（信念）更能将其传达给所有人。"爱完全就是信念所能实现的。"

我把这种自觉性的普遍力量称为至死不渝的忠贞，说忠贞是一套真理法则毫无错误。在圣保罗教义中，爱正是对基督的忠贞，与将本体的爱传递给世间万物是一致的。爱情使得思想成为一种力量，这也是为什么只有爱，而不是信念，具有救赎的力量。爱与其他诸如数学、政治以及诗歌等单独划分开，这些事物都不是巴迪欧所认为的目前存在的邪恶事物。所谓邪恶的事物是指人与人之间无意义的、千篇一律的交流，传播不加思考的内容，以及缺乏正确思考的、毫无差别的资本主义和资产阶级世界。思考既不是只接收信息，也不是考虑肉体生命和世俗生活怎样持续。（说句题外话，可能有人注意到了，巴迪欧把缺乏思考的资产阶级常态与种种千篇一律的状况联系在一起，也与女性的某种特性联系在一起，如被动消费、喋喋不休、道德矛盾和享乐主义盛行的社会。）

毫无差别——失去差别，思维主体提出的观点与他人无异，不考虑创造社会关系、只顾快速消费和享乐的美学模式，吉奥乔·阿甘本认为这些也是邪恶的事物。尽管吉奥乔·阿甘本给后人留下了很多有关神学研究的遗产，他并没有使用"邪恶"这个概念去定义现代世界政治的遗失，但他观察到了当代的生态政治学所带来的一系列恐慌，这种生态政治学起初没有区分清楚"生态"和"生命"这两个概念。如果城邦的起源可能是因为人们对人类机器持之以恒的研究，而通过对人类机器的研究，人类仅将自己与曾经只有内在形式而后逐渐具体化的生命区分开来，然后这部机器的现代版越来越远离城邦，回过来再谈"生物的存在"，再也不能形成共同性、实际性和政治性等特征。人类仅仅成了一种受控制的物质，不能凭借自身力量而创造出自己的世界。阿甘本痛惜政治已遗失，以《开放性》作为总结，对比单纯的生命（只是活着的生命）与井然有序的人类生命（合法守秩序的、能被识别的生命）之间的差别，如同记录在一块缇香帆布上的两位情侣的画面那样。这里，面对自己的异性伴侣，一个人不仅仅只是一个躯体——因为他（她）的伴侣见证了他（她）的自然存在——他（她）也不是完全人性化和政治化的一个个体，归根结底，性欲只是伴侣间的肉体欲望。情侣们之间会形成一种脆弱的极限，如自然孕育人类那样——对于阿甘本来说这是一种"政治意义上的人类的极限"：

> 在履行对彼此的爱情这个过程中，情侣们了解到了对方一些本不知道的东西——他们对彼此不再感到神秘，不过并没有因此更好地理解彼此。不过在这个相互知晓彼此秘密的过程中，他们也迈向了一种全新的、更加幸福的生活中，这是一种既不同于动物也不同于人类的生活。他们履行对彼此的爱情并不是源于自然本能，而是一种……超越了自然与知识、从紧闭心门到敞开心扉的更高级的行为。(87)

尽管迈克尔·哈特和安托尼奥·尼格雷创新地提出一种人类关系模式（即同性—同性），它超出了常规的家庭性别角色，正是人类体现出的爱才为一种新的政治开辟了新径。哈特和尼格雷没有将目光从资产阶级伴侣转向人类范畴以外的客观力量上，却回到了前资产阶级社会的神学爱情——一种神圣的爱，曾经异性婚姻是人们精神上的合宜选择："基督教和犹太教对于上帝的爱并不是一定都是形而上学的：上帝对人类的爱和人类对于上帝的爱还表现在大众供奉的普通物质和政治事件上"（《大众》351—352）。这种爱恰恰是一种技巧，因为它完全建立在艺术与知识的基础上，不仅仅只是生命，当然也不单是各种经验的积累：

> 这种创造性的演化过程不只是现有研究领域中的一部分，它还创新了一个新领域；这是一种创造新生命的欲望……然而，新生命全无准备要使自己规范化，也不能为自己创造一种新的生活。我们远不能简单地把它当作各种经验的积累和交杂，以及围绕这些经验展开的实验，而应该深入研究，为这种新发现谋得一席之地。我们必须努力构建前后一致的政治氛围，使同性—同性的人类关系登入艺术和知识之门，在某种意义上为人文主义者所接纳和称颂，像斯宾诺莎所说的用充满爱的高尚思想赋予它强有力的生命。（《帝国》216—217）

人类描绘的生命总是界定了性别，这几乎是规范化的场景。而要赋予同性—同性的人类关系以强有力的生命，人们对救赎之爱的分享，实际上是呼吁与反资本主义的伦理一起奋斗。我们必须驱逐的邪恶，是物种差异性的无限制增殖、无感情的交换和那些背离了有机生物重要规范性的混乱繁殖。人们一直谨慎避免无性别差异的现象发生，是因为它会使许多情况变得脱离自己的预期，如人体有机体的突变、繁殖、血统的延续和湮灭等。情况就

是如此，即使性别在进化法则中会经历必要的差异消失过程，并
逐步走向物种的灭绝。如果一个基因系不能保持足够的基因力
量，那么它就无从存活，也无从保持其原有状态或充分发挥自己
的潜力。每个生命个体都是在极力保持自己的内部身份界限，同
时不断与外界的突发情况斗争协调的过程中长成。不仅如此，基
因系还需与其他基因系交合，这样才能创造出最大的突变概率而
得以生存，而不是理所当然地认为它一定能延续。人们曾充分肯
定两性差异的重要性，然而物种灭绝法则告诉我们，性别差异必
然形成却终会消失，这不可遏止并且会主动发生，所以人们试图
压制这种法则。确实，有人可能会问人类是否正面临终结，因为
人类只知道回应政治意义上的环境——人与人之间的社会环境？

　　除了对生命工程的普遍焦虑外——这种焦虑直接针对生命工
程，毕竟生命工程直接减少了不同基因之间交合的机会，不是让
一个生命按自己的意愿自生自长；生命工程是一种纯技术的系
统，它使物种的繁殖除了效率之外，毫无意义或结果——此外，
人们也惧怕性别差异的消失，这种恐惧使大家不会认识到物种的
积极毁灭正是生命之谜。通过细胞分裂、单性生殖，或当前可行
的克隆技术可以进行生命复制。与之相反，性别差异依赖于基因
系的延续，而基因系的延续则需它与大量异于自己的基因系交
合。差异性的相互交合构成了三种有关生物特质和差异的主要
结构：

　　首先，生物的延续性通过一种特定的发展模式，在此模式
下，一个生命既不能随着时间的流逝还简单地保持其原有状态
（一副尸体的样子），也不能每时每刻地毫无联系地发生剧变；
发展模式是这种或那种特殊物体的发展过程。但是发展模式的底
层形态只有在形成的过程完成后才会被知晓，而且不按逻辑来运
行。也就是说，这个过程从不能确定要达到什么差异程度才会增
加该自然物种的复杂性，才会将该物种的第一个亚物种扩散演变

为另一个物种。换言之，我们不能弄清楚性别差异的产生是一个物种延续到最大化的结果，或者它预示着物种正走向最终的灭绝，还是在继续发展扩大。生命的延续需要一定程度上的持续破坏性力量，不论是单个物种特有的内在闭合形式，还是生物物种本身。人们无法决定的是，死亡要达到什么程度才能代表一种方式，一种能决定一个物种受其他物种影响是繁衍或是消亡的方式。

其次，作为生物进化和生存的动力，性别差异通过上千种细微的灭绝，有力证明了一个更为复杂的过程：如果生物体仅仅由生存的经济效益所决定，那么我们很难想象生物的复杂多样性将怎样发展下去；有人设想，生物复杂多样性的产生，要么是在生物繁殖冗余时，要么则伴随着当前的物种平衡状态与差异是否相称，会不会立即产生有用的差异。立即产生的差异和有风险性的繁殖冗余之间的关系与性别差异密切相关：简单的克隆能以两倍于两性繁殖的速度繁衍出下一代，但是其产生复杂突变的能力却减弱了。性别差异使生命的突变能力越来越强，而克隆则刚好相反。以人类来看，性别差异之所以存在，似乎是因为它带来的益处明显高于并远远超出了物种延续带来的可计算的益处。性征可能会阻碍身体的有机运行——包括孔雀羽毛、硅胶隆胸、高跟鞋等——这样就使得生物之间的界限缺少稳定性，让一个物种的视觉、听觉和嗅觉变得与其他物种无异。基于性别差异的诱因，发展模式所发生的转变随即证明了一条生命法则，即生命的延续性以及生命对个体的忽视。如果情况不是如此，如果生命体所有的行为和应激行为都基于自身的生存，那么可以说一切生命将会终结。性别差异似乎是一种标志，它解释了有机生命体为了生命的存活而超越自己，以及生命挣脱了固定形式而发展成了生命的这个大概过程。同时，以上所述也说明了有性别差异的生命体不仅体现在有机生命体中，即使所有关于性别差异的特征、逻辑法则和道德标准均被一种因失去物体特性而失去性别差异的恐惧感所笼罩。

最后，性别差异的核心是一种积极的物种灭绝趋势：性别差异在有机体自身的生存中作用较小，更大作用在于形成生命体及其差异，有机体得以生存主要是因为它与其他基因系的交合——这种生存与之前谈及的模式不同。不仅如此，性别差异是靠着一个生命系而不是单个生命繁衍下去的。有人可能会注意到，某一物种灭绝极有可能导致整体上的性别消失，继而是有机生命体的灭绝；作为有机物种之一，人类正是害怕有界限的性别差异的这种依附关系，害怕某个物种灭绝，现在才不得不面对物种灭绝这个问题。接下来，一种超出有界限的生命组织的差异——可能不是有差异或无差异，它不再关系到自我维系，却以社会性别差异的所有道德标准体现出来，它标志着规范化的生命特征。

正如之前提到的那样，一直以来人们心中都存在一种对性别差异消失的焦虑，因为无性繁殖只是单纯繁衍无意义、无特征、无特定个体状态的生命。如果生命只是简单地保持其原有的状态，没有演变，没有发展，也不生成新的样态，那么该生物最终只能成为一个物质，一个千篇一律、毫无特征的无机生物体。不过演变发展的主体得是固定的、有标识性的物种，换言之，在演变发展过程中，规定该物种的基因系需保持持续可识别的稳定性，才能维持该物种的同一性和相异性。即便如此，除了人们对性别无差异的忧虑外，人们也特别强调通过同一物种不同个体间的联系而产生新的繁衍，不赞成超出物种范围外的异性繁衍。正是这种关于性别差异的价值取向——可以容许具有固定形式、可以自我识别的生命具有相异性，如今由于人类灭绝的危险以及性别差异日益缩小的严重情况，这种价值取向已不再被认可。如果要我对以上情况作出一个总结，我认为正是性别差异以及它带来的直观想象才支撑起了人类有机体的自杀式逻辑。

　　根据这种直观想象，生命体以其适当、固定且有机的形体，肯定会通过与其他物种的独特的交合方式来实现自我演变。如若不然，该生命体将得不到自我物种的演变进化，继而导致该物种固定形态的灭迹。不过这种演变不是基于自身原有形态，一定不能过于开放，否则该物种会有被完全淘汰的危险。合宜的性别差异需与相异性直接相关，它能立即加强物种内在形式的界限稳定性，但同时也保持了它通过与它的另一半异性交合来实现的创造潜能。人们不允许的是被称为无性别差异的简单的物种繁衍模式和模拟，或者说一种混乱而不固定的生命繁衍模式，这种模式无论对于物种本身，还是对于物种个体与整体之间的关系均无意义。合宜的两性结合应是双方叠加后任何一方都大于其自身的潜能，不仅仅把对方看成消费的对象或简单的存在，而是视之为另一种能改变现有生活、共同创造未来的开放式关系。这样合宜的两性结合需避免两个极端：一个极端是彻底固定的生命形式——完全实物化、不再演变；另一个极端是繁衍出的差异不加限制，以致失去了自身的特质。

　　难道就没有一种规范的性别差异规则，一种似乎可以阻止由无性繁殖、随意繁殖、盲目繁殖、封闭式繁殖所带来的混乱，跟设想中一样让我们不再去考虑积极的性别消失和灭绝，让人们积极面对目前的生存环境？随着人类物种的灭绝和性别消失这些问题变得可能、可以想象甚至可以预期，我们或许会问，为什么会存在一种支持生命体界限和意义的应急形式？今天，人类设想了许多没有性别差异的场景，包括干细胞可生成精子的研究——这也许是女同性恋夫妻的福音，也包括生物进化在性别上让男性特征灭绝，甚至人们还进一步设想了所有有机生命都将会被淘汰，从而各种形式的性别分化都将消失，让其他形态的微生物（可能）开始新的生命发展。

　　有人可能会提出，这是一种实实在在的威胁，一种直接由有机生命的生存法则、性别分化的生存形式、物种的自我维持所带来的被淘汰和被灭绝的威胁。因为人类这个有机生命体害怕性别差异消失，害怕失去自身特性，害怕失去这个物种固定、分化明了的世界，才使得人类无法想象也考虑不到，更不允许那些超出自己感官所能捕捉的差异和旋律的存在。也就是说，这种规范化的、为了创造后代而结成的两性模式，把超出自己固定生命形式以外的性别差异和繁衍方式排除开来，正是它超出生态、政体、有机体、理性和人类范畴外的一种生命意义的传播。有人可能会说，人们正是因为坚持一种合宜的性别差异——一种不会让自己的物种在混乱中灭绝，并努力维持自己独特的基因系的性别差异，才会导致所有物种性别差异的消失和灭绝。确实，当性别出现超出有机体双性范围外的其他可能性时，流行文化和理论都作出了回应，重申规范化的生命形象，这种规范向来将人类封闭在自杀式的生存逻辑里。人类对无性别差异的恐惧——这是一种超出固定生命形态的循环、交换和繁殖方式，完全将自己囚禁于封闭的同一性逻辑中。

目前，人们持续关注的仍然是性别差异带来了生命和繁衍，包括爱情和两性结合，这会阻碍人们去认识生命体以外的那些力量，而这些外力对于我们的生存环境至关重要。由于人们只认可固定的生物种类之间的差异，我们一直以来都无法去思考那些超出我们视界的生命体系和力量体系的差异。

注　释

[1] 我们可能会问，为什么这篇文章从德里达有关兽性的理论研究转向了传统存在主义的"自我与他者"？介于人类与大闪蝶之间的路线有很多，为什么二元对立论的对立方一定得非此即彼？在其他两篇关于动物与人类的关系的文章中，即阿甘本的《开放性》，德勒兹和伽塔里合著的

《千座高原》里描述的正在形成的高原，均表明人类占据了首要地位。尽管所有这些文章都对人类的特殊性和人类至上主义提出了挑战，但它们都有两个相同点：首先，人类与动物的关系是引出生命及其发展的关键点；其次，关于未来的问题，以及人类的物种界限被打破的问题，无论如何，总会随着有机生命的繁衍而出现。德勒兹和伽塔里指出人类之于动物的关系是无法模拟的，也无关同情和共鸣，但却会从中提炼出一些特点并形成一些解放性思想，包括对活着的有机生命的新认识，最重要的是对女性存在的新认识。尽管上述思想有被摒弃的趋势，他们关于"发展女性"的观点一直以来要么被谴责为从女性身上夺去了"女性"的力量，要么就像最近一段时间，他们似乎又在为女性的逻辑辩护，欲以一种救赎的心态维持这种逻辑。本文认为，德勒兹和伽塔里想把研究点从动物的发展和女性的发展转向不可感知领域的发展——思考人类有机体不复存在的情形，他们努力在当前的理论研究中转向生命与实践，无奈这种努力受阻了。

引用文献

Agamben, Giorgio. *The Open*: *Man and Animal*. Trans. Kevin Attell. Stanford, CA: Stanford University Press, 2004.

Badiou, Alain. *Saint Paul*: *The Foundation of Universalism*. Trans. Ray Brassier. Stanford, CA: Stanford University Press, 2003.

Butler, Judith. *Giving an Account of Oneself*. New York: Fordham University Press, 2005.

—. *Precarious Life*: *The Powers of Mourning and Violence*. London: Verso, 2004.

Deleuze, Gilles and Felix Guattari. *A Thousand Plateaus*: *Capitalism and Schizophrenia*. Trans. Brian Massumi. Minneapolis: University of Minnesota Press, 1987.

Derrida, Jacques. *The Animal That Therefore I Am*. Ed. Marie-Louise Mallet. Trans. David Wills. New York: Fordham University Press, 2008.

Hardt, Michael and Antonio Negri. *Empire*. Cambridge, MA: Harvard University Press, 2000.

　　—. *Multitude*: *War and Democracy in the Age of Empire.* New York: Penguin, 2004.

（许敏　译）

第七章

非物种入侵

——晚期资本主义的生态逻辑

詹森·格罗夫斯（Jason Groves）

　　你能如何对付一个不受政府管辖，没有资金交易痕迹，并且丝毫不因残害妇女儿童而感到不安的对手呢？在"卡塔琳娜"飓风灾后一周年纪念日上，一家名为"保护美国"的非营利性组织（该组织是由几家保险公司组成的呼吁提供公共基金的财团）在《纽约时报》上刊登的一则广告中如是呐喊。在下面这句话中，看不见真面目的这个敌人突然出现在地球的表面。这个敌人就是大自然母亲。于是，在 2005 年 8 月 29 日，大自然以"卡塔琳娜"飓风的形式，使 1836 人丧生，毁灭了比英国国土面积还大的一片地区，同时造成了超过一亿美元的经济损失。无须担心的是，大多数报道称，"卡塔琳娜"飓风仍然是一次非自然灾难。由于人们在战略上的疏忽大意，它从一次大气扰动演变成为"在不宣而战的美国内战中先发制人的一击"（12）（汤姆·科恩和迈克·希尔语）。目前，这些都与主题无关。"保护美国"这个组织的失算在于它对政治生态学的无视，即认为未来的灾难会以飓风、地震、暴风雨或任何其他离散气象或地震的形式，从远处的地下或大气层而来。

敌人是大自然母亲

尤其是在物种的迁徙、大爆炸、扩展和收缩集中被冠以"生物入侵"之名时，生物物理界的增殖在生态和经济领域越来越被感知和构想为 21 世纪的彻头彻尾的灾难。从微生物到巨型动物，从食人藻到鼠患和橡胶藤灾害，不同物种正在参与地球历史上规模空前的迁徙大潮。无论是在货柜船的压载舱里，还是在军用运输机的起落架上，生物物理界的运动永不停歇。罗伯特·卡普兰在其著作《乱世将临》中呼吁建立动态制图，以展现这种瞬息万变的混乱局面。这一呼吁对于今天的生态学而言恰到好处却又难以实现，正如它在 1994 年对于政治科学那样（75）。查尔斯·埃尔顿在其影响巨大的著作《生态入侵》中写道："别搞错了，我们生活在这样一个历史时期：来自世界各地的成千上万种生物体相互混杂，由此正在自然界引起诸多可怕的混乱。"（8）然而，这些非人类生命的新型配置扩散得如此广泛，以至于早已渗透到了迁徙地本身，并且在这一过程中使混乱自然化。易位的生命大爆炸导致了生物地方特殊性的终结，即使那些物种的概念化与生物入侵（其他一些常见的名称包括非本土物种、异地物种和外来物种）保证要维持边界和有限群落的完整性，但是这种情况只有在那些群落对超亲和死亡具有十足的敏感性和感受性才有效。换言之，对入侵的接受，即几乎每个生态系统对之前非本地的物种的"热情地接待"，暗中破坏了人们从字面上对"入侵"一词的认识，从而渐渐远离了入侵生物学中的本意。所谓"生物入侵"，或"物种入侵"，可以解读为畸形的非物种入侵生物物种。正如雅克·德里达所解释的那样："迄今莫可名状——自我告白、可以这样做……只有在非物种的种类里，以无形、无声、幼稚、可怕和畸形的形式存在。"（"Structure" 292 – 293）

像文化批判（kulturkritik）一样，"生物入侵"这个词本身就带有进攻的意味。这绝不是由于希腊语词缀"生命"（bios）和拉丁语词根"入侵"（vadere）这两个词之间的碰撞而成。这个多义词本身展示了这样的场景：入侵、侵入领土和暂时性侵入、无视语言礼仪和已野生化的古代遗物。然而，这一系列令人不可思议的场景既在生物学话语又在公众的想象中找到了立足点。后者主要回应的是对一种应然的本土主义的表达诉求，而前者则坚持认为它仅仅是一种对那些在太空中漫步的生命形式的描述罢了。但是如果意识形态可以被不加限制地定义为一种伪装成描述的命令的话，那么生物入侵——与其保护措施联系紧密，并且与其消灭非本土物种的温和说教有密切关系——可能与一种保守的意识形态分不开。然而，在蓬勃发展的入侵生物学领域内一直存在着喋喋不休的术语争论。无论这些争论如何"解构"，或以其他方式小心翼翼地追查（或否认）意识形态的言外之意，都常常难以对陆地生物自身的突变程度作出评论，更不要说引入像"入侵"这类关键词会阻挠重要生态概念的清晰表述了。[1]呼吁"解除入侵生物学的武装"也就无非如此罢了，因为入侵物种的运动常常可能被军事扩张所掩盖。例如，美国军用运输机把最多产的棕树蛇引入关岛就是一个典型案例。[2]随着与日俱增的坚持，非人类生命的诸多配置改变与农业和经济系统之间产生了碰撞，而碰撞又需要能够理解（包含）这些新兴和应急的生物地理学模型，但是人类和非人类生命的空间分布发生了一些相对较新的根本变化，从而使次序颠倒的本土主义和过于简单化的二分法（本地的对外来的；入侵的对非入侵的；本土的对非本土的）丧失合法性，因为只有生物学能够解释这些变化的原因。正是多境起源种的传播而不是词汇本身的歧义坚持隐去了怀有敌意的大自然及其主动善待人类的形象。生物防范——无论是地图上的、概念上的、提倡保护自然资源的还是保障性的——越来越使人惘然。通过这些二分法，被严格强加于土地的概念框架可能为感知材料对地面的影响担责（环境恶化，生物多样性急剧下降，资源不断减少）仍然多半似是而非；最不需要的是在生物入侵领域中，在语言行为和历史事件之间存在一些关键认识上的纠葛，如果没有识别完整的相当多的档案文件的话。虽然入侵生物学（其意识形态特征可以通过与自然保护主义者的需求之间的联系判定）上的经营高手似乎已保证了更具实质性的重要投资，但是在理论上对驯化的伴生物种关注大大超过了对入侵物种的关注，因为后者毕竟不容易实施。然而，未驯化的，或者我们应该说未引种驯化的物种也是我们的伴生种：在1987—1989年，俄罗斯的小麦蚜虫吃掉了美国价值约为6亿美元的粮食作物（值得注意的是，在此后的报道中，损失明显下降）（US Congress）。入侵物种对主要的地理范式也非常关键：不仅仅是人类地理学家，而且那些被确定为入侵者的迁徙物种也在忙于拆除路易斯和威根所谓的"大陆的神话"。除非学术机构的参与，由地理学家正式提出的构想中的一场危机，即大陆的清算方案，将继续强劲地发生。更重要的是，并且还没有完全考虑到的是，来自既定边界的未驯化物种的汹涌爆发显示出了非人类生命为其自身扩散而投机性地占用时空压缩（所谓的全球化）的惊人能力。

泛大陆的重建，或基础设施的慷慨相助

在建立全球交通运输基础设施时出现的所有重大变化中，最令人不安的可能是阿尔弗雷德·克罗斯比在《生态帝国主义》中所提到的"泛大陆的重建"：从生态学的角度来讲，如果这些支离破碎的超大陆的各种交通系统日益便利，那么地球上的不同大陆板块会不稳定地再次融入一个单一的超大陆（12）。尽管克罗斯比大体上认为各个大陆之间的空间是接缝多于裂缝，但是对

于大多数生物种类而言，光怪陆离的物种多样性大约在 1.8 亿年前就依赖于超大陆的分裂。此后，地质对迁徙造成不可逾越的阻碍和气象障碍的增加导致了跨洋生物质流动的减少。由于跨这些接缝的遗传物质的交换受到极大的限制，因此可能发生进化趋异，然后生物多样性可以蓬勃发展。这种格局——通常被认为是出自阿尔弗雷德·罗素·华莱士的大致沿着"泛大陆的接缝"将地球表面划分为六个截然不同的生物地理领域，随后又与构造板块联系在一起——诠释了过去 1.8 亿年间生物多样性的出现（Crosby 9－13）。然而，为华莱士广泛的田野调查扫清道路的工业、经济和军事技术设备同时也在致力于使这些进化系统和地理体系在生物地理学上显得过时。

生物入侵的爆发既是生态学的一个分水岭，也是在克罗斯比的论证中的一个巨大的盲点：飘移的外来传播体网络——首先搭乘帝国主义特使的顺风车，然后极大地促进了帝国的扩张（正如通过其他手段殖民一样）——标志着生物霸权计划有局限性。如今，克罗斯比所描述的"新欧洲"更接近于新泛大陆；当代生态学不再是帝国的，而是多国的，在绝大多数情况下是世界性的，而且在某些情况下是乌托邦式的无所不包的。让我们来看一位生物学家的一则趣闻吧。这位生物学家在 1976 年描述了一个爱猜想的南佛罗里达州人观察到的情景："一条鲜活的暹罗鲇鱼从满是亚洲软水草的运河中爬出来，而此时一群哥伦比亚鬣蜥则蹦蹦跳跳地穿过一片澳大利亚松树林（一群亚马孙长尾小鹦鹉在松树林的上空飞过）。"（Coates 2）然而，物种间的聚会暗中破坏了其自身的语言，因为出于分类学的考虑对于物种国籍的强调悍然无视"一点论"或"大陆的起源"的不合理性。这样的场景也需要对《生态帝国主义》中的开场白做出重大修改："欧洲移民遍布全球，这需要解释。"（Crosby 2）倘若由贸易推动的泛大陆的重构导致欧洲的生物霸权，那么与日俱增的生态意识表明今天正在发生的这场运动恰恰在走向反面。

鉴于克罗斯比的生物扩张是一条"单行道",当代生物入侵阐明了克罗斯比关于生物帝国主义的叙述。虽然18世纪以前的新欧洲的政治和生物的增殖不可否认是强有力的——曼努埃尔·德·兰达写道:"虽然一些美洲植物,包括玉米、土豆、西红柿、辣椒,的确'入侵'了欧洲,但是它们这样做仅仅是靠人类之手而不是由它们自己完成的。"(154)——但是通过征服而开辟的路线不止一个方向,因为这种传播更多的是行人散布的产物,而不是人工散布的产物。[3]正如本顿·麦凯曾经指出的那样,在工业帝国的生理机能中,源头亦是入口。因此,有关欧洲的生物毋庸置疑的论点需要作出两点修正:大多数易位生命的实例(超过了人类控制的范围)在今天发生,乃至于无法沉着地理解一个真理(即将发生什么),因为它更多的是一个自由自在的入侵者的问题。其次,原产于北美洲的物种已侵入欧洲,其频率与欧洲的物种侵入北美洲的频率一致。越来越明显,每有一艘船驶入新欧洲,必有一艘船从那里返回。去的船上运载的不仅有货物,还有能在这个新环境中生根发芽的种子;回来的船上不仅载有黄白之物,还载有更多"盲目的旅客"(指入侵物种)。

2007年《科学》杂志在一篇文章中生动地(倘若不经意地)刊登了一幅地图。该地图说明了上述重建的出现。[4]在此,亚洲、北美和欧洲之间辽阔的海洋空间实际上已被探测器填满(这些探测器为越洋旅行标明了方向,并且在北半球创造了一个新超大陆,即新劳亚古大陆。从制图而非从概念化的角度来讲,大陆的神话被打破了)。

由于规模过大,单个的点彼此渗透,形成了固定的路线。这使人想起连接各大陆和大岛的大陆桥。(如果也描绘空中旅行的话,那么肯定人行天桥也是如此;由加州大学洛杉矶分校的天体力学实验室的艾伦·科布林挥设想的闪烁的飞行网络预示了一些至今未知的动物传染病的传播路径。）这一推理只属于一个必要的失真，而这次事故的规模使另一个反直觉的主张在视觉上变得令人信服：大陆系统正进入一个生物地理过时的阶段。那么，这张海洋和陆地贸易地图究竟精确地绘制出了什么呢？这个问题必须经过这个仍然及时的"基础代表性问题"的检验（该问题由詹姆士在《地缘政治美学》一书中重点提出）：

> 柏格森就空间化思想的诱惑提出的警告在这样一个我们如此自豪的洲际弹道导弹和新红外与激光系统的时代中依然是通用的；在这样一个城市解散和再强迫集中居住的时代里，它甚至更及时。因为在这一时代里，我们可能会忍不住去想，沿着地图保险红线和由私人警察与监视部队把守的电网边境线行进，我们就可以用那种方法把社会绘制在地图上。然而，这两种图像只是生产方式本身的漫画（通常称之为晚期资本主义），其机制和动态在这个意义上是看不见的，不能通过卫星扫描探测其表面。因此这是一个基础的代表性问题——确实是一个史上新的、原模式标本问题。(2)

然而，对地图的表述行为的阅读却能够改变参照：从这些路线中所显现出来的不仅是一幅全球贸易漫画，同时也是一个完全不同的交通体系，即当前另一些看不见的直接散步路线。这些路线促进了动植物物种的交换，这在其规模和频度上是史无前例的。从这张地图中可以读出当代生态学的主要发展情况：今天非人类生命的空间分布越来越多的是这一全球超大陆的再次出现的结果，而这一全球超大陆则是通过服务于商业、军事和旅游部门的跨洲、越洋运输系统联系在一起的；新兴的生物地理学越来越少的是物种分布的自然历史进程的结果；换言之，板块构造、海底扩张、冰川作用、大陆漂移和其他主要的地貌因素已经使它们之间的关联由于军事扩张、工业发展、金融市场一体化、外国直接投资、跨国贸易协定和国际旅游——资本流动（这些消费品运送试样的分布和频率可以证实）——黯然失色。由巨大的地质作用建立的巨大的自然迁移障碍——曾经导致了物种分化——由于全球运输基础设施提供的便利正变得无足轻重。因此，泛大陆的重建并不预示着回归到原始的统一状态，而是构造团聚的进一步重复（不像地震那样频繁发生）。

在其他地方，绘制人类影响的地图的冲动比转向绘制社会地图的愿望存在更多的问题，在生态学想象中那变幻不定的足迹传播就是这种情况。消费足迹、碳足迹、水足迹：今天，人类的足迹在俄狄浦斯星上留下了标记，因为美国的平均生态足迹——衡量一个人类群体需要多少土地和水域才能生产它所消耗的资源和吸收它的废物——已经增加到9.4全球性公顷，或约100万平方英尺（世界自然基金会）。乍看，今天没有人需要以声名狼藉的底比斯的两足动物的方式提问，现在哪里会发现古人犯罪的足迹（很难找到）？然而，北半球的生态欠债，在工业和农业背景下，显然难以追踪。但是在那些本来未受人类活动干扰的陆地系统里没有留多少破坏性的遗产（其本身带有德里达在佛洛伊德基础上的亦步亦趋的痕迹）。这些生物入侵难以追踪的痕迹（没有熟悉的鸟鸣，没有持续的咳嗽，没有斑驳的树叶，在另一个砂质洋底没有海藻柔软的触角——表明了生物物理组织中一个基础性的转变。这种转变通常在地形构造方面没有记录）是无声的，而非仅仅是"沉寂的"和看似普通的，不过与任何其他气候变化形式相比在环境上可能更具破坏性和解构性。正如大卫·哈维与其他人分析过的那样：自相矛盾的是，生物区与本地变化的融会贯通导致了位点分解成"发生在不同尺度上的社会生态进程"的多面体融合（542）。

在跟随哈维和詹姆士到城邦之外，或者去城内少些危险几乎不空旷的地方的时候，我想指出，社会及其解体和其潜在的恢复达到一定的可见度，同时在生机勃勃的生态系统可能崩溃变为"杂草丛生的物种，文物古迹和幽灵鬼魂"的"生态贫民窟"时，引发一场查档案的热潮（Meyer 7）。

生物全球化和生态政治学的终结

这些大部分未在理论上证实和几乎没有实证的空间内包含一些痕迹——我建议这些痕迹引起（或重新引起）批评界的关注。在最少受制于行政控制、技术调解和经济波动的生态系统中，我们还是可以看出全球化的印记。柏格森和詹姆士发现，作出这一推断并没有落入陷阱。例如，整个生态系统中的"跨国物种"的扩散将会变成对如此多的企业集团的一幅幅讽刺漫画。这些非人类的、后宇宙的四海为家者不是讽刺漫画，而是讽刺产物（尽管这些产物滞销）。但它们意味着晚期资本主义和跨国公司分别在如何代写和承销整个地球生态系统。但是凡事都有两面性。令人震惊的不是大自然的蚕食——由于历史原因而褪去光环，被定义为"一束生态系统服务"（Kareiva 1869）——而是人们隐约地意识到全球化有跨物种传播的能力。仍然有这样的承诺——不断增长的生物安全专家队伍需认真考虑——这些阴森可怕的生态系统入侵将破坏那些无意中产生它们的生产模式。当物种为其自身的传播继续伺机占用全球交通基础设施之时，一种意想不到的全球化形式出现在地平线上：生物全球化。[6] 理解这种转变需要某种程度上的至关重要的气候变化：抛弃跨国资本中的那些温文尔雅的平常事物——那些空间被建筑师凯勒·伊斯特林清楚地表述为"组织空间"——并且目前在被全球化非故意格式化的过程中走向未完全被工具化的外围空间：越来越多世界性的和跨国性的生命系统正在占据着溪流、山谷、湖泊、草地、森林和热带岛屿。[7]

　　在市场众所周知地渗入最私密、最外围的空间以及在政治和批评理论中站得住脚的距离概念也随之失去了作用之后，令人尴尬的是，这类对于改变关键场所的呼吁似乎来得太迟。当我们想起航线的形象和描述全球经济基础设施支持当代生物地理学重构的著作时，这种冗余就可能被放大了。然而，即使是当地生态社区的自然历史产物得益于全球经济体系（从通导的意义来讲，既是多产的也是毁灭性的），即使是剩下的"未受破坏"的生态系统的"完整性"和健康越来越依赖于生态环境保护者们的管理，被称为生态入侵的生命位移意味着这些突变的生态系统并不能简单地融入起主导作用的经济系统中。这使得整件事情妙趣横生。当蒂莫西·莫顿提供了一个令人信服的关于"无本质生态系统"的解释时，未经管理的入侵生态系统就展现了一个"流浪生态系统"的难题——这是被剥夺了家庭审美意识形态的生态思想，它不被驯服，要求一个在已可感知的程度上不准备改变不可避免的人类形态学的关键的陆地词汇。

　　"敌人是大自然"，在这句话彻底的绝望中，家园般的自然经济系统的局限性不彰自明。不只是一个负责人的母亲使得"自然"成了敌人，这必须被理解为一种原始积累的形式，理解为与自然为敌的第一枪。因此，它受限制于好客法则（从统计上说，也包括那些排外的失误），最终受限于人的家计管理法则。"我们不知道它是什么，热情好客。"在这样一个生物入侵的时代里，德里达关于这句话的理解可以作为一次定位的关键支点。康德把永恒和平的第三条件定义为"好客"。德里达又在沃特的基础上将之解释为"支配着整个经济学和氏族法则"。然而，当被异域植物所占领的生态系统越来越超越氏族法则时，"好客"的主题又是什么呢?[8]物种入侵并未给"好客"造成新的挑战——恐惧来自生态系统对外来生物的容纳性——而是说明了"好客"，或潜在的

"好客"，自相矛盾地自我隐瞒。把野生生态系统与"自然"（如生态系统服务群）合并计划的局限性是显而易见的，因为多数目前未被人类或公司福利所占用的生态系统正在亏本运转。

一些预算数据以经济学术语记录生态系统：发达国家占用了全球将近一半的净初级生产力，消耗了海底大陆架三分之一以上的生产力，使用了大部分的淡水径流，经营着 3.6 万多座水坝。这些预算和其他数据一起说明了生物物理世界的大多数成员的迁徙运动都受到政治、管理和一些经济因素的约束。在这一"被管理的世界"（阿多诺）中，一种不受控制、不受管理、不收约束的生命流通正在以入侵的形式显现出来。这一现象开始侵蚀僵硬的概念框架和常用的比喻手法——包括那些显示为多起源的惯用语句本身。更有甚者，由于人们先入为主地认为生态系统（农业等）具有稳定性，而基于这一假设的经济体制也受到其侵蚀。人们严重低估了生态系统对于外来者和入侵者的容纳能力。[9]作为对这种全球范围内受到的抑制回应，物种入侵挫败了人类在全球范围内将生态系统与经济系统相调和的企图，使得人类咎由自取的农业危机变本加厉。它预示着多个物种对人类生活所有领域的入侵，也包括政治领域。从这个意义上讲，在生态学中对于"入侵"一词的著述，或者说是代替了著述的比喻，可以被解读为所谓生态政治学（继汉娜·阿伦德特之后，安吉拉·米特罗普洛斯提出了生态政治学的术语）的弊病之所在。在大众（共有的）与私人（企业的）的混杂中，在政治学想要在"一家的和全国的"土地上确保一种"熟悉而规范的格局"的尝试中，我们可以更清楚地看到这一点。

此外，如果对生态政治学稍微客气一点的话，我们可以提出这一问题：作为塑造生态系统的两种主要力量，如果栖息地消失和物种入侵能够改变生态系统（作为一个旧词新义，它意味着小窝或贫民窟，而不是富裕的单一氏族家庭）的构成，那么，这种实际上重新适应了旧群体的离去和新群体的占领的生态政治学预示了什么呢？对本文的研究范围来讲，这一问题过于高深，然而随着生态政治学的没落，兴起了政治生态学，无论它是多么粗浅。随着野生生态系统的兴起，生态学的面貌会有所改变，但是作为其基础的政治学和对当地特定而规范的布局项目却会完好无损。在一个生态入侵的时代，与生态系统的没落相比，生态政治学的破产只是小巫见大巫。

> 当你描述住所时总会遗漏一些特征。当你描述所来之地的特征时，你会看着窗户外的动物和植物，即使你并没有直接认出它们。我们缺失一种清晰的存在感，这是不正常的。这可以归结为：我的家在哪里？（Burdick 11）

这并不仅仅是一个关于房子的问题。不久前，阿多诺已经发现了园丁（比如上面所提到的《逐出伊甸园——生物入侵的漫漫长路》中的生物学家）的那看来似乎与政治无关的"保护之手"和对移民的极端敌意之间的关联性。

> 这些关怀的人们至今依然照料着小花园，仿佛它还没有变成一个"场地"，然而他们小心翼翼地挡住未知的入侵者，拒绝为难民提供政治避难所。（34）

难怪克林顿总统在同一任期内于 1999 年颁布了 13112 号总统令，授权美国联邦机构阻止引进，并且（或者）控制外来入侵物种的传播；这种入侵物种的传播在 1994 年促使美国和墨西哥创立守门员行动对边境实行了军事化。按照迈克·戴维斯的话说，这两件事并非无的放矢，而是对本土主义"烈火烹油"。然而，在本土主义变得日渐荒谬之前，在非物种的频繁入侵之前，由生态之家向生态场地蜕化的规模就足以贯穿当时的政治惯例（甚至包括移民政策）而并不是相反。

散　播

> 尽管在科技手段协助下的散播过程有其冒险的一面，生物生命利用新机遇的渴望说明了它们具有能动性、扩散性和自我转变的能力，这对于任何人类原理都是不可或缺的，更不要说技术器械发展中的任何一个时刻了。（Clark 104）

这一关键的形势变化的任务不再考虑全球化是以何种程度干预、组织、缓和与铭记生命系统，或与此相反受到其影响的；而是位移生命的激增要求人们思考生物物理世界本身是如何利用基础设施的慷慨和运输业来为其自身的散播和增殖服务的。迈克尔·波伦在《植物的欲望》一书中提出了这一使然作用的转化：如果植物是在为其自身的增殖而压榨我们，而不是与此相反，那么我们该怎么办呢？然而，如果这一角度的转化一发不可收拾，只留下人类的好朋友波伦乐意居住的封闭的花园，又该怎么样呢？这一观点在生物全球化中也许会发现一种极端而可能存在争议的情况，即所谓的"自下而上的全球化"。这样一来，我们就跟上了奈杰尔·克拉克的观点，他认为，"这种全球化没有其最终的底线，使人容易脱离已经人道主义化的范畴"。

凭借其十足的非领土化能力、从属关系的多元化，以及对突变和杂种培植的开明态度，物种散播以一种解构主义形态运转，远远超越了那些文本字段中对其漫无目的地限制。精液和精子之间，种子和元素之间偶发的亲嗣关系的开拓就是物种散布的全部过程：找到新的通道、新的通信网络、新的传染导向和门路，以及繁殖的潜力。物种散布的生物形态也利用了那些纯属偶然的相似性：对于传播体而言，即漂浮的木料堆与蒸汽船的甲板，持续的大风与轮船的航行，以及大陆桥与波音 747 的起落架之间的相似性。此外，《飞行的信号物》提出："散播瓦解的力量和形式扩充了语义范围。"（Derrida, *Points* 41）在生态大爆炸的今天，物种散播不仅广泛形成于生命分布的大动荡中，而且首先出现在"一些活的有机体数量上的巨大增长中"。（Elton 1）埃尔顿推广了这种对"爆炸"一词的新奇用法，这种用法本身表示了词语"爆炸"从其固定的语义范围中的一次爆炸。埃尔顿在其《入侵生态学》一书的开始页中证实道："我故意使用了'爆炸'一词，因为它意味着从被其他力量的控制中解脱出来。"的确，这一词原本用来描述观众们由于不满足演员的表演质量而对演员喝倒彩的情形。《牛津英语大词典》证实了埃尔顿的词源说明："爆炸：鼓掌把演员轰下台；带着不以为然的表情赶开；贬低；耻辱的驱逐。"作为隐喻的"生态大爆炸"同时也是一个隐喻的爆炸：生态学专著中寓言的爆发和单义的分解，此外还是从剧院到旷野的一次突破词义范围的"爆炸"：爆炸变得一发不可收拾。如果物种散布的爆发并未侵害到一个又一个边界的话，那么物种入侵又预示了什么呢？相反的情况同样需要我们考虑：物种入侵标志着生态系统的向心力，这也就成了生态系统向不受任何人类学约束的范围的突变。

利用新机遇的意愿

然而，如果回到一个较早的观点，奈杰尔·克拉克那令人信服的暗示——物种入侵那爆发性的散布可以归咎于一种多形态的、固执的"利用新机遇的意愿"——依然触犯到了占主导地位的科学情感。一项对于生态学文献的研究表明，人们不愿脱离人类起源学去想波伦关于散布的可能性。人们从书中读到："正如地球上主要的分散物维管束植物一样，人类超越了自然的力量。"
（Mack and Lonsdale 95）更新更广泛的说法认为："虽然比起物种
传播的自然机制，人类媒介更频繁、更高效，并且进化史上独一
无二。"然而，关于"以人作为散布媒介"的最初的表述可能来
自 1958 年植物学家 F. R. 福斯伯格的一次谈话，这次谈话被限制
于农业范围内被驯化的物种，而其增殖和保养则依靠园艺师护理
下的各个生命阶段。然而，物种的传播越来越牵涉到在未经有效
管理的边缘地区内"逃跑的"和不属预定目标的非物种。

　　在这种农业空间之外，人类媒介究竟能在多大程度上成为这
种无意的增殖的可靠依托，这依然令人高度怀疑。例如，澳大利
亚的大多数毒草中都包含那些为了园林观赏而故意进口的异域植
物。然而即便如此，它们在园林空间之外的增殖不利用新机遇的
意愿是办不到的。如果有人能这样说的话，生物入侵的问题正是
基于人类物种对生态系统极端的不负责任，以及生物生命对科技
发展那同样过激的反应能力。

　　在这篇论文和人类学机器都要接近尾声的时候，我推荐大家
看一下美国文学中关键性的一段文字，即科马克·麦卡锡的
《血红子午线》的结尾。以美国历史上的一个关键时刻（即紧接
着殖民地开拓和西南部种族灭绝之后的几年里）为背景，小说
的最后一幕发生在一个坐落在战区的简陋的剧场兼妓院。这里只
有堆成了山的野牛骨架，屠杀后留下的血液早已蒸发。在这一场
景中，一头穿着衬裙的熊在手风琴的伴奏下翩翩起舞，在他人的
醉酒滋事中被射杀。这头熊虽然流了许多血，却继续以一种怪诞
而僵直的姿势跳着，直到它倒下来死掉。古怪的法官霍尔登，无
与伦比的非物种，开始对小说的主角，即台上的那个孩子讲起了
话。法官说："台上的空间能容下而且只能容下一头野兽了，而
其他那些则注定是为了那永恒的无名之夜而准备的。无论跳舞还
是不跳舞的熊，都会一个接一个地步入地脚灯之外的黑暗之

中。"法官霍尔登所描述的是对一类物种的诠释，这类物种的特征存在于一个任性的观众的印象中。它会不断地激增，直到把其他所有的演员都挤下舞台。就像在一个全民皆兵的国家中的一个极权主义口号听起来那么明确，大家都相信，由环境和金融危机所造成的破坏替代了这种过时的不对称，而这种破坏力由于四处的战争而极大地增强。随着当前的生态环境保护者针对那些不能及时适应气候变化的物种提出了"管理再布置"和"协助驱逐"的计划，一些新的（资金更雄厚的）政府机构和生物安全机构开始被建立起来，以防止入侵物种涌入国家。然而，这些看似相反的活动与那些和栖息地破坏挂钩的商业活动财富相结合——也就是，要确保把生物圈置于政治、行政和商业的控制下。在霍尔登法官的所有头衔（猎头者、自然历史学家、科学家和政客）中，他那传奇般的分类账簿使得他以一个预算管理者的身份而著称。而在这个账簿中，他写入了他的人类学发现。

　　没有哪一样被造物不是我不知道的，没有哪一样被造物不是我不赞同的。他向外看着他们宿营的黑暗森林。他向他所收集的样本点了点头。他说，这些匿名的生物在这个世界上也许看起来微不足道。然而连最微小的尘埃也能吞噬我们。任何藏在远处岩石下最微小的东西是人类未知的。只有自然能奴役人们，也只有在每一个最后的实体被唤醒并且不加掩饰地呈现在他面前时，他才能成为适当的土地宗主。法官把他的手放在地上，他看着他的检察官。他说，这就是我的要求。到处都是成堆的自治生命。为了占有它，除了我的分配之外不能允许任何事情发生。（199）

但是那些信服于辩证法突变的宗主和管理者都属于毁坏的神话。在我们的生态系统之战中，只有有限的和零零散散的控制可以被实施。对现代技术而言，生物迁徙的新方式过于根深蒂固而不能被取消，否则将会引起全球经济的总崩溃。同时，都市空间分布得过于散乱，以至于大多数物种不能独立通过。正如人们对其巧妙的称呼，如果没有进一步的注意，那么这些政府机构和霍尔登法官的语言将会依然是某种安全场所。

注　释

　　[1]　参见 Keulartz and Van der Weele。

　　[2]　参见 Larson。

　　[3]　"1954 年，英国杜伦大学探索协会爱尔兰远征队回到英格兰"，H. T. 克里德福写道，"成员们被告之要刮掉在远征期间任何鞋子上所沾的泥土，但在他们开始返回的时候，不要这样做"（129—130）。当这些泥土样本被放置在未加热的温室里的无菌罐里时，这项具独创性的实验的结果是令人振奋的：从 22.1 克的干泥土里生长出 65 种植物。在后面的实验中也使用了作者的靴子，仅一只靴子上的泥土样本就生长出 176 棵早熟禾的籽苗。

　　[4]　参见 Kareiva et al. 。

　　[5]　引自 Peter Kareiva, Sean Watts, Robert McDonald and Tim Boucher, "Domesticated Nature: Shaping Landscapes and Ecosystems for Human Welfare", *Science* (29 June 2007): 1866 - 1869。经美国艺术与科学院许可重印。读者可以查看、浏览或为临时复制的目的下载，只要这些使用是个人非商业目的就被许可。除法律规定之外，这个材料未经出版社事先书面许可，不得进一步被复制、发行、传播、修改、改编、表演、展出、出版或者全部或部分销售。

　　[6]　参见 Mark Davis。

　　[7]　参见 Easterling。

　　[8]　正如《华尔街日报》最近所报道的，全球止赎权危机已经引发了无希望的生态系统：后院游泳池。成千上万的止赎房产的游泳池迅速地从化学浴转为春季池。"卡塔琳娜"飓风过后，市官员们率先将大肚鱼（就

是人们通常所知的食蚊鱼）引入这些泳池。现在这些鱼被称为"止赎鱼"，这些生物表明了被遗弃的房子的容量，凭借自身能力转变为一个生态系统。"这种食蚊鱼非常适应长时间的楼市低迷。它们是顽强的生物，胃口很大。它们能在氧气耗尽的泳池里生存好几个月，每天吃掉 500 个幼虫，一个月产下 60 个鱼苗。"（Corkey）

［9］参见 Sanderson et al. 。

［10］参见 McLachan, Hellman, and Schwartz 的 "A Framework for Debate of Assisted Migration in an Era of Climate Change"。

引用文献

Adorno, Theodor. *Minima Moralia: Reflections on Damaged Life.* Trans. E. F. N. Jephcott. London: Verso, 1984.

Burdick, Alan. *Out of Eden: An Odyssey of Ecological Invasion.* New York: Farrar, Strauss & Giroux, 2005.

Clark, Nigel. "The Demon-Seed: Bioinvasion as the Unsettling of Environmental Cosmopolitanism. " *Theory, Culture & Society* 19 (2002): 101 – 125.

Clifford, H. T. "Seed Dispersal on Footwear. " *Proceedings of the Botanical Society of the British Isles* 2 (1956): 129 – 130.

Coates, Peter. *American Perceptions of Immigrant and Invasive Species: Strangers on the Land.* Berkeley: University of California Press, 2006.

Cohen, Tom and Mike Hill. "Introduction: Black Swans and Pop-up Militias: War and the 'Re-rolling' of Imagination. " *The Global South* 3. 1 (2009): 1 – 17.

Corkey, Michael. "For Mortgages Underwater, Help Swims in. " *Wall Street Journal* 9 May 2008, eastern ed. : A1 + .

Crosby, Alfred W. *Ecological Imperialism: The Biological Expansion of Europe, 900 – 1900.* New York: Cambridge University Press, 1986.

Davis, Mark. "Biotic Globalization: Does Competition from Introduced Species Threaten Biodiversity. " *Bioscience* 53 (2003): 481 – 489.

Davis, Mike. Introduction. *Operation Gatekeeper.* By Josesph Nevins. New York: Routledge, 2001. 1 – 11.

De Landa, Manuel. *A Thousand Years of Nonlinear History.* New York: Swerve, 2002.

Derrida, Jacques. "Hostipitality." *Angelaki* 5. 3 (2000): 5 – 18.

—. *Points. . . : Interviews, 1974 – 1994.* Trans. Peggy Kampf. Stanford: Stanford University Press, 1995.

—. "Structure, Sign, and Play in the Discourse of the Human Sciences." *Writing and Difference.* Trans. Alan Bass. Chicago: University of Chicago Press, 1978. 278 – 93.

Easterling, Keller. *Organization Space.* Cambridge: MIT Press, 1999.

Elton, Charles S. *The Ecology of Invasions by Animals and Plants.* London: Methuen, 1958.

Fosberg, F. R. "Man as a Dispersal Agent." *The Southwestern Naturalist* 3 (1958): 1 – 6.

Harvey, David. "Cosmopolitanism and the Banality of Geographical Evils." *Public Culture* 12: 2 (2000): 529 – 564.

Jameson, Fredric. *The Geopolitical Aesthetic: Cinema and Space in the World System.* Bloomington: Indiana University Press, 1992.

Kaplan, Robert D. "The Coming Anarchy." *The Atlantic Monthly* 273. 2 (1994): 44 – 76.

Kareiva, Peter, et al. "Domesticated Nature: Shaping Landscapes and Ecosystems for Human Welfare." *Science* 316 (2007): 1866 – 1869.

Keulartz, Jozef and Cor Van der Weele. "Framing and Reframing in Invasion Biology." *Configurations* 16 (2008): 93 – 115.

Kowarik, I. and M. von der Lippe. "Pathways in Plant Invasions." *Biological Invasions. Ecological Studies* 193 (2007): 29 – 47.

Larson, Brendon. "The War of the Roses: Demilitarizing Invasion Biology." *Frontiers in Ecology and Environment* 3. 9 (2005): 495 – 500.

Lewis, Martin W. and KarenWigen. *The Myth of Continents: A Critique of*

Metageography. Berkeley: University of California Press, 1997.

Mack, R. N. and W. M. Lonsdale. "Humans as Global Plant Dispersers: Getting More than We Bargained for." *Bioscience* 51. 2 (2001): 95 – 102.

McCarthy, Cormac. *Blood Meridian*. New York: Vintage, 1992.

McLachan, J. S. , J. J. Hellman, and M. W. Schwartz. "A Framework for Debate of Assisted Migration in an Era of Climate Change. " *Conservation Biology* 21 (2007): 297 – 302.

Meyer, Stephen M. *The End of the Wild*. Somerville, MA: Boston Review, 2006.

Mitropoulos, Angela. "Oikopolitics, and Storms. " *The Global South* 3: 1 (2009): 66 – 82.

Morton, Timothy. *Ecology Without Nature: Rethinking Environmental Aesthetics*. Cambridge, MA: Harvard University Press, 2007.

Pollan, Michael. *The Botany of Desire: A Plant's Eye View of the World*. New York: Random House, 2001.

Sanderson, et al. "The Human Footprint and the Last of the Wild. " *Bioscience* 52 (2002): 891 – 904.

US Congress. Office of Technology Assessment, Harmful Non-Indigenous Species in the United States, OTA-F – 565. Washington, DC: US Government Printing Office, 1993.

WWF. "Living Planet Report 2008. " Web. 22 Apr. 2010. < http: //assets. panda. org/ downloads/living_ planet_ report_ 2008. pdf > .

（张伟健　译）

第八章

生物伦理学

——另类生物伦理学，或者，如何与
机械、人类和其他动物相处

乔安娜·瑞林斯嘉（Joanna Zylinska）

有关动物的思想（如果真有这回事的话）起源于诗歌
艺术。有一个理论是你们都知道的，即从根本上说，哲学必
须把它从自身剥离出来。

——雅克·德里达《我也是动物》

看起来，动物生存在世界上就像水存在于水中那样
自然。

——博扬·沙尔切维奇，专题视频，BQ画廊，科隆

对我来说，做一个后人类，或者是后人类主义者，与做
一个后女权主义者相比没什么两样。

——堂娜·哈拉维《当不同物种互相遭遇》

折断的翅膀

面对后人类主义的评判，人类该如何作出回应呢？我写这篇文章，是出于一个留存长久的疑问，出于一个认知上和情感上的困惑。这种困惑就是对于"人类"这一名称所包含内容的本体及其地位的困惑。

现在，我们对于这种困惑自然不会感到陌生。在过去数十年中，它已经深深根植于各人文学科的学科调查之中，而这些人文学科则产生于一种哲学立场，这种哲学立场与后结构主义有着广泛的联系。21世纪的一些人文主义学者试图更加郑重地应用那些自然科学学科。这些学科分别涉及人类各个不同部分和微粒——如解剖学、神经病学和遗传学——更进一步加深了这种不确定性；同时人们发现，人类身上典型的显著特性，如语言、工具使用、文化（或者说"留下痕迹"）和情感，将会跨越物种屏障[1]，在其他生物身上发现。在这篇文章中，我最关心的事情，不是要以纯粹的生物数码形式，搞清楚人类（或非人类）动物的特性；而是要去讨论，这种对人类的全新理解方式，如何能够帮助我们更好地看待我们自己和其他东西（不管是否与我们类似），以及更好地与机械、人类和其他动物相处。这次科学调查的重点，在于探讨"如何去做"，以及研究"我们"的本质。因此，我这里的侧重点在于伦理方面，而不在于本体论方面。然而，当我们在调查各种安居乐业的方式的同时，我们也必须去估计一下，谁会过这样生活；在评判生活价值的过程中牵涉到了谁；在围绕我们生物及政治存在形式而构建的理论著述中又牵涉到了谁。

从某种特定意义上说，本文试图回归到"后电子人"时代的人类。[2]这一尝试为一个知识分子奠定了基础。老实说，这个人的当务之急就是从若干现代文化理论的后人类主义困境中找到一条出路。在这一出路中，被许多人类主义学者所广泛接受的关于超人类关系论、种间亲属关系和机械化形成等概念似乎已经使得对种间和种内差异的怪异性的严格质疑变得不再重要。因此，我在进行这种尝试时，一直带着一种怀疑和怪异感，并将之作为我的分析工具。同时，我毫不妥协地使用"我"这一代词。这同时削弱并再次显现了本文中人类主义的虚饰，而我撰写本文的目的就是要探寻这些问题。很显然，还存在另外一种可能性。即这种后人类的、来自人性中的疑问只是人类的自恋症的另一次实现，是人们在迫切地尝试着回归自我，不愿放弃人类例外论的幻想。在这一背景下，雅克·德里达提出了"有动物自恋症吗？"的疑问。意在指责那些依然困扰于笛卡尔问题的人："但是对我来说，我是谁？"

然而，正如堂娜·哈拉维在其著作《当不同物种互相遭遇》中所作出的犀利解释一样，在后弗洛伊德时代，这种人类例外论的幻想难以站住脚。人类自恋主义受到过——哥白尼革命、达尔文的进化论和弗洛伊德对潜意识的发掘。[3]这三次致命伤曾经严重地动摇了地理、历史和心理学这些人文学科中的自我中心论。哈拉维还在其之上增加了第四个致命伤，"信息学或生控体系统"伤。"它包括有机体和技术成果"。（*Species* 12）结果，人类不得不认为，自身总是已经被技术化，与世界同在并与之共同进化。而这个世界是由有生命或无生命的实体构成的。哈拉维为了解释这一行动过程，借用了舞蹈的隐喻。她提出，这种共同构成的过程从未完全被稳定或实现过，每次介入和行动都会产生新的形成状态。"所有的舞蹈者都被他们所形成的模式所改装"，她写道。（25）

对于哈拉维和其他两位动物变化理论家马太·卡拉尔科和保罗·帕顿所提出的种间关系的理论，我持批判性的视角。因为我想就动物研究的新兴学科提出一些更为宏观的疑问，进一步确切地思考人类和非人类的关系。这就是为什么"动物研究"有时也被称为"人类动物学研究"。（Calarco 3）正如卡拉尔科在其《动物志学》的引言中所承认的那样："虽然还没有一个被广泛接受的确切定义能说明动物研究究竟包括什么，但是很明显的是，大多数工作在这一领域的作者和活动家都确信，'动物的问题'应该被看作当代关键著述的核心问题之一。"这样一来，动物研究的关键争论就集中在了两个方面：一是动物的存在或（因为没有更好的词可以用）"本质"；二是区别人与动物的可能性。在这里，与动物共存，作为动物生存的问题就成了这个调查领域的核心。

　　动物研究理论家们列出了种间伦理学和种内伦理学概念的前途与局限性。在本文中，这引起了我特殊的兴趣。为了使真相大白，可以说，对于任何此类伦理框架或伦理模型的生存能力，我并不是特别乐观。在我的早期作品中，我曾提出了"非正统生物伦理学"的说法。而这一概念上的犹豫将会在这一更宽广的背景下被罗列出来。"当我们对'生物学和医学中的伦理问题'提出质疑时，我们就背离了为多数人所接受的生物伦理学概念……对我来说，生物伦理学意味着'生命伦理学'，在这门学科中，生命以异常有机体（希腊语中叫作 zoē）的物理和物质存在及其种群结构（bios）命名。"（*Zylinska*，*Bioethics* xii – xiii）一直以来，在生物伦理学领域中，有关健康和生命管理问题的讨论主要是程序化的，包括了道德行为能力、政治影响力和经济利益等问题。而这些问题是由许多主流道德模范已经提前设定好的。这些道德模范用来解决有关基因干预、整容手术和无性繁殖等所谓的道德困境。与此不同的是，我所提出的生物伦理学来源于他异性哲学，是非正统的，也是非系统的。它以人类和非人类之间（如动物和机械之间）的亲属关系作为其焦点。然而，尽管我对种间关系论有些看法，并认为其关系重大，既是一组重要情况，也是一项道德禁令；然而我不再把种内或种间伦理学信奉为一个后人类时代的可行主张。而关于"后人类时代"这一说法只是权宜之计，其中依然存在缺陷。

在接下来的论证中，我会试着给出一个正当的理由来解释我为什么放弃这一伦理学的立场。同时我也会尝试逐个解决三大基本盲点，而这些盲点都是动物学研究中那些错综复杂的思想轨迹所常常遇到的。粗略地说，它们是：

人类主义盲点。集中于语言、文化、情绪反应、强加暴力等问题。多数七零八碎的种间伦理学通过后门回归了人类，这一点是可以被论证的。我想说的是，假如这种回归本身被我们意识到，并非是一蹴而就的，那么它就算不上是什么问题。

技术主义盲点。随着动物成为人类的附庸，在此我的工作很大程度上就是要认识到动物的灵力，如其主观性。这样一来，我们就在共存技术力量的复杂领域内，刻画出了被指认为"人类"和"动物"的独立存在体，并使之站在"自然"的一边。

暴力主义盲点。在此，暴力被假想为伦理的敌人，被假想为"我们"和"世界"都应摈弃的东西；而不是一种在所有关系中具有建设性的情况，也是不可避免的情况。[4]

在这里，我之所以变更话题，转而通过哈拉维、卡拉尔科和帕顿的思想来讨论种间伦理学及其中的难题；并不是因为我要把他们作为"动物研究"的代理或傀儡——尽管他们自己也不能完全阻止这种事情的发生。我首先要转向他们，因为在他们各自的著作中，他们实际上已经从不同程度上明确地指出了以上列出的三大盲点。这些努力究竟到了何种地步，它们能否帮助我们设想出更好的与非人类生命相处的办法，这是我们在接下来的论述中将要讨论的问题。在本文结束的时候，我会试着列出一门21世纪的生物伦理学，这是一种空想式的提议。尽管这一提议最终会从多少有些不同的角度采用一些动物研究学者（如哈拉维）的观点，但它还是包含了他们的想法。

哈拉维的《当物种相遇》是一部优秀的著作。这恰好是由于它通过一系列的哲学诠释、科学报告、自体人种论著述和个人逸事活泼而不失严谨地试图动摇人类例外论的根基。这部作品也尝试演绎我们所描述的活的哲学，在这部作品中，理论家开诚布公，让所有人都领会到了她那程序严谨的思维轨迹和更为复杂的渴望与激情。这样一种双重显露并不完全是新出现的：十数年来，女权论者和一些古怪的学者一直试图将其热情、欲望和日常嗜好从书面上或从形象上融入他们的理论和活动项目中去。重要的是，哈拉维不仅准备以批判性视角对待她的思想，而且要以批判性视角对待其日常生活实际——对她的狗卡宴的敏捷训练、她的家族历史——同时她也准备把这种"活的理论"的弱点和矛盾暴露给所有人看。恰好当我们陷于人类和非人类环境的相关文本与结构时，哈拉维的论证才显得最为有力。而这些文本和结构由学术、狗、官僚主义、加利福尼亚的阳光、葡萄酒、训练比赛、研究论文、法国哲学家以及大大小小的科学技术构成。

初 恋

哈拉维常被指责为在其早期著作中束缚道德问题，以及过早诉诸美国法律著述。而其道德及政治主题标志清晰、有针对性。然而，在她最近的作品中——主要指她在 2003 年的著作《同伴物种宣言》——她更加详尽地罗列出了一门推陈出新的（生物）伦理学，这门学问指导我们与其他生物共存共荣。她的同伴物种伦理学来源于经验和"认真处好人与狗的关系"。(3)

值得注意的是，这些跨物种的相遇和兴起的自然栖息地总是已经被技术化了。哈拉维在思考如何与其他生物更好地相处的时候，坚持认为这一伦理工程的方向必须超越人类的希望和愿望，不再独自仲裁自然界的是是非非。这是她常见的立场之一，这一立场使得她的很多评论者（包括我在内）多少有些困惑：也就是说，她认为"爱"是同伴物种间伦理束缚的根源。虽然她小心翼翼地把它与技术的自恋主义区别开来（例如，认为狗是人类活动的工具或人类绝对情感和精神满足的来源），但是这种爱与伦理共存共荣的概念还是造成了许多麻烦。尤其是这种支撑她的同伴物种伦理学的价值观（爱、尊严、快乐、成就）有一种清晰的人类的感觉。这恰恰是由于人类自己限定了这些价值的意义，并规定了其对所有同伴物种的适用性。即使人类十分坚定地给予狗们自己想要的，而不仅是他们希望狗们想要的，仍然不可避免地要取决于人们自己关于"需求""满足"和"礼物"的观念。而作者未能摆脱这一哲学困境。这并不是说狗们应该"告诉"我们"它们"想要什么，而是说价值观驱使下的道德理论并不是这类伦理学最恰当的基础。[5]

在某种程度上，《当物种相遇》是哈拉维思索存在一种种间伦理的延续。但这本书中最重要的发展之一，是对哈拉维先前道德观点的任何程序化，价值驱动暗示的中止。相反，她更多的是自我反思和犹豫。哈拉维早期的作品中有一条线索就是她提出"作为一个处于环境中的人，将会与动物朋友们同处，被动物朋友们所塑造"（47）。虽然这是她的本体论，但有一种伦理的方式，需要对我们的本体论和我们的发展有好奇心——那些不和我们同类，而是不断通过他们的目光、触摸或用舌头舔舐来挑战我们的族类。

封印之吻

哈拉维通过雅克·德里达的文章《我也是动物》（未完待

续）这部常被后人类主义学界提到的著作，罗列出了她对动物好奇的道德禁令——这对于跨物种同居伦理学是一块既软弱又坚实的基石。这一点虽然矛盾，却可以被论证。在这一著述中，德里达描述了这样一幕：他发现自己全身赤裸，被他自己的猫盯着。他感到了羞耻——"真的，请相信我，这是只真正的猫。"他肯定地说。他坚持这样认为。（6）

现在，哈拉维丝毫不掩饰她的情感：她喜欢狗——"虽然我们之间不曾有过语言的交谈；但是我们却有口头的交流。"她这样承认到——这与德里达颇为相似。她只是有点担心后者对她的猫的真实感觉。德里达最终还是把猫作为他的垫脚石，创造出了一则精致的哲学寓言，以此来表现人类的无知。此外，德里达对他的猫较为生分，对哈拉维也没有表现出足够的兴趣。更准确地说，哈拉维对此感到不满。哈拉维刻薄地写道："他并未认真对待另一种契约形式的可能性……这种契约可能会让人对猫了解得更多，甚至还可能从科学的、生物学的，因而也是哲学详尽的角度来回顾自身。"（20）德里达本人也承认："我坦白自己在一只缄默的小生命面前感到羞耻，而且公开希望不要有另一种推测来占用和另一种干扰来排除我当时所想。所有这一切都会让人去猜想，我还没有准备好去诠释或体验一只猫对我的裸体的默默凝视。"

就在这件事情上，德里达来到了"尊重的边缘"。然而随后，通过他自己，通过他的裸露和小便，因此也通过他的人类中心主义自恋，德里达转变了方向。因此，"他没有对同类尽到一个简单的责任；对于猫实际上的行动、感觉、思维以及在那天早上对他回头凝视给他带来的启示，他没有表现出好奇。"按照哈拉维的理解，那天德里达"可能错过了一个邀请，一个来自另一个世界的引见"。（20）

对于一个不喜欢动物的人而言，这是一个严肃的告诫——比如说，从未养过狗的人不会温柔地对待猫咪，也不会有骑马的愿望——就我而言，这也是上述自恋主义的迹象（还有顽固守旧的人本主义）。然而，德里达也可能确实"感到了好奇"，随后却拒绝通过他自己关于欲望、喜爱、尊敬和情谊的构想来转化这种好奇心。如果是这样又如何呢？

爱是不够的

哈拉维通过这些训诫引起了人们的不安——这不仅是针对德里达，也是针对那些批判信仰的正宗理论家（就像我自己），这些理论家以某种方式受其自身学科法则和城市教养的束缚，不能有效而足够地关心动物——对我而言，这种不安牵涉到一个重要的问题，即被其他物种消灭，以及这之后的自我恢复实际上意味着什么。这种"变得难堪"是后人文主义的最佳期望吗？在这里，"后"之一词指的是变形的种间邂逅，而非人类的直接征服。（Haraway, *Species* 21）在这种情况下，如果这种动物不仅仅是来自受照顾的种群或家畜中的一条狗、一只猫或一匹马，而是一种寄生虫、细菌或真菌，那么会发生什么呢？（顺便提一句，即使在哈拉维的著作中这些没有得到适当的"论述"，但它们都包括在哈拉维关于同伴物种的概念之中。）波吉亚·萨克斯在一篇有关《当物种相遇》的评论中，也对哈拉维提出了类似的批判，认为她"对野生动物几乎没有什么兴趣，除了当它们能够提供展示人类心灵手巧的机会的时候"。哈拉维经常亲切地称呼她的澳大利亚导师为卡宴·佩珀夫人。她对后者的敬爱似乎为她收揽了一项责任，即讲述一个多物种的故事，德里达称之为"不可替代的异常"，这让步于特殊神宠论——或者，更严厉地说，是被宠物之爱搞得很难堪。我们与其说担心另一个世界的共同经验会克服人与动物之间的差别，也许应该花更多的时间来追查那些已经深深根植于内，并且广泛化的差异。这些差异存在于动物、物种、种类之间。此外我们还应该分析其含义，而不仅仅是其展现的方式。比如说，根据澳大利亚社会学家安·格姆的观点，马对于那些对自己知之甚少的人，能保持缄默或者草率地亲近。"然而与马密切地生活"，格姆写道，"就意味着了解并尊重它们的差异性，而这又进一步包含着对我们自身差异性的认识"（10）。

卡拉尔科假设"我们不能再，也不应该再坚持人与动物的差异性"。那么我们该如何对待这一假设呢？我们列举出不同生物间结构上的不同，把这些生物牢牢地置于完全分离的范畴之下——智人、家犬、西欧刺猬——如果这就是我们对差异的理解的话，那么我们就有充足的原因来搁置，至少是暂时搁置这种类型学，尤其是考虑到该学科可被用来支撑种间的附属和利用关系。（即使我们最终还是要作出结论，权力关系不可避免地界定了人与动物的共存关系。）如果我们不想过于轻易地陷入盲目的物种继续论，那么我们就需要把人与动物之间的差距作为可供我们支配的概念范畴。物种继续论宣称"我们"从本质上说是"动物"，该理论被新达尔文主义者所信奉，如理查德·道金斯。当然，后者在把一种概念范畴（比如说"人类"）归纳入另一种概念范畴（比如说"动物"）的时候表现出了理论的机动性，这是因为他运用了他所有的人类认知特权。同样，卡拉尔科关于消除"人与动物差异性"的必要性的陈述，只能站在物种差异的角度。

卡拉尔科宣称"哲学依然扮演独特而重要的角色"，试图改变"我们关于我们所谓动物的见解"，他似乎对这一事实一无所知，即他的主张恰恰再次表明了人与动物之间的差异性，而这是他一直试图避免的。卡拉尔科描述出了德里达不愿把"人与动物之间的差别"笼统地作为"教条主义"而摈弃。这样一来，卡拉尔科就显示出，同时也掩盖了他试图继续对动物进行哲理推究的姿态，即使后者被视为共生物质性更为宽宏的体系的一部分。现在，我不想参与动物是否能研究哲学的讨论，因为我不确定这类讨论会不会把话题扯远。我的目的仅仅是强调，这种把对方哲学化的基于差别的尖端姿态——比方说，这与吃掉对方非常不同。因此，德里达不愿放弃这种显然惹人厌烦并且政治关系微妙的人与动物差异性，这也是不足为奇的。毕竟，任何这种"放任"的行为总是源于最顽固的人类中心说的姿态，这一姿态不仅仅是"我是"，同时也是"我决定"和"我声明"，以及其本身所具有的所有支配性的权威。

因此，在卡拉尔科的眼中，德里达的"拒绝"可能只是一种犹豫，这种犹豫实际上推动了后者对实行"动物研究"的尝试。然而，把这片刻的犹豫归并成为一种可靠的种间伦理学状态是卡拉尔科和哈拉维尤其不愿去考虑的事情。值得注意的是，卡拉尔科在其著作的倒数第二页援引《赛博格宣言》，并将之视为一项对事实的陈述，这显然是一个规范的命题——例如，"人与动物之间的界线被完全破坏了"（148）——这一命题无意间与任何其他特殊的上下文材料断绝了联系，并且包含着一个书写、标记和违背的"我"的所有修辞力量。

具有讽刺意义的是，卡拉尔科指出，在哈拉维的结尾辞"许多人不再感到这种分离的必要"中，包含一个比德里达的"拒绝"更好的解决办法。（140）（亲爱的读者，一旦我为你们添加了斜体，我希望我就不需要解释这无意中的玩笑了。）

不要挑花了眼

从这里出发，我们将要到达哪里？在认识论上和伦理学上，这种对于动物的犹豫不决会把我们带向多远？德里达向我们提供了如下意见。这一意见更加粗糙，然而也是更加可靠和全面的（以那种过时的人类中心说方式）：

自称为人的，和那些称自己为人、称其他为动物的所谓的人之间有一条鸿沟，而讨论诸如断绝性、决裂或者甚至是鸿沟之类的事情是毫无意义的。每个人都同意这一点；讨论提前结束了；一个人必须比任何野兽更加粗鲁……换个角度想想……只要这个讨论是个关于决定那些鸿沟的界限、那些边缘、那些多元的和反复折叠的边境的数量、形式、意义、结构或叶片状的相容性的问题，那它就是值得一做的。讨论变得有趣的一次，而不是问是否有一个极限，产生一个中断。人们试图思考一旦讨论变得深不可测，一旦边界不再形成一个不可分割的线，而不只是一条内部分割的线，极限是什么；一旦结果不能被查寻、被客体化，或视为单一不可分割的，在无底深渊生长和繁殖的极限的边缘是什么？（30—31）

从那里，德里达发展了一篇三论文，认为：（1）这个深不可测的破裂不标记直接和明确的两个实体之间的区别：人和动物；（2）这个深不可测的破裂的边界有一个历史，我们不能忽视或把所有丢弃太快；（3）超出人类边界存在异质多样的生物，或者存在"多重领域的关系组织的多样性。这些领域越来越难以用有机、无机的生命和/或死亡的数字来分离"（31）。

可能在德里达所说的不可分离的领域中的"组织多样性"和哈拉维理解为有机体和无机体的共同进化与共同出现之间存在相似性。这一论点的思路也表明了这些多重本体的技术维度，即通过造就或者创造的技术过程精确地使得多重本体有了生命。在这个技术过程中，没有固定的元素先于他们共同建构。然而，即使我们采取共同进化和共同出现作为考虑物种和种类之间伦理关系的起点，我建议我们需要通过德里达式的绕道，不仅关心其他生物和其他物种，还要关心"同类化"和"他者化"这些过程的历史和意义。这，反过来，要求我们认识到"我们"不仅与动物们而且与机器（们）有亲缘关系。伦理责任代表着回应的能力和需要——"应答者本身在回应中共同建构"（Haraway，"Becoming" 116）——适用于人以及实验室和家养动物。它还包括承认人类、动物和机器之间的必然依赖关系。这种必然性的依赖关系包括产生痛苦和杀戮——虽然如此，正如哈拉维所坚持的，这样的实践"从不会让实践者感到道德舒适，肯定他们的正义"（*Speies* 75）[6]。

　　从以上可以看出，暴力和依赖性被定位为"世界性"不可避免的状态。这一结论不应该被看作对伦理责任的一项逃避条款。意识到在与任何他异性的联系下，暴力的必然性并不会停止人们最大限度减少暴力和反思暴力的禁令。一门把暴力纳入其理论框架的伦理学理论承诺要解决这一极其复杂的依赖性问题，而不是以一个道貌岸然的空想家姿态把这个问题推向一旁。这并不意味着要在诸多形式的暴力和依赖之间画上道德的等号，即使我们接受了"任何鉴定、命名，或联系的行为都是对对方的背叛和暴力"的说法。（Calarco 136）[7] 然而，尽管哈拉维意识到没有"纯粹"的道德立场，"没有那种非人非物，以不同方式逝去的生活方式"（Haraway，"Becoming" 80），她的那种冷血般淡定的非实用主义种间伦理学观点最终开展起来依然颇为模糊。因为她曾写道："在我看来，所需的道德正在培养一种基本的能力，使我们能够记住和感到所发生的事情，以及在面临分类体系为我们遗留的永久复杂性问题和没有人文主义在哲学或宗教上的保证的情况下，对于是什么在执行这项认识论的、情感的和技术性的工作，做出实际的回应。"（75）说到此，她似乎陷入西蒙·格伦迪宁所说的人文主义"认知推测"的困境之中，即人类"记忆""感觉发生的事"和"实际执行"的行为和过程中的人类本位主义并没有得到足够的估计。再次，这并不意味着人们要把"对方"——动物和有感知能力的机械——引入他们的思维、感知和行动圈：这一姿态只能是对分类体系的认可。这只能暗示我们，我们在任何此类伦理学尝试的建立之初就应该提出一种特定的怀疑或犹豫。然而，这种自我怀疑可能只是笛卡尔式的思想和推理的一个延伸。这种危险是存在的。然而，对它而言，成为对方的道德规范，而不是其自身的本体论；这种怀疑过程的结果需要在别处被指出来。道德怀疑很可能会把种间关系论的注意力中心准确地转向无我的他异性。因此，它并不支持对人类"自我"的终极重申。

其他任何事情——无论我是否要维护把人类作为带有其真理和目的论的这一特殊布置，或是仅从程度，而不从种类上确认差异的物种连续主义和现代自然主义——都要求复原这一姿态，即了解种间差异的本质，以及一劳永逸地对其作出公正的裁决。在对"动物"的好奇中有其伦理学价值，然而这种好奇要求人们必须承认对"它们"所知不多。否则我们就将面临这样一种危险，即这种好奇会把我们最原始的理念、观点和愿望投射给"动物的一方"。我们带着我们自认为从一开始就知道的所谓的知识，其实那只不过是一种通过我们可支配的认知和概念仪器对所观察到的行为的筛选。这也是我们相信我们一直是共同构建的——虽然我们实际上是在我们的印象中构建了这种"动物"（"我们或它们的"）。因此，这种对人和动物之间差异的伦理认知并不意味着一劳永逸地了解其本质。确实，任何试图从认知角度操纵它的做法都只能是一个故事，不可避免地带有虚构性的特点。这会是继燧石工具、锤子和计算机之后的又一技术假体，它极大影响了我们在这个世界之中和与这个世界一同有系统的共存模式。[8]

侧　鞍

如果故事和神话能像影响技术工具和器械那样影响人类的话，在这种质问种间伦理学的背景下，使我特别感兴趣的一个问题就是关于哈拉维和保罗·帕顿所叙述的动物训练了。当哈拉维回忆起为了训练她的狗卡宴参加更高标准的表演赛的时候，她一直意识到影响这场特殊竞赛的经济等级、空闲时间和地势因素。她也承认是人类决定这场训练要发生，即"人们必须对狗的实际行为的权威作出回应"，因此她考虑到了格姆所说的动物（或者，更准确地说是马）的"社会性"(4)。然而，即使我们在格姆的启示下，意识到在任何的训练场合中，动物都需要"允许人们能教会它们"(4)，我们同样需要意识到多重的即时性问题——比如说，动物现时与人类未来的差异，这也是燃眉之需和权宜之计之间的差异。很多文化理论家们都显示，他们改善品种，从而"产生掌握超凡技术，优秀出众，在顺从和灵敏训练中脱颖而出，并且作为高贵的宠物为主人服务的狗"。哈拉维承认她对此持同样的保留意见，但她显然在"坠入爱河"之后改变了观念。现在，我们不该把这种声明理解为一种确认，她把这种确认称为"品种癖"，而这种"品种癖"使她的批判性道德判断蒙上了阴影。我们应该更多地把其理解为与动物共存、生存在动物之中或接近动物的许可；因此，这也是一种对批判理论家们的责备（比如说我自己）。这些批判理论家只是远远地观察动物，把它们作为诠释对象，并且同时以模棱两可的语言归纳他们。哈拉维似乎要对我们说：你们有些人知道如何看待动物，却不知道如何与它们共同生存——实在地说，是不知道拿它们怎么办。

保罗·帕顿试图从根本上思考动物哲学，或者更确切地说，是为以后的工作做准备。而类似的关注为他的尝试提供了支持。在卡里·沃尔夫编辑的作品集《动物志》一书中，他的文章《语言，权力和驯马》开门见山地提出了动物癖的典型宣言："人们因为普通宣言喜爱马匹。"（83）帕顿自己通过学习驯马的经验而爱上了马。与哈拉维的口吻类似，他试图将他根植于《大陆哲学》的哲学立场和关于他与马儿弗拉什的训练关系的"一个好故事"结合起来。然而至今对我而言，帕顿的论述中所缺失的东西就是对这种训练欲望的更深层次的思考。这种欲望就是训练，并由此掌控另一个生物，并且乐此不疲。即使我们意识到这种准确的训练包括使马儿"做正确的事情"，但是这并未解释为什么"我们"从一开始就想要这样做。人/马训练的目的性何在？关于贵族化的论点只是过于接近对于改善本土为我所用的带有殖民主义色彩的论述，并确实含有动物爱好者那薄弱的满足感。这一论点来自驯马师维基·赫恩，哈拉维将之归纳为驯养习俗，而帕顿也引用过相关论点。当然，哈拉维和帕顿对于后殖民主义理论并不陌生。帕顿同时也意识到"训练动物的审美，道德防线崩溃了……它误传了我们人性化地称呼包含于其中动物的'价值'，并且投射出自然而特定的才能和气氛，为所有的人类训练者所珍重"。（93）

　　他并没有对人类的偏好以及被文化所培养出来的、对实际训练中的美、魅力和技能的期望编造理由，那么他又是如何避免这一潜在的失误呢？恐怕只能算是差强人意，就如下声明看来："从学术角度准确地来看，命令与服从的关系是一种在不同生物间创造并保持稳定而文明的联系的方式，这种联系不仅存在于同一物种的个体之间，而且存在于不同物种的各典型之间。"（95）继尼采和福柯之后承认所有的社会关系都是权力关系并不能解决所有相同社会关系的社会政治困境；它们并不具备同样的内涵和同样的必要性。比如说，训练马匹是件好事情这个决策是如何得

出来的？葛姆认为人马训练是一种更有"创造性"的共存方式
（7—8），我对于这一比较唯心的解释不是特别赞同。大多数人
可能会同意，从道德角度上说，训练马匹和抽打或食用马匹是一
样的，然而我也想知道是什么准则支撑着帕顿关于"礼仪"的
概念。这一概念构成了他的主张，以及他提出主张的方式。帕顿
说到，通过动物驯养我们了解到"在不平等之间存在的社会等
级形式绝不意味着与各种道德关系的不协调和对其他生物的责
任"（95）。但是这一论点必须通过物种差异的概念得到进一步
的发展。无视物种差异的概念只会使物种例外论阴魂不散，这是
哈拉维和帕顿都竭力避免的。通过询问"驯养的要点何在"，我
并不是想创立某种关于自由漫游的狼或母马的伊甸园式的空想。
我只是想提醒大家，我们需要对动物爱好者以及动物研究理论家
们的情感投资做出说明。驯养者渴望征服宇宙，使宇宙屈服于其
命令之下。然而哈拉维和帕顿在关于人与动物关系的情感分析之
中从未保留对这种渴望的思考。即使我们像帕顿那样承认，驯养
关系是一种伦理关系的可能形式。它"增强了马和骑手双方的
权力和权利感"（97）。我们又回到了逻辑的起点，使理论家们
的幻想和猜测掩盖了人类的暴力。这种暴力存在于人们创造世
界，以及在世界中和动物一道或通过动物创造含义的过程中。

新宠是什么，是生物伦理学吗？

我们该如何摆脱困境呢？正如以上讨论那充满希望的展示，
任何试图提出一个伦理框架的姿态总是不可避免地在人类中心主
义和暴力之间陷入绝境。然而，这种识别不应免除我们的道德责
任去找到与人类、其他动物和机器的更好的生活方式。生物技术
和数字媒体不断挑战我们成为人和过人类生活意味着什么的既定
思想。他们还要求一个公认的能使我们了解生活，以及反思谁是

当前危机的道德主体的道德框架的变形。本文所讨论的所谓的后人文主义的批判潜在地质疑我们既定的人类中心主义的偏见——认为人类是处于人类"链"顶端。这个特殊的定位让他或她对非人类（哺乳类、鱼类、热带雨林，作为一个整体的生态圈等）持有特定的消费和剥削的态度。而在哈拉维等人之后，人类被理解为复杂的自然技术网络的一部分，以动态的方式在这个网络中出现。在出现的过程中，人类面临一项伦理任务，即必须在某个区域中对处于不同化身和遵照不同规律生存的生命作出决定。

在生物数字化时代，暂时分化的人类需要对一种扩大的义务范围作出回应。而这种义务范围已经超越了那些其他人类个体所尽力实现的义务。因此，生物伦理学领域不仅要应对生物学层面上的生命转型问题——通过基因组学、DNA 序列测定、克隆等——而且要通过生物科技工业的资金、迁徙和避难系统的数据管理、整容手术的规范性、全国网状监控及生物国籍等问题来应对处于更宽广政治背景下的生命。自称为人类的人们意识到这一术语所承载的历史文化包袱，以及任何这种认同的短暂性和脆弱性。他们的决策过程在任何生命问题及其多重转化形式面临危机的时候，都是至关重要的。虽然介入这些过程并不意味着庆幸人类优越性：从一定程度上说，它应该被看作对人性技能实际上的动员，尽管在批判的自反性和参与实践中表现得妥协而又有缺陷。现在，即使我们意识到我们最近跨越了物种障碍，识别了一些过去被视为人类所独有的特征和行为，"动物"和"机械"是否应该参与这一伦理过程的问题已经无关紧要。这是无关紧要的，因为责任从来只是指"我"：一个与人类和其他非人类共同出现的暂时稳定的人类个体。

种间伦理学的有关论述中常常提到"我们"是否应该尊重鹦鹉、细菌、电脑狗，甚至是苹果机的道德困境。这一困境表示，人类不愿对这一暗含统一性和物种歧视的"我们"的范畴进行严厉评论。同样，在本文所列出的框架中，道德规范还未能达到尊敬的程度。因为尊敬一次形成了这样一种假定：在我遇到任何对方之前，我已经被完全任命为一个道德代言人。然后我把我的认知、关注和和善作为礼物送给对方。相反地，就现象上的响应性和道德责任方面来看待伦理学会更有成效——这是一种姿态。这种姿态假定无论我对对方采取何种态度，我已经在对对方的存在和需求作出回应。[9]的确，就不同情况而言，有时保持尊敬也许是最可靠的事情。同样，即使我们围绕许多传统的生物伦理学立场就人文主义和人类中心主义假说提出一些显著问题，人类的概念——一旦她承担起了道德责任，她马上将她自己和鹦鹉、机械和生命的一般过程区分开来——并没有在这种"非正统"生物伦理学理论中完全消失。这是值得我们再次分析的。

在从事这种生物伦理学的批判性和创造性过程中，我对转换道德争论的界限极为感兴趣。即将其从基于个人主义问题的道德范例——在此规范基于事先议定的原则从战略角度被合理地制定出来——转换到一个更为宽广的政治背景，在此个人的决定总是包含在复杂的权利、经济和意识形态关系中。在此，我试图列出的这种非正统生物伦理学不能用一个单独的"例子"来说明，因为任何这种例子都会变成一把量尺，来衡量比较其他的生物伦理案例和困境。[10]因此不可避免地代替了我们对生物伦理学的开放式的批判研究。然而这些东西既不能被一劳永逸地实行，也不能变成解决具体的生死道德困境的一个实用工具。如果这样理解的话，生物伦理学就变成了一种对道德和政治的补充；成了一种对自称人类的我们的优先要求，要求我们审慎负责地应对世界的差异性，而不是过早地想办法提前决定那些半吊子真理、观念、信念和政治策略。

我的设想是通过把一个存在差异的地方指认为一个相关性和种间亲属性多产的场所，把生物伦理学指认为一种生命道德规范。这种设想方式能够挑战血统等级系统。而在传统意义上，人们一直通过这种等级系统来看待不同物种和生命形式之间的关系。同时，集中研究多重实例——在这些实例中，差异性总是以不同方式显现出来——也是一种方式。它能确保我们不再将多种生命形式瓦解成为天衣无缝的生命流程，然后再若无其事地继续对其进行哲学推理。因此，这种不规范的、工艺认可的生物伦理学需要严肃地考虑这种多价的共同进化和共同出现。然而，它同时也必须清晰地思考其创建过程：从人类的语言、哲学和文化优势。也就是说，这种工艺认可的生物伦理学要求我们必须对思想伦理学和种间关系的武断性作出说明。

重要的是，怀疑必须成为这种非正统生物学结构化手段的先决条件。然而，这并不是对笛卡尔的"我思故我在"的公正怀疑。从一定程度上说，它过早包括了对认知实在说的搁置。而这一学说提前了解了种间差异的本质。即使比起本文所讨论过的那些观点，它听起来更像是一个试探性的和犹豫不决的道德主张（更不要提那些许多程式化的和基于实用性的生物伦理学理论，在其中不同形式的生命被提前指定价值，然后陷于相互对抗）。它对"我们"来说似乎更有说服力。而对"我们"而言，动物之爱可以说来得并不自然。它也可以监视那些动物研究专家。这些专家喜爱他们的同伴生物，或者说甚至将自己作为同伴物种。这有些过分。因为，我们面临的问题并不仅仅是"我的宠物想要什么"，甚至不是笛卡尔的"但是就我而言，我是谁"，首先也可能是："如果一种细菌反击怎么办？"

注　释

[1] 对于专属于人类的特征和行为如何已经通过跨越物种屏障被识别的讨论，参见 Wolfe 35，Calarco 3。

[2] 从赛博格女权主义传统中借用的赛博格人的形象是我的著作中一个重要的观念。在本人著作《论蜘蛛、赛博人和恐惧的生命：女性与崇高与赛博格实验》里的《媒体时代身体的延伸》中，赛博格是混合的、物质的形象，暗示着人类与其他生物的亲缘关系以及人类对技术的依赖——或者是哲学家贝尔纳·斯蒂格勒所称呼的"原始技术"。然而这个隐喻的效力多少有点消失了，不仅仅是因为对于隐喻和概念的学术研究不再时新。而对我而言，赛博格人一直是技术的和过程式的，我担心我继续使用这个概念会给人机联轴器"流体"理论的支持者太多的弹药。在此理论中，流动的整个隐喻似乎已经扫除了任何离散的存在和实体。赛博格作为一个单一实体的主张或者批判不是我这篇文章的首要目的。我所着重强调的来自我对于关系理论某些方面的异议。因为关系理论有时会导致生物、物种和种类之间的差异迅速消失。因此，我论文的重心在这里回到了"赛博格之后"的人类。

[3] 哈拉维这里触及了德里达的论文《话说动物的反应?》。这篇文章来自 1997 年他所做的一次报告，被收录在《所以我是动物》里。

[4] 重要动物研究文本的作者们超越了人类中心的假设和偏见，在改变关于动物的传统辩论和话语的过程中做出了重大贡献。然而这些文本至少落入了这里所列出的三个盲点中的一个。略举数例：亚当斯、贝克、富奇的著作，以及哈拉维的《同伴物种宣言》。

[5] 这一段所涉及的一些观点来自我对哈拉维的《狗或者我们?》的评论第 129—131 页。

[6] 狗和其他动物不是从某种堕落的世界里来的：他们是技术资本主义生产所需的复杂技术科技网络中的参与者与主体。在艾德蒙·拉塞尔之后，哈拉维认识到狗"在活跃的资本主义制度中是科学技术知识的生物技术、工人和代理"。他们"因为工作能力而被精心挑选"，从事看守、拉雪橇，绵羊试验中的工作/竞争，以及守卫牲畜（56）。就像人类和其他有生命和无生命的事物，狗是通过生物技术生产的相互关联的多个过程相互协作共同产生的。然而哈拉维也承认是人类"制订计划去改变事情"（56）。由此人类定义了许多变革过程的目的和方向——为盲人提供导盲犬和训练狗参加竞争性敏捷运动——即使是为了达到这些目标，"狗和人以主体改

变的方式一起参与训练"(57)。然而，她也主张人和狗"在活跃资本的本质文化中成为相互适应的伙伴"(62)。这让她认为我们应当更加仔细地思考她提出的"遭遇价值"(62)。后者会可能因为我们所遭遇的是狗或是细菌而结果大相径庭。在规模上和精致度上出现这样不同的效益是首要价值和原则驱动的跨物种伦理相当难以去构思的原因之一。

[7] 在评论德里达的伦理思想时，卡拉尔解释说与他者的任何关系中的暴力必然性"不应当意味着这样的暴力是非道德的或者所有的暴力形式是相等的，而是在考虑到对他者的非暴力问题时，意味着目的是完全削弱了良知的可能性，理想的道德纯洁在结构上排除了先验的可能性"(136)。

[8] 在《工艺和时间》第一卷中，贝尔纳·斯蒂格勒借鉴了安德烈·利来-古尔汗的古生物学理论，提出人类最初是假体，也就是说他或她的出现和存在依赖于技术义肢。对于古尔汗，向外化方向、转向工具，计策和语言的驱动来自一一已经存在于古老动物动态中的技术趋势。这是由于这种趋势，即（还没有）人类站起来，去寻找不是他的或她的东西：通过视觉或概念的自反性（看到她自身处于火石的萌芽状态，想起工具的使用），她出现的方式总是与不属于她的他异性相连接、相关联。更多关于我们道德观念思考的结果，参见本人著作《新媒介时代的生物伦理学》，第36—36页。

[9] 一般来说，以这种方式来理解伦理学的哲学框架是由伊曼纽尔·列维纳斯的著作和德里达对其的重读而提供的。列维纳斯的伦理学理论的重点从对自我的关注转移到他者。因此，可被解读为对人类自我中心的击打。对于列维纳斯而言，我在世界上占有的地方从来不仅仅属于我一个人。相反，它属于他者，就是被我压迫、被我饿死或者被我从我的家里、我的国家和我的生活中赶走的他者。他的思想为关心他者的生活，任何生活，尤其是那些不稳定和贫穷的人的生活提供了一个理由。那些人在主流的政治辩论和政策中不被认可，而且他们的生物和政治存在被限于"例外的区域"：昏迷的病人、寻求庇护者、难民、肢体不健全和五官不端正的人、生物技术试验的受害者。然而，借鉴列维纳斯思想来努力发展一种后人类的生物伦理学并不是没有问题，正如他的理论存在人类学偏见一样。这很明显，例如，他过度注重人类语言。假如在数字化时代，我们不再确定在

我面前的他者是人类还是机器，是否列维纳斯所谈论的"友爱"延伸到所有的 DNA 亲缘（黑猩猩、狗、细菌），那么他关于他者的概念需要拓展。我在《新媒介时代的生物伦理学》中讨论了列维纳斯哲学对于人类和非人类关系思考的可行性。

[10] 话虽如此，在我不同的著作中，我已经论及了多重生物伦理的情境和事件。这些出现在整容手术、流产、克隆和基因检测中，或者出现在使用生物材料的艺术实践中。我还提出了从道德的角度来考虑所有这些情况。

引用文献

Adams, Carole. *The Sexual Politics of Meat: A Feminist-Vegitarian Critical Theory.* London and New York: Continuum, 1990.

Baker, Steve. *The Postmodern Animal.* London: Reaktion Books, 2000.

Calarco, Matthew. *Zoographies: The Question of the Animal from Heidegger to Derrida.* New York: Columbia University Press, 2008.

Derrida, Jacques. *The Animal That Therefore I Am.* New York: Fordham University Press, 2008.

Fudge, Erica. *Animal.* London: Reaktion Books, 2002.

Game, Anne. "Riding: Embodying the Centaur." *Body and Society* 7. 4 (2001): 1 – 12.

Glendinning, Simon. *In the Name of Phenomenology.* London: Routledge, 2007.

Haraway, Donna. "Becoming-With-Companions: Sharing and Response in Experimental Laboratories." *Animal Encounters.* Ed. Tom Tyler and Manuela Rossini. Leiden: Brill, 2009.

—. *The Companion Species Manifesto: Dogs, People, and Significant Otherness.* Chicago: Prickly Paradigm Press, 2003.

—. *When Species Meet.* Minneapolis: University of Minnesota Press, 2008.

Patton, Paul. "Language, Power, and the Training of Horses." *Zoontolo-*

gies: *The Question of the Animal.* Ed. Cary Wolfe. Minneapolis: University of Minnesota Press, 2003.

Sax, Boria. "Human and Post-Animal: Review of Haraway, Donna J. , *When Species Meet.*" H-Nilas, *H-Net Reviews.* April 2008. Web. 30 June 2009. < http: // www. hnet. org/reviews/showrev. php? id = 14416 > .

Stiegler, Bernard. *Technics and Time*, 1: *The Fault of Epimetheus.* Trans. Richard Beardsworth and George Collins. Stanford: Stanford University Press, 1998.

Wolfe, Cary. "In Search of Post-Humanist Theory: The Second-Order Cybernetics of Maturana and Varela. " *The Politics of Systems and Environments*, Part I. Spec. issue of *Cultural Critique* 30 (Spring 1995): 33 – 70.

Zylinska, Joanna. *Bioethics in the Age of New Media.* Cambridge: The MIT Press, 2009.

—. *The Cyborg Experiments: Extensions of the Body in the Media Age.* London and New York: Continuum, 2002.

—. "Dogs or Us?" Review of *The Companion Species Manifesto*, by Donna Haraway, *Parallax* 12. 1 (2006): 129 – 131.

—. *On Spiders, Cyborgs and Being Scared: The Feminine and the Sublime.* Manchester: Manchester University Press, 2001.

（张伟健 译）

第九章

后创伤
——是迈向新定义吗？

凯瑟琳·马拉布（Catherine Malabou）

斯拉沃热·齐泽克在他的一篇名为"笛卡尔与后创伤对象"的论文中从当代神经生物学与神经心理学的角度对创伤进行了非常富有洞见的评论。他挑战了这些方法倾向于替代弗洛伊德和拉康对于心灵伤害定义的方式。

齐泽克的评论可以用下面的措辞来归纳：当发展自身的精神批评，即弗洛伊德和拉康的理论，神经生物学家不会已经意识到拉康，精确地说，已经说出他们认为他没有言说的事实。因此当他们认为自己从另一方面而不是从拉康的精神分析的角度谈论的时候，拉康用腹语替他们说了。

为什么会那样？怎么可能重复拉康的理论而对其毫无知晓？据齐泽克的观点，当代对创伤的研究方法是没有认识到——出于否认或者出于欲望——拉康最基本的陈述：创伤已经发生了。一种特定的创伤，这样的或者如此经验的震惊，可能会发生，仅仅因为更深和更原始性的创伤，其被理解为真实的或者"超验"的创伤，总是已经发生了。创伤总是已经发生了。已经，而且总是已经。拉康已经说了总是已经。对于创伤的新的研究方法仅仅只是确认，而不是缺少，总是已经。这只会是重复已经发生的和已经被说过的。

陈述创伤已经发生意味着它不能偶然发生，意味着每件经历的事件震惊或者损害了一个已经或者先前受伤的主体。在弗洛伊德和拉康理论中有一个明显的对偶然的拒斥，超越总是已经的原则。就拉康从未说过的而言，我想有机会表达思考，即我的想法肯定会避开总是已经的权威，给偶然一次机会。

"在我关注偶然的概念之前，我想要陈述这样超越的可能性（这是我论著的中心主题）是由现今的神经生物学和它对于无意识（被命名为神经无意识或者神经心理）和创伤的再定义而开启的，结果就是后创伤主体性"神经生物学和神经心理分析挑战了精神事故的弗氏概念。精神事故被理解为一个事件的两种意义的交汇点：事件被视为一种内在固有的决心（体验）和一次从外部发生的偶然相遇（事件）。为了让一次事故合适地成为一个心灵事件，就不得不引发主体的精神史和宿命论。"事件"不得不与"体验"结合在一起。弗洛伊德所引用的关于精神事件定义的最明显的例子是战争创伤。当在前线的战士遭受战斗的创伤，或者伤害引起的恐惧后，看起来他当前所卷入的真正冲突是他内心冲突的重复。震惊总是让人想起先前的震惊。那么弗洛伊德会把那时所考虑的创伤后精神紧张性精神障碍当作此冲突或者创伤的总是已经的特征。

相反地，神经生物学家们承认严重的创伤：（1）是根本的"事件"，是从外部偶然发生的某事；（2）因此它去除了事件/体验的区别，到了一种把主体从他的记忆和从过去的呈现中分离的程度。脑部的严重受伤总是会在神经系统功能的运作中产生一系列的断裂和缺口。在这之后，新的主体出现时，就不会再与过去和他先前的身份有关联。神经系统功能的断裂性不会引发任何先前的冲突。后创伤的主体反而使得总是已经的结构断裂。后创伤主体不再是总是已经。

那么我们就可以说神经上的断开不能属于构成拉康的想象界、象征界和现实界三和音的这三条中的任意一条，以至深入了这三条深植于总是已经的超验原则中。我们提出第四维度的想法。第四维度可被称为物质维度。从神经生物学的观点看，创伤可被当作对超验自身的物质的、经验的、生物的和无意义的中断。这就是为什么后创伤主体是弗洛伊德和拉康没有找到或揭示的有关死亡驱动和超越快乐原则的实例。超越总是已经原则是真正地超越快乐原则。

齐泽克于一定程度上轻信了这些观点，但是他立即否认了它们。这里有三点原因：

1. 这些陈述表面上忽视了拉康对于快乐（plaisir）和享乐（jouissance）的区别。享乐自身恰恰是超越快乐，是快乐的痛苦剩余被阻挡纳入快乐原则的框架中。享乐总是已经让我们面对死亡。没有死亡的话，我们仅仅陷入享乐中。换句话说，精神创伤只能是享乐的一种形式。拉康总是已经说那种从过去的断裂、分离、失忆和冷漠是享乐的发生与形式。人的无意识总是已经为其自身的摧毁做准备。"超越快乐原则的是享乐自身，它是这样的一种驱动力。"齐泽克这样写道（136）。

2. 第二点关于摧毁自身的异议可理解为拉康所谓的事情（la Chose）。这个事情是死亡的威胁。没有这个显现给主体的阉割的威胁，任何对主体经验性的客观危险或者冒险对于心理来说是毫无意义的。这里又是总是已经原则："阉割不仅是一个威胁的层面，还/总是没有来临的，但同时是，总是已经发生的某事：主体不仅处于分离的危险中，而且是（从物质）分离的结果。"（141）

3. 最后一句话表达了主要的异议：据齐泽克，主体自从笛卡尔之后，就是后创伤的主体。这个主体以一种必须不断地抹去它过去的印记成为一个主体的方式构成。因此再次,从其自身切断的经历是一种非常老的经历。神经生物学没有教授我们任何有关那点的新知识,反而非常强调主体的实质:"死亡驱动的空壳是(主体性)的正式超越的条件","在去除所有实质性的内容的人类主体遭受强烈的创伤的侵入之后,剩下的是主体性的纯粹形式,那样的形式已经必须保留在那里"(144)。更深入地讲:"如果人要想得到我思的最纯粹的,'零度'的形式,那么就要考虑看到孤独的怪兽(新的受伤),那是非常痛苦和不安的景象。"

从笛卡尔,经过拉康,再到马西奥,有且只有——再次强调——一条原则:创伤总是已经发生。

为了回答这些异议,有人可能会坚持认为偶然,以一定的方式来考虑和阐述,会解构总是已经。总是已经显现出抵挡它应该呈现的样子——也就是,拒绝被毁灭。如果毁灭总是已经发生了,如果有某种东西是超越毁灭的,那么毁灭是不可毁灭的。这就是在弗洛伊德和拉康理论中一直存在的非常棘手的问题:毁灭为他们保留了一个结构,即对原创伤的重复。如果总是已经发生爆炸,将会怎样?如果总是已经自我毁灭而且能够如同所谓的心理的基本定律一样消失,那会怎样?

为了更具体地讲述这些问题,让我们聚焦于弗洛伊德在《梦的阐释》第七章所分析的一个梦境以及拉康在第十一次讨论会中所作的报告,即《心理分析的四个基本概念》的第五章"他者与自动机"和第六章"眼睛和凝视的分裂"。

弗洛伊德写道:

> 一位父亲在孩子的病榻前日日夜夜连续守候。在孩子去世后,他到另一个房间里躺下。他让房门打开。这样他可以从这个房间看到陈放孩子尸体的那个房间。房间里四处摆放

着高高的烛台。一位老人负责看管。他坐在孩子尸体旁为他
小声祷告。睡了几个小时后，这位父亲梦见了他的孩子正站
在他的床边，拉着他的手臂，对他责备着说："爸爸，你没
看见我被烧着了吗？"他醒了，注意到隔壁房间有火光，立
即跑过去，然后发现这位守护的老人睡着了，一支蜡烛倒在
裹尸布和孩子尸体的一只手臂上，燃烧了起来。

弗洛伊德即刻讲述这个故事是为了知道我们是否能把这个梦
当作愿望的实现。难道这不是对梦是愿望达成这个理论的对立
的、反面的例子吗？

让我们考虑下拉康对于这个事件的答案。首先，在重述这个
梦境之后，拉康假设心理分析是"一种遭遇，一种本质上的遭
遇——带着一种躲避我们的真实，我们总是被召唤到那种约会"
（53）。这种本质上没有的遭遇，或者误遭遇，带着真实就是带
有创伤的遭遇。根据拉康的理论，这个梦境把这种遭遇表演出来
了。弗洛伊德的问题回到这一点：如果这个梦境用创伤来上演遭
遇，那我们如何把它当作愿望的达成、欲望的满足呢？

我们需要更加确切地理解"带有真实的遭遇"这个概念的
含义。对于这个公式（"带有真实界的遭遇"）的分析，构成了
第五章和第六章的内容。这个公式的矛盾达到这个程度："遭
遇"指的是某种偶然的、意外的，可能或者不可能发生的，而
且是真实的。相反，对于拉康，"遭遇"指的是必要的和坚定的
重复机制，是总是已经发生的创伤。那么我们如何能——偶然
地——遭遇创伤的必要性呢？这里就有偶然的概念。我们如何
能——偶然地——遭遇总是已经存在的创伤的必要性呢？

在这一点上，拉康引用了亚里士多德。亚里士多德在《物
理学》中区分了事件的物理条件或者因果律。首先"堤喀"的
意思是命运，偶然性；那么"自动机"是机械重复的盲目必要

性，强迫如此重复。那么我们一方面有机会，另一方面有决定论。据亚里士多德，每件事情的发生源自这两种暂时性模式之一。堤喀会决定你今天会在集市上偶遇一个朋友。自动机掌控着日落与日出的周期，或者季节的循环，等等。拉康评论这两种模式："堤喀"他说，"是或好或坏的运气"（69）。"自动机是强迫重复的希腊译文"（67）。即使在事件的两种物理条件和因果律的两种模式之间的遭遇被认为是错过的遭遇，然而它还是一种遭遇。再次，这怎么可能呢？

这里就有梦的分析。在这个梦境中，什么是属于自动机，什么是属于堤喀？正如拉康提到的："在这次偶然中什么是现实?"（58）什么是这个现实中的偶然？显而易见，属于堤喀的是蜡烛的坠落和孩子手臂的着火。拉康说，这是现实，但不是真实。**真实**是这个孩子的不真实的"复活"和他说的"爸爸，你没看见我烧着了吗?"这里，拉康开始把堤喀分析为次级的因果律或者现实。孩子烧着的手臂在这个梦境中不是真实的意外，这不是**真实**的。真实伴随着讲话发生，这个儿子对父亲讲话。堤喀没有自主权，它实际上只是真实或者自动机出现的方式。发生只会有一种模式，即自动机的一种模式，戴着伪装的面具，那就是堤喀。

偶然，或者命运仅仅是外观，一种"似乎"。如果"似乎"碰巧实际上总是重复的自动性，首要的创伤："所重复的实际上总是某种好像偶然发生的事件"（54），那会怎样？

拉康自问什么是在梦境中真实燃烧的：是孩子的手臂，还是由孩子所说的这句话："爸爸，你没看见我烧着了吗?""这个被认为与发烧相关的句子"，拉康问道，"难道不是向你暗示，在我近来的讲座中，我所说的发烧的原因吗? ……和那个永远惰性存在在一起的遭遇是什么——甚至是现在正被火苗吞噬——如果不是正在那个意外的，好像是偶然的时候发生的那个遭遇，火苗会临到他吗? 这个意外事件是通过现实的更加痛苦地重复某事，这个现实就是甚至当这位父亲已经醒来再次出现的时候，被认为应当看护好尸体的人仍然在睡觉，如果不是这样的话，现实在哪里"（58）？

显然如果偶然的现实总是暴露真实的方式，那么它总是次等的。当拉康问在这次事故中什么是现实，他的意思是这个事故中另有其事，而不是这个事故："在此信息中不比在声音里的现实多吗？通过这种声音，这位父亲也辨识出在隔壁所发生的怪异现实。"（58）

现实的偶然外部遭遇（蜡烛倒下，点燃了覆盖着孩子尸体的布，烟味惊醒了这位父亲）引发了真实的现实，忍受不了的孩子的幻觉——灵魂责备着他的父亲。又一次，燃烧的是话语而不是手臂。"爸爸，你没看见我烧着了吗？这个句子本身就带有火药味——或者它从被撇下之处带给自身火气。"（69）更进一步讲：隐含的意义是真正的现实，是"原始场景"的真现实。换句话说，现实与真实之间有分裂。

现在该探讨愿望满足的问题了。

拉康写道："不是这位父亲在梦中劝说自己儿子仍然活着。而这位死去的儿子的可怕形体拉着父亲的手臂的情形指明了使它在梦中能被听见的一个超越。欲望在梦境中通过失丧显明自身，这个失丧在残酷对象中以一个意象出现。只有在梦中这个真正独一无二的遭遇才可能发生。只有仪式，一个无止境重复的动作才能纪念这次遭遇。"（59）

那么这个梦境会成为一种实现，达到它会致使遭遇与"享乐"、享受可能共存的程度。这种实现不总是与快乐相连，拉康说道，但是它能与享乐相连。我们记得"享乐"被齐泽克定义为超越快乐原则，过度或者剩余的，把其自身转变为一种表达死亡驱动的痛苦的快乐。因为我们只能在梦境中遭遇"享乐"，那么这个梦以它的方式来看，是愿望的达成。

这是拉康在这个梦中所区别的两种不无恰当被承认的，一个真实的和一个次等的现实吗？我们不能认为蜡烛掉在孩子手臂上是伤害自身，不一定是引发更古老创伤的重复机制吗？那么这次事故会如同它所引起的话语一般真实。

如果有超越快乐的原则，我们仍然能够把它当作超越机会、超越事故或是超越偶然性吗？这恰恰不再是可能的。当创伤中的受害者正"烧着"时，我们一定没有权利去问：这些事故中的现实在哪里？我们一定没有权利去疑惑隐藏得更深的事件的偶然性、隐匿的强制性和重复的偶然性。为了分离现实与真实，偶然性与必然性，我们把超验与经验，好运或者坏运（堤喀）分离，把超验与必然分离。

读到这种拉康式的解释，我们不得不把心理分析学家形象化为消防员，看着火灾说："一定还有更紧急的状况，是因为我要看顾更原始的紧急状况。"

事故从不隐藏任何东西，除了其自身从不显现任何东西。我们需要思考一种摧毁性的可塑性，那就是有能力去爆发，那不可能通过任何方式被心理同化，甚至是在梦境中。

我们对于第二种关于阉割总是已经发生的异议给出的答案是阉割的威胁帮助拉康总是能够看见，即使他说的是相反的，在真实界中，象征界起作用。

阉割对于弗洛伊德是死亡威胁的现象形式。因为它意味着分离，它给予死亡一种修辞内容。关于分离，拉康宣称："我们必须在这个句子中承认［'爸爸你不能看到我被烧着了吗？'］对于父亲来讲，保持长存的是那些永远与这个死去的孩子分离的，对他说过的话语。"（58）我们发现这里有分离的动机。这里，分离，孩子的死亡，与孩子的分离是这个创伤，是这个自动机。然而既然这个分离可以被另一种分离所表达，那就是话语——话语从身体的分离——那么这个创伤就遭遇了象征而且从不从其中逃离。由于话语，由于象征，真实就与其自身分离。

挑战阉割或者分离总是已经发生的这个观点恰恰是这种总是已经在真实界中的象征界的显现，结果也是这种创伤的一种消除。没有"纯粹"的真实。

脑损伤让我们看到的是创伤性损伤的暴力，正如我们已经注意到的，在于他们把主体与它的记忆储存分割开来。心理受到创伤的受害者的言语没有任何启示性的意义。他们的疾病没有组成一种有关他们遥远过去的真实。对于他们是没有可能把他们呈现在自己的记忆碎片或者伤痛面前。与阉割形成对照，没有再现、没有现象、没有分离的例子，那些会使主体去参与，去等待，去幻想什么会是大脑连接中的断裂。人们甚至想都不能想，对于这种状况没有情境，没有话语。

我们认为通过再引入某种对于真实界潜在的重复来回应意义的缺失是不可能的。我们不得不在对立面承认某种事物，比如意义的完全缺失是我们时代的意义。

只要是政治的、自然的或者病理学的创伤，全球都一致性地从神经心理学的角度来回应。"齐泽克认为这是暴力统一的新面孔。"

首先，这里有野蛮的外在的身体暴力：如"9·11"的恐怖袭击、街头暴力、强奸，等等。其次，自然灾害，如地震、海啸，等等；然后有对我们内在现实（脑肿瘤、阿尔茨海默症、器官性大脑损伤、创伤后应激障碍，等等）的物质基础的"非理性"（无意义）的摧毁。这能彻底地改变，甚至是摧毁受害者的人格。我们将不能区分自然、政治和社会—象征性的暴力。我们今天处理的是自然和政治的均匀混合物。在这其中，政治就是如此这般褪去，呈现出来的就是自然。为了采取政治的面具，自然就消失了。

齐泽克似乎不承认的是在现今有一种新形式暴力出现。这种暴力暗示着真实界概念的新声音。我们也可能称它为呼之欲出（正在燃烧着的）的概念。这个概念会给偶然一个机会，这个机会从不会是"好像"，"偶然的好像"。

让我们来探讨第三条和最后一条异议。我们记得对于齐泽克，后创伤主体性只不过是经典笛卡尔形式的主体性。主体总是保持常新，向自身和世界展示。为了做到这一点，主体能够擦除所有实质性的内容。这如同整个形而上学的历史一样真实。

这可能是真实的。但是我们很难相信创伤的消除能够在每次不在乎前一个主体而形成新的主体的情况下发生。重复是有可塑性的，它把一个形式给予所摧毁的。我们不得不考虑由毁灭所建造的形式，一个全新人的形式。这个形式作为引爆主体的威胁，不是一个超越主体而是消损主体的形式。偶然的可塑性有能力把它所震动的主体赋予它自己的形式。燃烧的主体，最终催促我们看到它真正地在燃烧。

什么是震动？是创伤吗？它们是打击的结果吗？是某种通过任何方式都不可预料的事情的结果吗？这种事情突然从天而降把我们打倒，无论我们是谁？或者相反，它们注定要被遭遇吗？这种事情会强迫我们从前一句话删除"无论你是谁"，达到遭遇以目标、命运为先决条件的程度，这种事情发生在你身上，恰好是你，别无他人？根据第二条，震动或者创伤，正如弗洛伊德陈述的，总是打击本身和早已存在的超自然命运的合力的结果。

对于弗洛伊德和拉康，明显的是每个外在的创伤是"被扬弃的"、内在化的。甚至是外在现实中最具暴力的侵害也把创伤的后果归因于他们所发现的原始精神冲突的共鸣。

就战争神经症而言，弗洛伊德在他介绍《精神分析和战争神经症》中宣称，导致创伤的外在的事故不是其真正原因。它就像一次震惊或打击唤醒了旧的"在自我中的冲突"。真正的敌人总是"内在的敌人"（17：210）。

据弗洛伊德，只有一种可能的"神经官能症病理学"：性。在《神经官能症病原学》"性欲"以及"我对性欲所实行的见解"中，有些段落在这方面进行了清楚的阐述。在第一个文本中，弗洛伊德陈述："精神神经症的真正病因不在于诱发的原因。"（7：250）

在第二个文本中，弗洛伊德总结他的整个婴儿期创伤理论，并简要概括了他的创新。他说他被迫放弃了创伤原因里的"事故影响"的重要性（7：275）。创伤不是由有影响力的事件或者事故引起的，而是在于幻觉："事故影响力来源于已经后退到背景中的经验、构造的因素，遗传必然再次占上风。"（3：250）

对于弗洛伊德，既然脑损伤和脑部病变仅仅被认为是外在的，那么它们不可能有真正的原因来源。大脑在我们的精神生活和我们的主体性构造的过程中没有责任。大脑没有责任。那就意味着面对一般的危险、脆弱和曝光的问题，它不会有恰当的反应。它被暴露于事故面前但是不是事故的象征而或精神的意义层面。性似乎在所有之先。对于弗洛伊德，性不仅是"性生活"，而且是原因的一种特定的新种类，仅靠这就可以解释我们人格同一性的构成、我们的历史和我们命运。正如我们所知，即使内外之间的边界在弗洛伊德理论里不断地被重画，外在创伤事件和内在创伤事件之间仍然有一个巨大的鸿沟。然而，我们精神生活中没有一个决定性的事件具有器官的或者心理的原因，这是明显的。在某种意义上，这样的事件从未来自外部。没有确切地说有性的事故。

在《超越快乐原则》中，弗洛伊德居然表示神经症的发病和身体病变的出现是对立的和不相容的："在普通的创伤性神经症的病例中出现了两个显著的特征：首先，主要的原因好像依赖于惊讶和惊吓的因素；其次，创伤或者伤害通常同时施加影响，

阻止神经症的发病。"（18：12）

弗洛伊德这里承认惊讶和恐惧的重要性。然后他好像承认偶然和希望缺失的力量。然而，这种力量既会导致身体伤害又会导致精神伤害。首先，有一种自恋的身体上的投入，小心翼翼地照料伤口，好像器官性的损伤没有精神治疗的帮助就能够痊愈。好像身体和精神创伤没有共同点除非前者能被译成后者的语言，被认为是"症状"。那对于弗洛伊德就意味着遭受大脑疾病困扰的人们没有服从精神分析的管辖。这也许就是为什么，我们在弗洛伊德的临床研究中没有发现任何的沮丧。

然后，我们持有这样的观点，精神生活是坚不可摧的：原始的理智在这个词的完全意义里是不灭的。所谓的精神疾病都不可避免地给外行者留下的印象是智力和精神生活已经被摧毁了。在现实中，这个摧毁只应用于随后的获取和发展中。精神疾病的实质在于回到先前的情感生活和运行的状态中。有关精神生活的可塑性的一个杰出的例子可由睡眠状态提供。睡眠是我们每晚的目标。既然我们已经学到怎样阐释甚至是荒谬和困惑的梦境，我们就知道无论什么时候我们去睡觉，我们把自己努力保持的品行像外衣一样扔掉，然后早晨又把它穿上。（Freud 24：285 – 286）

即使拉康置换了弗洛伊德的许多表述，他也共享了弗洛伊德关于精神生活的坚不可摧的许多表述。这被另行命名为总是已经。神经生物学质疑所谓的精神不朽。我们的社会—政治现实赋予外在的侵害、创伤以多种形式。这些侵害和创伤只是无意义的残酷的打断，破坏主体身份的象征实质和致使各种内在化/内部化以及事故的再侵占和再主体化变得不可能。因为大脑的某些区域已经被破坏了。在精神生活中，没有什么是坚不可摧的。

齐泽克在他评论中的某个时刻，引起了这样的可能性：神经生物学家只可能投射他们自己的欲望。在对神经生物学的受害者和无意义的创伤的描述中，他们没有提及这一点："在所观察到

的（自闭病患）的现象中，他们忘记包括【他们自己】，【他们】自己的欲望吗?”（137）

这里又提到欲望！然而，我们当然可以推翻这个异议：难道齐泽克忽略了把他自己的总是已经的欲望包括在内吗？即使他是现今神经生物学中最准确最大度的读者之一，然而在他这部大作中，这样的欲望可能被解读为与拉康明确划清界限的创伤恐惧。

引用文献

Freud, Sigmund. *The Standard Edition of the Complete Psychological Works of Sigmund Freud.* 24 vols. London: Hogarth Press, 1956 – 1974.

Lacan, Jacques. *The Four Fundamental Concepts of Psychoanalysis.* Trans. Alan Sheridan. New York: W. W. Norton, 1978.

Žižek, Slavoj. "Descartes and the Post-Traumatic Subject: On Catherine Malabou's *Les Nouveaux Blessés.*" *Qui Parle* 17. 2 （2009）: 123 – 147.

（刘容　译）

第十章

战争的生态学
——来自空中帝国的报道

麦克·希尔（Mike Hill）

> 如今，可操作的环境的现实
> 被人口爆炸、城市化、
> 全球化、
> 技术发展、资源需求、气候变化与
> 自然灾害以及大规模杀伤性武器改变。
>
> ——《反暴恐策略》

空中作战

关于"战争"这一术语的核心问题——我们想一想与军事事件最接近的范畴，并把这样的写作称为"报道"——为什么我们不是把"生态"放在帝国的标题之下，而是反之：为什么要把"生态"一词用作组织性的，以把政府内部的暴力与其他形式的"大规模破坏"联系起来？当然，"帝国"这个词本身就是有争议的，而且我认为，就生态意义而言，它也有所改变。尽管在美国鼓吹的新自由主义时代，帝国仍然是全球霸权以及资本积累的常规标识，它也使我们重新思考地理扩张。与民族国家所允许的传统范围相比，这种扩张始于更不可确知的规模。不仅在空间上如此，从时间上说亦是如此。[1] 在这个扩展了的帝国概念里，历史正在经历《美国军方反暴恐原则》（COIN）所列出的各不相干并冲突的技术体系与环境形态前所未有的大融合。而这种融合包含了 21 世纪战争合作"操作"的现实。在这个意义上，文章前面引语中的关键词从帝国传统意义上的地理范畴移到了我们可以称为空中领域的范畴。"空中的"这个词语在这里不仅意味着大气层潜在的毁灭性力量、灾难性的气候变化以及由此引起的资源战争，而且也指空间信息军备以及改变传统军事学的无穷无尽的天线、卫星视角、传播信息的超级大站、数据分析与远程连接。根据空中帝国的动力学，我们可以说战场变得无形，而战争成为永恒，事实上已经成为生命与生俱来的存在。隽语中的"人口""技术""大规模破坏"等关键词无疑是验证过的真实的战争术语。但是，怎样把"气候变化"与"自然灾害"归入把"自然"看作空中作战的战争机器的功能部分呢（就像2008 年的气候变化与自然灾害在法律上被定义为美国安全政策的必要部分）[2]？怎样才能同时解释无人机发动的空中作战与飓风、干旱、物种灭绝、极端天气、涨潮等——这些紧密相关、不可分离的机器与自然因素共同产生的力量？更不要说客观推测日常生活中那些常见的暴力了。

当然，有一条不甚连贯却也清晰的线把 21 世纪的美国安全政策与全球野心连接起来，而这一野心可以追溯到《门罗主义》及至冷战，包括两个多世纪在世界重要地区公然与秘密的军事活动。给予军事支持的政变、入侵、刺杀及充当国际警察——如此多的冷战时期的干预已经得以熟练演习并随时可以再次上演，比如1953 年在伊朗；1954 年在危地马拉；1965 年在多米尼加共和国；1965 年在印度尼西亚；1973 年在智利；20 世纪 80 年代在萨尔瓦多；1983 年在格林纳达；1989 年在巴拿马（对巴拿马 1980—1988 年政策的报复）。在 2001 年 9 月以前，在至少 130 个国家里，已经有 285000 名士兵（2009 年报道的是 151 个国家与 510927 人）。而在冷战的高峰时期，美国有 1041 个军事基地（2008 年报道是 761 个）[3]。众所周知，美国在世界武器市场上的销售额超过百分之五十，而墨西哥几乎失控的状态是最近发生的一个售出的武器反过来攻击我们的事件。[4] 话说至此，普遍认为含糊其辞的 "空中帝国" 这个术语并非要减少对现存的战争记录与传统武器的关心，我们也不应忽视以自由的名义仍然在继续着的国家对国家侵略的伪善的残忍。这样的模糊如果不能加以开脱，且让我讲讲它存在的理由：就暴力记录可以说是作者享有的国内社会想象的 "绿色区间" 里物化的安全的结果，而国内社会可以说受到了永久的、直接的战争的影响，一种不同的战争分析现在正开始出现——我们应当说，一种不同的分析性的战争正在出现。写作能对战争做什么和不做什么？问这个问题就是认真对待《美国国家安全条例》。这项法案在 2001 年 "9·11" 之后把任何与战争有关的 "说" 解释为既是公民又是我们不稳定的安全状态的疑犯所说。从这种意义上讲，战争使得从批判战争的立场出发对战争进行的概念化陷入两难的境地。正如我想提出的，如果战争渗入国内社会关系与诸如此类的批判性思考，那么把战争的生态学简单归于自身处于前所未有的不稳定状态的美国帝国统治紧接着的下一个步骤是令人不满的，至少是问题极多的。同样在隽语中被引用的 2009 年 COIN 的战场手册提及把外国军事占领认为是 "国内武装事件" 的普遍概念，总结了这一两难的境地。（《策略》C—7）在《美国国家安全条例》（NSS）之后，考虑到《美国爱国者法案》以及针对将来内部暴乱而在国内部署快速反应部队美国北方司令部，人们开始推测这个说法也可指国内的非军事武装。[5] 一方面，当代的 COIN 公然地把两个多世纪以来美国在东部一些州发生的威士忌暴乱（1791—1794 年）、西部平原驱逐美国原住民（1785 年至 19 世纪 80 年代）以及中国的义和团运动（1898—1901 年）、新墨西哥的雨披别墅事件（1916 年）和尼加拉瓜的奥古斯托·桑蒂诺事件（1927—1933 年）等应急军事处理联系起来。另一方面，21 世纪非民族战士复兴，相应地，战争与安全都在美国政治实体内部自我内化。COIN 认为这种没有规律的战争已经成为抛弃正义与和平之间联系的一种规范的社会情况。把国内社会看作有沟通理性的和平区域的概念在正义之外的刺杀与非传统战争的背景下成为陈规陋习的结果（别忘了，这是高度享有特权的区域）。过去，美国秘密的刺杀行动针对的是国家官员以及我们可能公开与其交战（例如越南）和非公开与其交战（例如拉丁美洲）的国家那些利益相关的平民。但是，这些行动是由中央情报局训练的准军事团体和警察执行的。2010 年，全世界部署的特别行动队员多达 13000 人。这一前所未有的数字适用于美国在传统战场战斗以外有目标的刺杀策略。正如 2009 年 12 月《纽约时代》所指："史上第一次，国内情报机构正使用机器人执行军事任务，挑选人员在美国没有正式开战的国家去杀人。"（Branfman）这里所指的国家是巴基斯坦。但全球对恐怖主义的战争授权可以在任何他们认为必要的地方实施这样的策略：除了中东，有前俄罗斯共和国、也门、索马里、沙特阿拉伯、肯尼亚等。内衣炸弹与头巾炸弹一样证明，机械化的刺杀进一步把暴力的因子渗入世界上相对安全的和平区域，这是 21 世纪战争的普遍影响。[6]矛盾的是，对全球化社会的呼吁出现在社交本身已经成为一个新的准军事活动空间（AO）的历史时刻。而国内暴力看似在维持，实际上则取代了按地理划分的原始的国家交战模式。[7]套用一句车尾贴："自由就是不自由。"

因此，国防部长罗伯特·盖茨所谓的下一个（更确切地说是继续的）新军事变革（RMA）为美国以及（迄今为止的）人类带来"新的现实，区分战争与和平的界限变得更加模糊"（5；作者按）。盖茨理所当然地把战争与和平界限的模糊扩展到任何我们可以称之为人类的存在中。由于这种模糊，一整套全新的技术环境的不安全问题危如累卵。这些不安全问题无疑以不同的速度在不同层次上消除国家以及国家以人类道德伪装而赋予人性的所指的连贯性。（请注意：左翼自由主义对人类的看法与右翼独占欲强的个人主义一样。）21世纪的战争学说把人口控制、人种与种族的分裂、对计算机化的知识系统的操控、有意和无意的环境变化的表现（ENMOP）、流行性疾病、资源短缺等看作与一系列复杂但因突变太快而无法描述的超级表面交错在一起。（《策略》A—4）2009年《美国军队策略研究》的一篇论文认为："不同的是气候变化在气候现象中提出了最严重的安全威胁"（Parsons 2）。而全新的一个说法是，气候变化为战争提供了一个相对来说未曾使用的方法，是"对于美国而言提高安全利益独一无二的、有希望的机会……"（Parsons 7）这句话显然所指是美中两国在撒哈拉以南的非洲地区的利益竞争，争夺石油、天然气和其他商品，但是却含蓄地把飓风"卡特里娜"看作无人宣战的星球大战第一次先发制人的打击。在这场"新"的战争生态学中（引号强调实践体验中的时序、中断以及压缩与扩展）。兵法认识论正在研究融合了共生思想的技巧，包括生物的、大气的、地质的与机械的等各个领域。而这些存在从战争以外的任何其他角度看都表现为因被遗弃而沦丧的地球各种自杀性的表现。

目前的这一报道因此只限于传播军事冲突中生物的以及非生物的因素之间的策略性联系。尽管这些联系才刚刚开始断断续续地形成可能支持或者不支持的哲学批评的类比，但它们正在成为新的战争学说的核心。为了继续建构，我们必须广泛地研究从全球远程监控、无人机战斗、文化的武器化到策略上重要的其他生死攸关的情景，例如气候变化、病毒传播、美国军队在混沌理论上的投资以及把隐形人选作人类适应方式等（据估计，2010 年有 5000 万的气候难民，而 2050 年，这个数字可能是 2 亿或更多）。（Glenn and Gordon 2）只有现在，这些事物才出现在战争的标题之下。但是考虑到战争新的组织能力，人们可能会赋予它们某种不安的未来主义者的逻辑。如果"空中帝国"这一说法不能促使一件保证保护人类平等事业的政治准则产生，或者说如果这一报道招致仅仅是灾难大片的指控，这是因为任何被认定有罪的冲突现实都充满同样逐渐消失的微运动，同样反叛的小团体。这种反叛不仅仅是哪一群人的反叛，也是知识与物质（或者是作为物质的知识）的反叛，是构成纵横交错的传统类群并在此过程中超越尤尔根·哈贝马斯期望保存为"人类本身"的时代的运动中的一场运动。[8] 想一想吧，林登·约翰逊总统的咨询委员会把温室气体与"明显的气候变化"联系起来已经有 44 年之久了。与 2009 年一样，每年大概有 300 亿美元用于关于环境问题的讨论会、会议、电影、电视节目、出版等。2010 年，仅仅因特网上关于气候变化的引用就多达 8000 万次（Editorial 24）。如此的明显、如此的普遍，我们该如何理解？因此又该如何理解地球危险的正常化？我们应该认为对我们危险生活的近乎受虐狂似的报道足以产生改变，还是科学真相的显然变节确认了我们已有的一种变化的存在？如果如我所料，这种变化至少（或许以我们正在使用的形式不是至少）已经改变了公共领域的活动，那么我们必须用一种既在批评上谦虚又保存了原始作用的报道。

阿富汗的拉斯维加斯

在拉斯维加斯，每天早晨，史蒂夫·史密斯吻别他的妻子与女儿，坐上汽车，

沿着高速公路，

驱车 50 分钟，经过购物中心

与娱乐场，去参与阿富汗的

战争。

——克里斯多芬·古德温《星期日泰晤士报》

战争演变为上班打卡这样的日常生活在这篇《泰晤士报》的隽语中显而易见。中产阶级生活的一切似乎都在这里——家里的妻子与家人、日常的开车、购物提示物（唯恐恐怖分子得逞）、史密斯这个姓，甚至阅读《星期日泰晤士报》这个动作所暗示的娱乐与工作的划分。但是这一场景暗含着铺天盖地席卷而来的恶意的等式。这些等式决定了资产阶级的存在——像俱乐部一样——的保本，我们的全球战争赌博也是如此。在隽语中，获得即失去：消费是没有盈利的冒险，正如战争在家里既不见踪影又无处不在。这篇对于军职人员上下班的随意而又让人不寒而栗的报道描绘了最新的处于领先优势的战争技术应用软件与 MQ—9 收割者侦察机的人员配备。侦察机以光速把实时影像以及其他数据传输到军官史密斯工作的座舱键盘上，而他在此发射地狱之火导弹袭击几个世界之外浑然不觉的目标。让我们把这个"收割者侦察机时刻"看作空中帝国至少一个方面——机械的或者是机器人的方面。这不仅是战争机器的去人化，而且也是人的去人化。

无人机（UAVs）的历史性诞生可以追溯到纳粹的 V—1 与 V—2 火箭发射项目。随着中央情报局对侦察机原型机的研究，这一技术在 20 世纪 50 年代得以缓慢发展。1959 年，这项技术首次用于服务洛克菲勒公司在拉丁美洲的秘密利益（大通银行与标准石油公司）。[9] 收割者的前身捕食者 MQ—1 在 1992 年用于也门，1994 年时又用于波斯尼亚，之后便返回。20 世纪，太空军事力量——"星球大战"计划以及捕食者无人机、小型的手动发射式乌鸦无人机与更大一点的影子无人机等，使军队对阿富汗与巴基斯坦的领空拥有持续 24 小时的占领——还有那些我们没有公开交战的国家。一年 365 天，它们蛰伏在 21000 英尺的高空，射程覆盖 3700 英里，只需敲击键盘就可进行战争。[10]目前，美国部署的无人机有 7000 多架（不算在伊朗使用的以及用于黎巴嫩真主党的——不是用于国家，而是一场政治运动）。2009 年平均每周大概有一次无人机袭击。这些终极者技术一个月能产生时长 16000 小时的影像资料，远非人眼所能看完，因此需要装备新型的智能电池。无人机的视力能够穿透墙壁并创造出生物识别的数据图片。这些图片把诸如街道的活动与出行线路等日常生活模式转换成全景视角下目标丰富的环境。国防部长盖茨想要更多的无人机，并且已经表明下一代战斗机将是最后有人驾驶的战斗机（Robertson）。据估计，2010 年有 40 个甚至更多的国家在研发无人机。美国的刺杀计划可以追溯到 1963 年肯尼迪政府同意的导致越南南部独裁者吴庭艳灭亡的政变。从某种程度上讲，军用无人机的使用是美国刺杀计划更为隐蔽也更加致命的变体。据估计每一个恐怖分子头领要对多达 50 个平民的死亡负责。仅看目前这个例子，远程控制的战争会导致更多的非战斗人员的立即死亡。[11]即使平民伤亡的人数众多——但是怎样区分平民与叛乱分子也是一个问题，一年时间里 600 多捕食者无人机发射的地狱之火导弹据说打中了超过 90% 的袭击目标。无人机被认为杀死了基地组织 20 名高级头目中的一多半。但矛盾的是，通过把刺杀交托给精良的武器，通过最少量地投入发射新型战斗武器所必需的人力，无人机战斗至少公开地承诺了更加人性化而打击范围更大的杀人方式。与新军事变革对当代战争准则更加普遍的变革一致，无人机及其支持计划获得新的战略优先权与财政支持。[12]军事专家们认为无人机的潜能我们不过才略加利用，并认为无人机将对作战方式产生

5000 年以来最大的影响。（Robertson n. 18）传统的战争工具，尤其是常规军人，正在被非传统意义上的军事硬件与软件代替——或者更好的情况是，重新融入其中。而这些硬件与软件正在创造只属于 21 世纪的战争想象。这一想象可以从军官史密斯键盘上的触发器到成群的昆虫般大小的无人机延伸到蛇形机器人的监控、引发疼痛的空中微波光速、犬齿机器人、消耗生物能量源的自动化地面武器（强动力自动战术机器人或者 EATR 计划）以及灵感来自昆虫的数字光学。[13] 但我们还是停留在空中技术的王国吧——只要停留在这里是可能的。我们要磨炼伴随无人机战争并为无线电制造商协会所专有的知识体系。这不仅仅是军事的革命而且——考虑到国防部长盖茨所说——也是人事的革命。

　　国防部的文件大致列出了战争未来的某些时间上的关键性调整——或者更准确地说，作为战争的未来。新的卫星技术现在聚焦于人口密度高的城市和其他地点，全天候地把它们视为潜在的城市暴乱的目标位置。（Graham 1）无人机的视频监控要么深深地嵌入城市的建筑中，要么悬浮在潜在叛乱地区上方的大气层中。通过使用这些无人机，高端的计算机软件画出轮廓并比较读取人流在地球人口微地理人流模式中的正常移动模式与异常现象。如此的模式识别能力既可用作地狱之火导弹的发射平台，也能把"风扇驱动的"无人机送上高空投下不同破坏程度或干涉程度的纳米炸药。这个动作甚至先于暴力叛乱行为。（Graham 3）这些能力使战争能够以压缩"杀人链"的方式进行。用雷神公司的话说，这种方式"看到即反馈、杀死"。杀人链的压缩加速了寻找并攻击目标，以致视速率达到对立物形成那一刻即消失的程度。研发团队是这样宣传的："（你）还没有放下武器逃跑可能就死了。"（4）先发制人的战争技术是国家总的战略的策略性应用。它在敌人被认定为敌人的同时被消灭。比这还要更怪异的是敌人是自生的，也就是在同一社会空间作为友好的军事占领所有效产生的反对者。这一朋友与敌人划分的不稳定的区域是根据已经武装的暴力的关系而活动的——如果这些关系可以想象出来。[14]目标本身不被看见就被摧毁：按目前战争研发团队的说法，看见即毁灭。根据美国国防部高级研究计划局，战争越是与平民生活混淆不清，越不可视，越不可具体化，战争就越有效。实时卫星、闭路电视与无人机压缩了暴力与其表现之间的时间。在想象的时间与攻击的时间之间没有和平的区分。

　　如此，机器视野重新研究我们的空间关系并使得暂时性本身能够成为武器。认为国内的每一个人至少既是潜在的恐怖活动的疑犯又是受害者的观点不足以说明战争更加接近。同样，我们也不足以像维希留那样认为新军事变革依赖通过以技术提高动态速度的"运行过程学革命"（在希腊语中，dromos 意为运行过程）。[15]我们可能称为无人机学的革命根据对时间与空间的双重把握运作。而其压缩与扩张的强度与速度的程度的变化取决于任何可用应用的攻击目标。详细地解释新军事变革，21 世纪的战争运作是按照接近与距离、速度与潜在因素的强度，在具体的层次并根据不连续的军事目标来实现的。例如，杀人链的压缩使得目标的确定成为一个几乎即时的行为；但它也意味着以开始与结束来描述的战争被一个显然停止在时间轨道里的时间记号取代。战时既被减少又被扩展成一种外部存在的超静止。同样，就空间而言，战争一方面使暴力似乎是虚拟的和遥远的。另一方面，永恒的出击瓦解了暴力与普通生活的区别，然而又双双定义了普通，使战争成为一个完全接近的活动。要引用处于新军事变革核心的对新时间与空间掌握的特别贴切的例子，可以把杀人链压缩与网络动力学有限公司的"脑门"项目联系起来。这个项目首次使得人的大脑计算机接口（BCI）成为可能。[16]这个应用立即在 2002 年被国防部先进研究项目局（DARPA）加以利用。到 2009 年，这个项目得到了国防部 2500 多万美元的资助。与国防部的神经学项目一致，脑机接口技术致力于把武器真正硬链接到人的大脑，而开火命令指示的既是一个微观突触的大脑内部的活动，又是一个由网络发动的既虚拟又真实的战场地理发生的大规模爆炸。在这里，战争被嵌入一个电与人类生物量构成的网络，以至于作为运动的思考本身成为最致命的武器。一个植入人脑、镶有 100 多根发丝一般细的微电极的 4 平方米的硅片通过一个头骨插头贴成一个矩形。这个头骨插头通过计算机的翻译把脑波隐蔽地转换成可视的模式或其他模式。战斗机领域的这个版本从另一个角度吸收了人类。集中计算、读取、无限地重新读取、计算机化的数据的新方法使非线性时间的运动成为可能，我们因此见识了以此为基础的战斗机领域的应用。突触按照显然任意的分子顺序开火，也就是说，对于肉眼来说显然任意的顺序。而肉眼需要机器翻译形成可以延伸到任何高速武器的一致的微观模式：脑力变成数据，变成电动力，变成战争。以这样的方式，脑机接口技术能够把 21 世纪的战场延长、缩短、加速并凝集成一个此时此地的长片刻。

通过人与机器共生连接实现的脑机接口技术仅仅使用大脑一亿神经元的一小部分。再一次，我们能够看出杀人链"压缩"与压缩知识本身的技术之间的联系。这所谓的压缩就是无需过去常常以不同的陆地暴力节奏进行的面对面的搏斗缓慢的主客体校准就消灭敌人。除了新发现的大脑的军事可塑性，也还有其他的例子。作为新无人机技术的一个部分，新兴的数字化的分形压缩科学正在以一种完全不同的微积分取代单纯模仿的实时影像技术。联合图像专家小组技术更老的版本使用位图把对象分解成彼此对应网格上的单个小方块的平行的或多或少对等的翻译，然而分形媒体提供了一个更加复杂的影像生产的概念。在这里，"压缩"这个词语意思是再思考与再解读（数学意义上）一个既定的场景而不仅仅是提取、分析与再产生。这样的分形场面读取既是组合的又更加真实的图片，产生取决于机器敏感性与可用的运算法则的不同层次的旁观者知识：来源于热、化学属性不同、基于运动，等等。[17]在联合图像专家技术中，影像快照越复杂，所加的对象的可靠复制所需的压缩比率越高。这是一个关于知识载荷量的问题，一次只有这么多数据能够从可视的领域中挑出来。但是根据分形影像的再生产，对象（这里理解为目标）的产生在战场之外，无须物理所指物。这个版本的数据压缩只需要战斗场景的一个碎片与一套由数学决定的分形说明就可以产生一个既定的模式并且注意到异常现象。与支持脑机接口技术并通过分形数据的压缩网络分类同样的运算技术在 2010 年用于调节船运网络、预测寿命、恢复邮件与社交网站的记录、发现社会活动以及预测天气模式等。

如我们所见，无人机领域有着复杂的时空调节，因为它为我们称之为永恒的潜在因素提供了动力。[18]脑机接口技术与分形数据的压缩一起把战争带入一个无所不见与永恒的存在。在宏观层面上，分形媒体在无数生死情节的嘈杂中找寻新的模式而变为战争的工具箱。同样，在微观层面上，分子的大脑开火与计算的读取在战争的电流中重新组合。这些模式在这两个层面都储存在一个巨大的数据库中。然后，机器在评估标准与任何改变的小团体或潜在的微观运动所出现的偏差的过程中了解越来越多的微妙之处。21 世纪的压缩技术使用算数的估算减少需要压缩的数据量，是大大小小的战争媒体有效武器化的根本。它用数学来减轻数据所谓的重量。如我们所见分形媒体仅需判断有什么可能在这里。同样，肉眼弥补了它在盲点与外围视域的不足。无人机战争根据军事认识论的争端进行着致命赌博，因此无异于拉斯维加斯赌城的运作方式。包含人类集体存在模式的明显任意的事件最终根据新的战争机器获得具体化但也可塑的地位。用数学方法产生的目标不用原来仅仅有再现保真度的位图视觉技术，使得有着前所未有的战争可能性的超级视觉成为可能。这种视觉支持偶发事件以及先前知识的盲区——还有那些被称为普通生活的被保护的和平空间。无人机的超级视觉以光速分类并操控某种生活节奏（脑波，还有社会活动），因此相比使用普通的人类视力提供了更加有效的战争中的战斗应用。通过研究来自分形战争记录内部的影像数据，不仅影像保真度为影像生产所替代，而且也使同时从多个角度定位其他情况下看不见的目标成为可能——在军事上是有用的。例如，收割者无人机在 2010 年装配有价值 1500 万美元的戈登凝视系统。这种装备为无人机配备了能够在方圆 2.5 英里以内从 12 个不同的角度拍摄的照相机。（扎赫特曼）即使处于 12 个不同方向的 12 个不同目标可视化了，凝视系统也能同时定位每一个的消灭。百眼巨人项目——以有一百只眼睛的希腊巨人命名——在它昼夜不停的轨道上同时使用 12 架相机。收割者永恒的轨道是分形式战争的机械体现。使用数学概率而不是普通的人类视力，一场时间的、本体论的革命得以确立，再一次让人联想到阿富汗的拉斯维加斯。无人机的下一代战机，英国的"雷电之神"，自动起飞、降落、观察某一个区域并返航，整个过程无需人的指令。它们将完全接管战斗机飞行员的使命。如果法律得以修补，到 2015 年，民用的货运飞行能够实现自动化，为人类对责任的观念带来司法上的突变，这种突变与整个人类的突变是一致的。（Goodwin n. 15）

　　无人机战争（与更普遍的 ESCYBERCOM）给予我们的动力能够运用于之前参考《美国国家安全策略》（NSS）注解的基本战争问题。这个文件中经常使用的"影子战争"一说，是这个词语既真实又是再现的使用。知道杀人链（时间的）与分形（空间的）的压缩与扩张，我们应当说《美国国家安全策略》把战争的技术逻辑延伸到重新联系真实的与再现的目标的政策说明。同样，在卫星模式中战斗的压缩产生非线性的时间的奇点，并把现在与过去混为一个永恒的暴力的未来。回想盖茨所言，这种独一无二的时间标记与战争正在以"影子"战争的形式混入和平的方式并相辅相成。今天，（在苏丹、叙利亚、巴基斯坦与墨西哥）"影子"战争正在进行，我们看不到攻击力量的存在，既没有人因为胜利而得到欢呼，也没有人因为失败而受到指责。我们知道美国政策至少支持了 20 个不同国家无人声称负责的攻击（如果不是司法外的谋杀）。（Hallinann）奥巴马总统最先宣布的一个政策就是强调 21 世纪战争的独特性——不再是全球对恐怖主义的战争而仅仅是"漫长的战争"——是"越来越非传统和跨国的"。（引自 Hsu）当《美国国家安全策略》认为"战斗不必是连续的"，而是坚持"直接的和不间断的"原则，认为"战争没有持续时间"，我们完全处于无人机领域分形时空的视界。这不仅仅意味着继续投资布什政府先发制人的永恒战争的信条，尽管温伯格与包威尔用于大规模的，仅限于国内反抗的，有着明显开始与结束的战争的信条不可能再回来。反之，永恒战争的政策——或者通过压缩矛盾的延长——在布什政府之后把我们领入一个看不见又无处不明显、亦近亦远、高速又停滞在时间轨道的战争的未来。

　　但是，诸如脑机接口技术与分形数据压缩的技术仅仅包含了空中帝国的一个层面。1991 年，曼纽尔·德·兰达问了一个关于专家机器的问题，他问是否有了自己的知识库，这些机器能够产生强大到可以把军事技术专家官员的执行能力移到计算机本身从而把人类这个环节排除的机器人事件。德·兰达写道："这种（新兴的卫星与机器人）技术可能成为能够自己狩猎并杀死人类的掠食性机器这一新机器物种的开端吗？"（*War* 161）德·兰达继而提出"一个多线谱分析技术……（与）从图画中的对象上发现特别的化学结构的能力"的问题，而这一问题仍未得到恰当的答复。（*War* 181）这里，德·兰达发现了仅仅技术操作层次以外的生死情节的混合，这是无人机重新吸收人类操作者的层次，是战争问题进入当代独有的生物合成的领域的层次。但是在详细解释武器化的生物合成体之前，即回到与军事化的环境改变历史相对应的气候改变（从 20 世纪 70 年代联合国的辩论开始被称为 ENMOD）之前，对德·兰达关于人类的储藏寿命的问题的答复至少需要部分地概述。

关于人类的补记

群众是暴乱真正的无声的支持者。

——《反暴恐策略》

海湾地区政治集体发行的一本名为"反驳"的书在"军事新自由主义的矛盾"中寻找一个"新的政治时代"，一个以不寻常的坦率承认"永恒战争的现实不足以把'和平'解读成相反的策略"。（15）在转述国务卿盖茨关于传统战斗模糊的区分时，《反驳》"认为（在 21 世纪的背景下）和平……仅仅是以其他方式进行的战争"。（94）一方面，这个群体希望把"左"这个词语作为"人类最后也最好的希望保留的占位符"。（14）另一方面，《反驳》避免任何把批评弱化为人类关系的原始形式的"左"的"先锋理想主义"的类似物。（185）人应该做点什么呢？人为的？他们问道。夹在当前没有和平的战争现实与认为新的战争纪元正在取而代之的以人类为中心的特定的想法之间，《反驳》既承认一种"普遍的失败感（2003 年反战运动的失败及反资本主义的普遍的'左'派的失败）"（1），又带着一点哀悼意味宣称是"有着充满希望的思想的游击队员"（9）。21 世纪关于战争的论述中有一个并行的趋势，即在军事圈与反军事圈都存在战争中发现的虽然麻烦但却积极的政治潜能。这种潜能关乎一个宏大的集体——群众——的发声。这种发声与杀人链压缩非常相似，既强化人性作为战争工具的操作重要性又同时取代人类。[19]我们能够在21世纪战争话语的变迁中找到所谓群众的积极的再生吗？群众必须是一个由历史默认设置成解释人类排除了人类控制范围以外的地理、气候或者气候进程的生物结合体的词语吗？

当前对群众的概念化不足以描述如此大规模的地球暴力，可以被认为受到以人类为中心的生物政治学的局限。例如，安东尼奥·内格里与迈克尔·哈尔特信奉新兴的战争状态的时代，并如我一般认为战争已经"变成社会主要的组织原则"。（12）因为现代的"战争"（英文中与"福祉"相对立）状态"被内部的分裂所断开"，"新的控制机制……（也保证了）新的合作与协作的循环产生"，"战争状态网络中无限的遭遇量"。（xiii）群众作为经济生产中后福特主义变化的类似物，在这里标识"生长在帝国之中的生物替代物"。（xiii）或许，因为这本书的核心要点是表明经济与社会关系如同盖茨所说的战争与和平类似，处于难以区分的重大历史时刻，它们相互渗透从而赋予影响的经历以政治色彩，并以对商业信息学与非物质的（既是认知的又是关爱的）劳动形式更加灵活恰当的理解取代以时空为准则的关于固定的劳动主体的概念。那么，"类似"一词稍显不公。因此，社会秩序从单一标记（包括"工人阶级"标记与伴随它产生的神火和辩证逻辑）变成"带来死亡"但也"必须矛盾地产生生命"的后个体形成。（13）所以，生命以群众代理人的积极的生物政治学形式存在并代表着人类的更新。有某种事物把群众与上文提及的德·兰达对战争机器的兴趣紧密联系在一起，更进一步地与我一直称为空中帝国的分形变化无常联系起来。这种联系在德勒兹主义与斯宾诺莎主义哲学中有迹可循。但这种联系也暴露了对德勒兹解读的片面性。关于被写成分形宏观主题的群众，最有问题的一方面是内格里与哈尔特在书中把群众对不对称的战斗的适应等同于他们所谓的"道德同情感"。书中，"感染"的主要代理人是根据苏格兰启蒙运动的理想，特别是道德哲学家兼自由资本主义教父亚当·史密斯提出来的。（Hardt and Negri 50）内格里与哈尔特强调伴随生物政治生产的交际程序，并说他们是"群众共同的欲望"——虽然神秘，因此明白表达了群众最终是人类学意义上的宏观主体。相反，德·兰达恰如其分地写道："亚当·史密斯看不见的手位于当代线性经济学的核心。"（*Thousand Years* 42）正如马克思在批评史密斯的经济进步目的论时认为，史密斯对人类互惠与历史关系的理解也是把经验紧密融入社会商业秩序高度原子化和个人主义的烙印的一种感染的反应。[20]"群众"一词因此让我们面临摒弃了哈贝马斯理性主义人类观的情形，这种情形用肯定未来战争跨越民族主义者的界限可能激发并维持的人类感情网络中的生物量的活力论——确实太人性化——取代了交际理性。以网络为中心来处理人类关系，战争会让人类如此延续吗？为什么？

另一种与德·兰达对机器智能的开拓性研究一致的研究方法使我们得以解释范围更全面的并刚刚才开始获得军事策略优先权的战争的非生物因素。"地球认为它是谁？"（Deleuze and Guattari 39）不是一个修辞性疑问句，也并不带有"群众"的人为定义所弥漫的有机沙文主义。把内格里与哈尔特没有回答的问题简化了说就是：是否可能在德·兰达之后设想一种道德的地质学而非它们的新系谱？这个问题终结了"结构是地球上最后一个词语"的幻觉（Deleuze and Guattari 41），哪怕所说的结论是区分人与非人，生物与地质层以及（我们推断）技术王国与生态王国的最后一套边界。目前按照内格里与哈尔特的方式对战争机器进行的理论化有一个影响是缺失的，即战争使有机的部分与地理的分割交错与重新混合的方式以及超过在这些非常易变的分隔中发生作用——以至于分隔它们——的双生逻辑的方式。如果我们以不同的角度对德勒兹进行解读，这种交错是建立在对代理人与历史变化异质的概念而不是同形的概念之上。（Deleuze and Guattari 60）在这个立场上被理解为时间的完全他性的合成移植使战争的陆地性，或者更贴切地说，战争持续不断的去领土化有了完全不同的意义。因为通过排除人类，我们能够在可能的完全意义上认识到战争的空中地位：反复分割战争生物与非生物因素变化着的类质同象。

　　德·兰达并非采取了一种孤立的，仅仅形式上的历史变化观，而是在打量交错存在于这个星球的代理中赋予人类中间人的角色——或者内部调解人更好些。他详细阐述了德勒兹的抽象机器观（Deleuze and Guattari 56），并得出时间进程取决于机器语系的变化的观点。德·兰达坚持与斯宾诺莎"物质观"相似的知识的生产力，并信奉大脑与物质（如我们在脑机接口技术中所见）都同样是其易变的组合排列比固定的或摩尔的形式更有趣的要素的异质性。然而，德·兰达的观点与后现代的亚当·史密斯学说相似。他把多样性看作充满感情的以人为中心的社会政治活动的合成体，超过了众多的书面命令。机器语系拒绝根据外表判断。事实上设计它是为了重新混合，即被视为存在于生物与非生物的（更别说物种）的区别之间及其内部的聚焦、统一、汇总与综合的现象。（Deleuze and Guattari 41）机器语系指的是那些取决于"运行完全不平衡的动力体系"的变化的事例，像动荡的战争一样，例如生态系统不可控因素、改变天气模式的气候（De Landa, *Thousand Years* 279）。机器语系标识出一个变化的时刻，而这种变化取决于首先"自动催化"——或者看起来偶然的催化——事件的代理，而这些事件反过来产生"交叉催化"的影响。这条卸载点构成的链——我们叫作系统的绊网——进一步反弹更多诱发要求机器智能为人类使用或理解的结果。因此，我们又一次发现，偶发事件只不过是一件显然的任意事件，并在某种技术假体的作用下进入逻辑秩序（我们可以回想一下脑机接口技术与分形数据压缩）。这些系统的绊网依赖作为非人类的复制基因的天气与地质变化，并重新配置人类在这个过程中的地位。（De Landa, *Thousand Years* 151）我们已经看到无人机领域中机器系统的动力。这里，时空压缩根据战争的分形数学重新组合战场的视域。如果我们考虑到未来机器人士兵的生命形式的改变，显然机器系统也使我们能够重新评估其他领域自我组织的过程，"生物与它们无机的对应物"（104）。在这个意义上，这样的人类就成为在偶然与有意同样推动的异质要素的网络中形成的相连的锁链中的一段的生物量的临时凝结。德·兰达通过反对解决人类及相关的社会与政治问题的新制式主义方法，提供了一个足够广泛与详细的模式，以此重新思考彼此交融、交叉的生物与地质的策略性价值——超过了以人类为中心的群众范畴。正如我们将看到的，美军恰恰正在研究这种生物地质重组。现在，通过赋予气候变化作为力量倍增器的战略重要性——事实上在大气层层面上——及研究环境变化的组织性教训，我们可以声称天气与自然资源都是空中王国战争不可预测的易变的扩展。

默认的环境改变

> 我们把天气看作武器。任何能够让人为所欲为的事物都是武器。天气事实上就是武器。
>
> ——皮埃尔·圣·阿曼德博士

远在美国海军研究员皮埃尔·圣·阿曼德博士在1966年声称天气等于武器之前，天气与环境变化之间的关系一直都是战争的一个必要因素。阿基米德曾想利用希腊人高度光亮的盾牌上集中的太阳光点引燃罗马人的船只。罗马帝国的军队又把盐埋入迦太基的田地里使之成为不毛之地，制造了整座城市为了避免饿死而移民的早期生态移民的个例。[21]伊丽莎白王后在公海打败西班牙也部分得益于风暴。而拿破仑·波拿巴由于坏天气输掉了对俄国的战争，因此让发现海王星的天文学家班·勒维耶预告冬季航线与军事路线沿途的天气。在1812年的战争中，美国军医处处长发布命令记录气候为战争服务，创建了美国最早的气象站电子网络。在19世纪40年代的布法罗战争中，美国意识到破坏布法罗经济有助于消灭他们的人类敌人，结束土著的美式生活（Halacy 31）。美国内战因为扩大了气象观察站而享有赞誉。尽管林肯总统反对资助增加天气预测新科学，但1861年战争爆发时已经有了500个电信节点。因此，内战为国会对天气技术资助的更长远的增加以及美军信号在1870年承担气象知识责任做好了铺垫。到1881年，国家气象局（NWS）与国家海洋和大气局（NOAA）在军费预算之外重新组织了气象服务，尽管这两个部门历来都是军官管理，仍然是准军事组织（Fine 211）。

作为20世纪第一次全面战争的第一次世界大战依靠对风的模式及湿度的使用释放空气中的芥子气、光气和氯气。但因为对于风的了解还处于萌芽阶段，气体战争的效果一般（造成的死伤人数大约是百分之四）。[22]第一次这样的攻击是由化肥的发明者，德国的诺贝尔奖得主弗里兹·哈博实现的。后来他成为化学战争之父。到第二次世界大战的时候，环境的变数与战争的艺术全面并正式地交接在一起。到1956年，美国的巨型大脑——军方出资的电子数字积分计算机（ENIAC）宣布诞生，不仅为炸弹的轨迹计算提供了可能，而且也为基于数字的、多层次的气候预报提供了必需的计算能力。而在19、20世纪之交，比耶克内斯教授与卑尔根原型气候学派只能对此进行推测。在俄罗斯人造卫星的刺激下，美国海军研究实验室率先正式地把气候卫星送到地球的大气层。在美国军方的研究与发展公司（RAND）的支持下，在包括陆军、海军、空军在内的八个联办机构的共同参与下，世界上第一个运作的天气监测卫星系统在 1966 年产生了。这个时候，气候与战争在科学的意义上遍及全球。从一颗绕行的机器上可以每隔 12 小时对大气进行一次观测。[23] 在 1967 年与 1972 年间，环境改变（ENMOD）的策略以一种可持续发展的方式形成。美国军方在试图延长南亚的季风季节时，用它的 C130 及 F—4 幻影战机洒下几吨的碘化银，从而在有着几个世纪历史的胡志明小道上人工降雨。被称作"操作大力水手"的项目除了在中立的柬埔寨与老挝（违背国际法），还在越南北部与南部进行环境改变。操作大力水手负责 2600 架飞机与 47000 个云播种材料的单元，耗费 2160 万美元。[24] 美国并不比迦太基的罗马人逊色，他们也在 1960 年与 1970 年对古巴实施了气候改变任务。他们的目标是使云在到达本岛之前就降雨，以导致灭绝性的饥饿与干旱危机。[25]

因此，最早的非传统战争的历史性事件——无论是偶发的还是有意为之的——本质上都是与气候学相关的。因为这类历史记载不完整，我们在此能提供一整套可行的划分方法来区分冷战时期利用天气增加武器的方法与气候在冷战后的多极战争时代改变战争原理的动力，以对空中帝国进行总结。如果要把前面提及的大量过去改变化境的活动放在当代环境背景之下，我们必须区分气候的工具性用途与关于环境安全的新科学。这种新科学既利用未来生态灾难的起事机会，又把产生气候与地质极端的偶然的动力转变成新兴的战争分析。要把目前气候变化的赌注理解为军事力量的扩大器，我们必须区分人为的环境改变与默认情况下的化境改变。这对于理解我上文称之为人类的架子生活至关重要。人为的环境改变是指按"大力水手"的方式对气候进行提前计划。而默认情况下的气候改变是把环境危机转变为一种不仅会攻击人类而且最终需要人类的自生的武器形式。

在 20 世纪 70 年代中期，长期有着环境改变项目的苏联，公布了美国之前在印度与中国的活动。然后从 1977 年开始，最后一版的公约把环境改变界定为任何改变——通过对自然过程人为的操纵——地球的动力、构成或结构的活动，包括生物系、石生演替系列、水圈、大气层或外太空。目的是引起诸如地震与海啸这样的结果，打破一个地区的生态平衡，或者改变天气模式（云、降水、各种旋风和龙卷风），改变臭氧层或大气层的状态、气候模式或者洋流。

然而，立定公约的条件，亦即冷战中对立方主要的联系，在于美国坚持的"公约参与国承诺不参与把有着广泛、持久或严重影响的环境改变技术用于摧毁、破坏或伤害另外一个参与国的军事或任何其他敌对的用途"。美国国防部通过给"广泛与持久的"涉及时空的警告增添"严重的"这一定义，与美国在联合国的代表共同引入一条考虑到未来环境战争部署的条款。他们试图在战争最重要的变数周围设置重要漏洞：如我们在上文新型战争技术的背景下所见，即对时空的控制。早在 1996 年，这些变数开始以一种严肃的方式被重新引入。在一篇由七位空军军官合写的论文《作为战争增力器的天气：拥有 2025 年的天气》中，"全光谱冲突"的思想把天气操控说成是"比〔原子〕炸弹更重要的武器"（House 5）《空军 2025 年》根据炸弹威力衡量了飓风的能量，认为一场有价值的"热带暴风雨等于一万颗一百万吨的氢弹的威力"（House 18）每一天的 4.5 万次电击据说含有"能进行军事进攻的电能"。用于在空中投放"瞄准并定时的电击"所必需的化学物质的悬浮在大气中的微型电脑无人机可以诱导这种能量。（House 27）这个版本的电潜能与脑波界面的联系并不直接，因为后者把人类吸收进战争机器，与默认情况下的环境改变更像。因其对电离层（位于地球上空 1200 英里处，像一面自然的镜子反射无线电电波的大气层）的具体关注，《空军2025》也激发了高频有源极光研究计划（HAARP）的诞生。这个计划始于 1997 年，基地设在阿拉斯加的果科纳，是一个 12 乘以 15 的矩形网格中，建在间距为 80 英尺的热电堆上，拥有高达 72 英尺的 180 个发射塔。[26] 简单说，HAARP 是一种用来激活低大气粒子的电离层加热器，是迄今为止建造的同类机器中最大的。[27]

因此，人为的环境改变无论如何都在军事讨论的议题中（注意：美国气象协会现在签署了遏制全球变暖的环境改变方法），但是还不像目前默认环境改变一样在原则的讨论中完全显而易见（就公众可知范围而言）。（"Re-engineering"7）考虑到目前的气候变化现实，1997 年联合国环境改变大会增加的时空警告已经呈现出前所未有的意义。美国当前的统治机器（军方、政府以及公司）对此不再公开回避。气候变化反而被当作增加可操作环境的目标，是默认环境改变最纯粹的形式。这种对地球危险的适应，实际上是拥抱，成就了源于被抛弃的人为气候灾难的军事策略。然而，人类起源——关键性的条件——根本不会转化为人类的保护。默认的环境改变与军事技术和国家安全政策都一致，既瓦解人类意志的功效，又同样瓦解如此的人类的功效。人类可看起来似乎有决定着空中帝国的战争胜负的能力，可是我们却完全没有控制地球大战的新动力。处于 350ppm 时，我们处于——并且超过——"危险的人为干涉的"（DAI）水平。2012 年，二氧化碳达到 450ppm 的水平。（Kolber 42）[28]（中国的公差结果证明更高，达到 550ppm，甚至 750ppm。）冰帽在融化，海平面在上涨，而且速度比国际气候变化专家小组（IPCC）预测的更快。以目前的灭绝速度，地球上一多半的动物物种在 21 世纪末即将消失。并且，根据 2007 年麻省理工学院统一的全球体系模型，要阻止比预测要早得多发生的生态灾害就太晚了。IPCC 专家小组主席莱杰德拉·帕卓里 2012 年把美国指责的东京气候协议的失效日期称作这个行星的下一个倾斜点。（引自

Vanderheiden xi）前文介绍无人机领域的天空行动时所引用的 2009 年的战略研究所同样的文件也以一个复杂得多的（如果不也是自杀性的）默认的环境改变策略取代了以人为中心并按照"操作大力水手"的方式进行的人为的环境改变的观点。这一策略利用实际上也是适应煤产生的二氧化碳气体释放的破坏性力量。这里，气候变化这一说法把生态问题从人类起源的有限范围移到了只有在这件或那件群众危机事件发生后才被赋予人类意图的活跃的分子、偶然的复合物、偶然的聚合物构成的广泛的形态王国。战争的生态学在此被看作进行所谓的跨界战争的方式。因为战争现在是系统发生的，这些战争不仅是跨越国家界限的，而且也是在国内进行的。气候变化成为一种加速器与增力器，或者是最终指向其操控者的军事力量。(TSC 4)

　　我们已经看到战略研究所的气候变化材料所指出的空间的突变与时间的加速在脑机接口技术（BMI）与上文所述的无人机领域的应用。在此，请回想，我们建立一套创新的融合机器与血肉之躯的战争应用。我们也要强调，鉴于当代安全原则与 21 世纪战争机器的模糊性，我们也发现了一种详细的、基于数据的战争分析。它不再像传统的对西方现代性的划分那样，关心战争与和平、敌人与朋友、危险与安全、他乡与家乡、国家力量与平民等的区别。气候变化作为增强战略的形式的观点也适用于使用分形与混沌在新兴的军事系统里再次以无处不在性被加以考虑。1996 年美国海军战争学院的一篇论文《混沌理论：军事应用概要》以德·兰达使用"机器语系"这一术语一样的方法，运用混沌理论为无人技术埋下理论上的伏笔。在时间的意义上，就詹姆士·格雷克而言，混沌被定义为"在**系统反应仍然是周期性发生（钟摆仍然前后运动）但不再可以预测的地方，不再周期性发生，[而是] 明显任意发生的行为**"。(James 14；原文强调)[29]计算机技术通过协调既打断又重组生物与非生物层的偶然时间标记（例如，气候变化与人类），制造了同样的空间突变。混沌理论像分形媒体一样，允许我们辨别"各种动力之间许多系统共有的转变"（14）。但同样地，没有电子机器的数学阅读能力，这些动力不能以一种可以理解的有用方式形象化。运算法则把混沌转变成原来不可视的新的系统线条。偶然事件与分形媒体一致，被用于协调不相似的两件事物之间不可预测的联合，就像无人机视域产生我们不能提前模拟的虚拟战场的可能的微积分——拉斯维加斯式。混沌流产生没有明显模式的周期性的时间间隔，在操作上等同基于直接和永久的战争的安全。要理解空中主权中存在的暴力关系，最重要的是系统内部的混乱动力通过仿制不同层面的气候获得军事应用。对于有意的环境改变，气候变化完完全全是构想出来的。反过来，默认的环境改变终归成为战争的一个阶段，它超越了人类的能力，控制我们不妨总结为即将胡作非为的大气军。通过重新根据"天气动力与云"的不对称系统组织战争，混沌理论谋求军事利益。21世纪的战争与机器语系类似，以同样的非线性骚乱事件、风的模式、暴风系统、雷电炸弹、生态武器为基础。而这些实际上是由机械的无人机在空中实施。"那里的战场充满了有着致命杀伤力的新型云朵。"（James 79）

如果不把模拟战争计算在内，气候变化也是一种新型的，并且将成为主导的战争方式。现在，大气成为一个既是人为的，又默认的武器。诸如脑机接口技术与分形媒体的相关技术以同样的程度，消除并重新吸收人类。第一，这种消除/吸收发生在战争机器已经把新的机器语系穿插进基于有碳与无碳的生命形式之时；第二，更具戏剧性的是，这个消除/吸收的过程是在人类阻止了它的长期生存的意义上而言。地球上这方的人或那方的人获得胜利在空中主权的背景下不再是假定的目标。如上文曾经所述，2010年有5000万环境难民。据联合国估计，2050年时这个数字将会超过 2 亿，标志了一个如果不是人类的一系列重新划分则是人口选择的时代。（Glenn and Gordon 2）在与默认的环境改变毗邻的生态破坏的语域，人类本身自成一方，失败的一方，处在通过包封人这个他者而取胜的跨越生物的代理网络之中。所谓的跨国界战争并非是可以明显分成国家对立面的战争，而是意味着人类作为一个正在消失的生物政治理想正变得几乎无迹可循。国际红十字委员会考虑到 1925 年日内瓦反化学战争协议，"敦促（我们）牢记我们共同的人性"。（International Committee of the Red Cross 3）在空中帝国，记住我们的人性可能是我们将拥有的全部。

注　释

[1] 关于这场辩论中的有关经济的论述，参看 Harvey and Wood。

[2]《2008 财年国防授权法案之国际公法》11081 条 951 款修订了《美国法典》第 10 篇第 118 章，要求下一个国家安全策略与国防策略包括为军事谋划者面临气候变化危险时提供指导，并要求下一个四年一度的国防评估研究武装力量对抗气候变化的能力。

[3] 关于美国军国主义以外国军事基地形式存在的物理现实，参看 Johnson。

[4] 毫不奇怪，2010 年，墨西哥用以色列提供的无人机战争计划，对贩毒集团的大造反进行了打击。参见 "Mexico Deploys Israeli UAVs in War on Drug Cartels"。

[5] 关于北方的命令，参见 "Pentagon to Detail Plan to Bolster Security"。

[6] 参看 Ewald 给出的美国历史上殖民地革命斗士的佳例。

[7] 关于失控状态这一重要问题，由于篇幅有限无法论述，但可以参看 Hitchcock。

[8] 对哈贝马斯来说，"人类本身"为资本主义公共领域提供了从政

治角度的自我理解。参见 29ff。

［9］关于 Helio Courier，见 Colby and Dennett，69，282。

［10］这一节关于无人机的详细情况源自国会汇编的无人机部分。参见 De Luce。

［11］据估计，美国在"长期战争"中实施的空中打击致 85% 的妇女儿童丧生，参见 Engelhardt。

［12］参见 Drew。

［13］关于战术机器人计划，参见 Byrne。

［14］关于"自生战争"（autogenic war），参见 Hill。

［15］参见 Virilio 73 ff。

［16］参见 Martin。

［17］参见 Davis。

［18］关于潜在因素和形象，参见 Parks 137。

［19］在《差异》（Differences）杂志专号《人类的未来》（"The Future of the Human."）上，我探讨了围绕人性与当代战争条例的概念所发生的变化。参见我的"'Terrorists Are Human Beings'：Mapping the US Army's 'Human Terrain Systems' Program"。

［20］在马克思主义传统的后结构主义变体中，亚当·斯密领军人物。参见 Louis Althusser 对马克思解读斯密的讨论。亦可参见我的"The Crowded Text：E. P. Thompson, Adam Smith, and the Object of Eighteenth-century Writing"。

［21］参见 Russell。

［22］参见 Haber。

［23］参见 Fishman and Kalish。

［24］关于美国环境战争及其在印度支那的影响的详细陈述，参看 Stockholm International Peace Research Institute。

［25］这次对古巴的攻击由国防部顾问洛厄尔·蓬泰（Lowell Ponte）提议的，但五角大楼否认这次行动。参见 the International Herald Tribune。

［26］参见高频有源极光研究计划（H. A. A. R. P.）。

［27］参见 Shachtman and Chossudovsky。

［28］亦可参见 Hunt。

［29］这篇文章与其他混乱的战争条例常经常引用 James Gleick 的畅销书 Chaos：Making a New Science。

引用文献

Althusser, Louis. *Reading Capital*. London：Verso，1999.

Branfman, Fred. "Mass Assassinations Lie at the Heart of America's Military Strategy in the Muslim World." *Alternet*. Web. 24 August 2010. < http：// www. alternet. org/ story/147944/ >.

Byrne, John. "Military Death Cyborg Synergy Come True." *Rawstrory*. Web. 7 July 2009. < http：//rawstory. com/blog/2009/07/new-military-robots-could-feed-oncorpses >.

Chossudovsky, Michel. "Weather Warfare." *Ecologist* May 2008：14 – 15.

Colby, Gerard and Charlotte Dennett. *Thy Will Be Done：The Conquest of the Amazon*. New York：Harper Collins，1996.

Davis, Frederic E. "My Main Squeeze：Fractal Compression." *Wired*. Web. < http：// www. wired. com/wired/archive/1. 05/fractal_ pr. html >.

DeLanda, Manuel. *War in the Age of Intelligent Machines*. New York：Zone Books，1991.

—. *A Thousand Years of Non-linear History*. New York：Zone Books，1997.

De Luce, Dan. "No Let-up in US Drone War in Pakistan." *Commondreams. org*. Web. 21 July 2009. < http：//www. commondreams. org/headline/2009/07/ 21 –6 >.

Deleuze, Gilles and Felix Guattari. *A Thousand Plateaus：Capitalism and Schizophrenia*. Trans. Brian Massumi. Minneapolis：University of Minnesota Press，1987.

Drew, Christopher. "Military Budget Reflects a Shift in US Strategy." *The New York Times* 7 April 2009. Web. < http：//www. nytimes. com/2009/04/07/ us/ politics/07/defense. html >.

Ewald, Captain Johan. *Diary of the American War*. New Haven: Yale University Press, 1979.

Editorial. *New Scientist*. July 15, 2009.

Engelhardt, Tom. "Killing Civilians," *Tomgram*. Web. 24 April 2009. < http: //www. tomdispatch. com/post/print/175063/Tomgram%253A% >.

ENMOD. *The Convention on the Prohibition of Military or any Other Hostile use of Environmental Modification Techniques*. Web. < http: //www. sunshine-project. org/ enmod/primer. html >.

Fine, Gary Alan. Authors of the Storm: Meteorologists and the Culture of Prediction. Chicago: University of Chicago Press, 2007.

Fishman, Jack and Robert Kalish. *The Weather Revolution*. New York: Plenum Press, 1994.

Gates, Robert. "US Global Leadership Campaign. " 15 July 2008. Web. < http: //www. defenselink. mil/faq/comment. html >.

Gleick, James. *Chaos: Making a New Science*. New York: Penguin, 1987.

Glenn, Jerome C. and Theodore J. Gordon. *State of the Future*. Washington, DC: World Federation of the United Nations Associations and American Council for the United Nations University, 2007.

Goodwin, Christopher. "Hunting Down the Taliban in Nevada. " *The Sunday Times* 22 Mar. 2009. Web. < http: //www. timesonline. co. uk/tol/life _ and_ style/men/ article5944961. ece >.

Graham, Stephen. "US Military vs. Global South Cities. " *Z Magazine* 20 July 2005. Web. < www. zmag. org/content/showarticle. cfm? S >.

Haber, Ludwig Fritz. *The Poisonous Cloud: Chemical Warfare in the First World War*. London: Oxford University Press, 1986.

Habermas, Jurgen. *The Structural Transformation of the Public Sphere*. Cambridge: MIT Press, 1989.

Halacy, D. S. *The Weather Changers*. New York: Harper and Row, 1968.

Hallinann, Conn. "Who are the Shadow Warriors? Countries Are Getting Hit by Major Military Attacks, and No One Is Taking Credit. " *Foreign Policy in Focus*.

28 May 2009. Web. < http：//labs. daylife. com/journalist/conn_ hallinan_ _ for-eign_ policy_ in_ focus >.

Hardt, Michael and Antonio Negri, *The Multitude*: *War and Democracy in the Age of Empire*. New York: Penguin, 2004.

Harvey, David. *The New Imperialism*. Oxford: Oxford University Press, 2003.

Hill, Mike. "The Crowded Text: E. P. Thompson, Adam Smith, and the Object of Eighteenth-century Writing. " *English Literary History* 69. 2 (Summer 2002).

—. "'Terrorists Are Human Beings': Mapping the US Army's 'Human Terrain Systems' Program," *The Future of the Human*, Special Issue of *Differences: A Journal of Feminist Cultural Studies* 20. 2 – 5 (2009).

Hitchcock, Peter. "The Failed State and the State of Failure. " *Mediations* 23. 2 (Spring 2008): 70 – 87.

House, Col. Tamzy J. et al. *Weather as a Force Multiplier*: *Air Force 2025*. August 1996. Web. < www. au. af. mil/au/2025 >.

Hsu, Spencer S. "Obama Integrates Security Councils. " *The Washington Post* 27 May 2009. Web. < http: www. washingtonpost. com/wp-dyn/content/ article/2009/05 >.

Hunt, Julian. "China's Growing Pains. " *New Scientist* 18 Aug. 2009: 22 – 23.

International Committee of the Red Cross. "Preventing the Use of Biological and Chemical Weapons: 80 Years On. " 6 Oct. 2005. Web. < http: /www. icrc. org/web/ eng/seteeng0. nsf/htmlall/gas-protocol100605 >.

International Herald Tribune. 29 June 29 1976: 2.

James, Major Glen E. *Chaos Theory*: *The Essentials for Military Applications*. Navel War College: Newport Paper Number Ten, 1996.

Johnson, Chalmers. "America's Unwelcome Advances. " *Mother Jones* 22 Aug. 2008. Web. < http:: //www. motherjones. com/print/15574 >.

—. *The Sorrows of Empire*. New York: Metropolitan Books, 2004.

Kolbert, Elizabeth. "The Catastrophist." *The New Yorker* 29 June 2009: 42.

Martin, Richard. "Mind Control," *Wired* 13 March 2005. Web. < http: // www. wired. com/wired/archive/13. 03/brain_ pr. html >.

"Mexico deploys Israeli UAVs in War on Drug Cartels." *Homeland Security Newswire.* 26 Aug. 2010. Web. < http: //homelandsecuritynewswire. com/ mexico-deploysisraeli-uavs-war-drug-cartels >.

National Security Strategy of the United States of America. Falls Village, CT: Winterhouse Edition, 2002.

Parks, Lisa. "Planet Patrol: Satellite Image, Acts of Knowledge, and Global Security. " *Rethinking Global Security.* Ed. Andrew Martin and Patrice Petro. New Brunswick: Rutgers University Press, 2006.

Parsons, Rymn J. *Taking up the Security Challenge of Climate Change.* Leavenworth, KS: Strategic Studies Institute, 2009.

"Pentagon to Detail Plan to Bolster Security," *The Washington Post.* Web. < http: // www. msnbc. msn. com/id/27989275 >.

"Re-engineering the Earth. " Editorial. *New Scientist* 29 July 2009: 7.

Retort. *Afflicted Powers: Capital and Spectacle in a New Age of War.* London: Verso, 2005.

Robertson, Nic. "How Robot Drones Are Revolutionizing the Face of War. " *CNN.* 26 July 2009. Web. < http: //www. cnn. com/2009/WORLD/americas/ 07/23/wus. warfare. remote. uav/ >.

Russell, Ruth. "The Nature of Military Impacts on the Environment. " *Sierra Club, Air, Water, Earth, Fire.* San Francisco: Sierra Club Special Publication, 1974.

Shachtman, Noah. "Air Force to Unleash 'Gorgon Stare. '" *Wired* 19 Feb. 2009. Web. < http: //www. wired. com/dangeroom/2009/02/gorgon-stare/# more >.

—. "Strange New Air Force Facility Energizes Ionosphere. " *Wired* 20 July 2009. Web. < http: //www. wired. com/print/seccurity/magazine/17 – 08/mf_ haarp/ >.

Stockholm International Peace Research Institute. *Ecological Consequences of the Second Indochina War.* Stockholm: SIPRI, 1976.

United States Army. *Tactics in Counter Insurgency CFM* 3 – 24. 2. Department of the Army: 2009.

Vanderheiden, Steve. Ed. *Political Theory and Global Climate Change.* Cambridge: MIT Press, 2008.

Virilio, Paul. *Speed and Politics.* Los Angeles: Semiotext [e], 2006.

Whitnah, Donald R. *A History of the United States Weather Bureau.* Urbana: University of Illinois Press, 1961.

Wood, Ellen Meiksins. *Empire of Capital.* London: Verso, 2003.

（宋晓霞　译）

第十一章

关于后碳哲学的札记
——"愚蠢，这是经济！"

马丁·麦奎兰（Martin McQuillan）

拯救一个我们不再言语，

或者有时像在一个移民殖民地一样

更喋喋不休地言语的

话语的又一次努力

——雅克·德里达《危机经济学》

后碳哲学

这是一篇关于碳经济结束后的哲学、哲学的任务与目标的论文。这并非疯狂的科幻小说。据估计，我们（总体作为一个星球）已经达到或者超过了石油峰值（在这个时刻，世界石油储量开始萎缩）。既然现在想象一个不再有石油的分形蒸馏的世界是批评家想象的重要任务，那么后碳时代有效地拉开了序幕。思考后碳时代的任务绕不开思考此时此刻的"一个世界"的困难。也就是说，一个被我们称之为孟德尔化或更严格地称为孟德尔主义化的事物把世界全球化了（建立在西方霸权与特权基础上的全球化）。[1]考虑到诸如"经济""法律""主权""世界"等术语全是哲学术语，完完全全是形而上学的，作为西方思维模式的哲学的地位，在这种情形下，无疑受到了冲击。然而，考虑到思考的任务从何开始以及它必须处理的资源，我们必须重拾我们面对的哲学遗产，并且接受成为我们希望用哲学语言描述的对象的部分历史将遭遇的显然而又不可避免的困难。如果我们真正地在进入一个我们至今仍没有描述框架的新物质的时代，那么哲学必须对这种情况作出回应。物质的问题毕竟也是一个哲学概念。正如德里达早在《暴力与形而上学》中提及，经验的以及所有的经验主义都是嵌入哲学历史中的哲学姿态。他在这篇文章中对列维纳斯的解读暗示列维纳斯证明所有经验主义都是形而上学而且是对"他者无限外在性"永恒的哲学主题化的方式。相反，列维纳斯不把经验的理解为一种实证主义，而是一种不同于他者的经验。"经验主义"，德里达认为，"自柏拉图到胡塞尔，一直被哲学认定为对非哲学的哲学主张"（152）。这就像作为哲学的影响方式，用一种非哲学的方式诉说。然而，没有什么比用哲学来否定哲学更迫切地需要哲学了。在非哲学的形而上学模式中，全然的他者的侵入要求哲学（例如罗格斯）作为它自己的起源、目的与他者。就经验主义而言，哲学无可回避。对经验主义的思考永远只有哲学的方式一种。经验主义的激进化，是解构认为的20世纪下半叶让人屏气凝息、人心振奋的哲学之旅。正如德里达在论及列维纳斯的文章的开篇所述，是非哲学对哲学的终结使我们可能思考未来："甚至，这些问题可能不是哲学的，不是哲学问题。然而，这些应该是如今在这个世界能建立仍然被称为哲学家的那些人的群体的唯一问题。他们被称为哲学家至少是因为记得这些问题必须得到百折不挠的研究"（79）。因此，关于后碳经济的物质的问题，可能不是哲学有办法回答的问题，而是必须以哲学的方式加以思考并决定的问题。可能，事实上早在石油峰值前很久，在黑格尔或马克思、尼采或海德格尔的时代，仍然存留的后哲学的投机经济时代，我们已经达到必定立足大量哲学与形而上学储备之上的哲学峰值的顶点。这种想法有助于我们理解下文。正如我们在文章开篇尽力指出的，我们不能寻求以否定气候变化来代替对哲学的否定。

那么，没有哲学，很难想象气候改变时代的新物质。事实上，关于环境保护论的话语中持续不变的物质主题无疑将迫使我们诉诸哲学。可能的情况是，哲学将告诉我们所有的环境保护论都是建立在基于自然与文化无法继续进行区分的事实上的无可争议的经验主义之上的形而上学。结构环境问题的任务可能是重新思考对环境的体验，把环境当作经验，当作也是对他者、全然他者与不同的经验的现象性不可简化的存在于洞察的经历。正是这个全然他者，即区分德里达与列维纳斯的他者，我们必须作为气候变化与后碳经济时代的新物质加以研究。然而，在这篇文章中，我不会研究作为碳的影响的环境问题。即使碳氢燃料明天就要被法律禁止，碳与它的同素异形体仍将一如在柏拉图时代一样，是宇宙中第四丰富的元素。因此，从某种意义上说，谈后碳时代的物质毫无意义。那么，无论何时我谈及"后碳哲学"，我正讨论的问题严格意义上与物质本身的消耗无关。与思考的任务有关的反而是世界的类型，这个类型的世界的存在以及这个基于对碳氢燃料的开采与利用之上的经济文化，导致世界的思想和经济文化不可避免地放弃石油转而使用其他的替代能源而生活继续受到一个世纪对碳氢燃料的大量使用的影响这样一个世界的前景。最后，后碳现代性的文化与经济可能看上去无异于我们今天的文化与经济。毫无疑问，以碳为燃料的资本不会为了所谓的可持续生活轻易放弃它的特权，而是会寻求用基于核能的经济的风险取代碳经济的风险。后碳时代面临的新物质与生物多样性可能很快就会与现在这个时刻看起来没什么两样，此时此地为它自己的未来提供了想象。未来事物的样子不是我们现在思考的目的。在这篇文章中，我将思考思考本身。

　　一方面，哲学不会命名用以替代的能源，这不是哲学可以回答的问题，并且这可能不是一个哲学问题。另一方面，哲学提供了一个危机模式。谈及局限性、目的与终极，谈及理论或人性或人的科学对于成为制度和转化为行动的无能为力，谈及我们仍然称为"政治""道德""经济"的事物与如今全球的突变以及那些突变的结构之间的无从比较，哲学讲得最好。如果我们要理解什么是我们现在这个时代最独特的，答案将出自哲学的思考。然而，哲学所面临的挑战不是依样画葫芦，而是命名并找到区分作为危机的此时此地与之前的危机的最紧要的时刻。正是在理解现在的危机（新自由主义、气候变化、石油峰值与生物多样性消失的全球化危机）与所有其他危机（例如西方殖民主义的历史中的危机）如何不同的过程中，哲学可能开始哲学地思考这一时刻。同样地，可能没有能够使哲学在这一刻以哲学的方式作用的这一时刻普遍的经验。考虑到世界不同地区在这种情况下的意义的多样性经验，可能既没有一种共同的视野也没有一种话语能够提供一个说明与解释这一危机并确保正确的能力。从这个意义上讲，继瓦列里与胡塞尔之后传统秉持的哲学的危机概念面对不能以现象论和本体论表达共同危机的经历的无能。那么，哲学处在一种骑墙的境地。一方面，它作为决定危机的唯一方式被用于解决危机问题。另一方面，由于它不能通过重复它自己的危机模式解决危机，哲学被证明有着它自己本质上的可分性。[2]

　　情况可能是，石油峰值与同时不可逆转的气候变化危机仅仅是先前西方开采地球资源阈限情况的集中与重复。由于巨头鲸数量的减少和北方捕鲸船队在内战中的毁灭，碳氢光源出于必要与革新被引入，导致了煤气灯在家庭与城市的使用，进入现代性发展的新阶段。捕鲸业已经衰落了 10 年之久。然而，说我们如今的危机不是独一无二并不意味着它没有自己的特异之处。思考目前的危机的任务可能是理解今天的危机概念，即这是危机，它与哲学等提供的思想或模式相呼应，在当代的话语中得到戏剧化。世界处于危机的想法作为共同信仰的地位是这种危机的决定性特征，也正是使得这一刻特别的特征。目前危机的特异性可能是由目前政治利益角逐的各方（支持者、活动家、怀疑者、否定者和游说者）通过当代交流的各种渠道花费在融合世界处于危机之中的概念所消耗的资源定义的。一方面，在这些修辞交流中，对危机的命名与否定总是服务于政治利益。另一方面，要把一个事件识别为危机总是要以本体论表达并且与这种解释它并使它容易理解的危机模式一致。或许，我们可以说今天的危机根本不是危机，而是资本对这个星球开发的漫长历史中最近的事例。而这个事例并不比历史中的任何其他事件重要。目前对危机的命名致力于掩饰那段历史并使它获得中立性，给它形式，因此也给予它一个程序和可计算性。

目前有关环境变化的争论的任何一方，只把今天地球生活受到的一种威胁命名为危机，把这个过程与事件命名为危机将借用它来指代现在和对现在的思考。在赋予气候变化事件形式与可计算性的同时，我们已经开始抵消它未知的未来的影响，消除处于全然他者的体验的核心的他异性经验的影响。把它命名为危机是受限于"危机"的暂时性，即有一天它会结束，正常情况将会得以恢复。争论的一方会说"正常"（无论在这个已经经历了至少五个主要的冰川时代的星球上正常可能意味着什么）通过减少二氧化碳的排放和引入"可持续的"能源消费得以恢复。另一方则认为当前是正常的，气候并没有进行变化。无论是哪一种观点，双方的观点都取决于气候条件的变化会构成人类危机这一想法产生的正常气候的概念。而这种危机不再允许人类运行一个在过去两百年维持着它的发展的资源开采系统。换句话说，在关于气候变化的争论中，利益攸关的是世界经济的未来与进行这一经济运作的正常的或理想的条件。也就是说，辩论立足于如何保持理想与正常的本质上保守的观点之上。事实上，气候变化的事件与其独特性植根于它已经不可改变的观念之中。作为危机的气候变化的特别可能是它不受制于危机的暂时性，可能是一个没有解决方法的危机，因此也证明它根本不可能是危机而是一个永恒的状态。在这个意义上，危机成为一个永恒的情况，或者至少解决这一危机就是建构新的关于正常的思想。气候变化必定改变我们寻求以确定它的关于危机的想法。同时，气候改变成为危机思想史最新篇章的一个部分，并且继续被其借用并归入它破坏的模式。

在不可逆转的环境改变与石油峰值的问题上，我发现自己令人吃惊地持有怀疑态度。考虑到碳氢消耗已经在下降，而如果没有新的措施（尽管还有许多山顶将被炸开，大量油页岩还未开采），哪怕最乐观的预测也认为石油资源将在我们的生活中减少至几乎完全消失，那么我们为什么要过度担心未来 50 年气候排放设定的目标呢？我不怀疑这将产生的危害，例如，那 50 年里的极地冰帽的破坏以及由此导致的生物多样性的消失。然而，这些目标在我看来似乎意在竭力维持碳排放的剩余物而不是处理气候变化更根本的潜在原因。这种"竭力维持"因为要求新的无碳石油，也是全球资本的一个过渡期。事实上，要纠正未来 50 年造成的破坏可能需要 100 万年的时间，而环境的复位必定发生在不再有石油消耗的情况下。也就是说，不可逆转的环境改变不必是可逆转的，它只是地球生活形式在地球资本存在的阶段，而某种迟到的发生的事实是不可更改的。因此，所有各方关于气候变化的话语保留了不可简化的人文主义与西方偏狭的影响。于我，哲学似乎还不足以接受气候变化支持者的话语与公理系统，即使它可能毫不保留地接受科学。更确切地说，目前状态下的话语有讨论的余地，是脆弱的、尚可完善的，甚至是可解构的（如德里达提醒我们关于死刑的废除方的话语）[3]，因为它常常把关于地球生活的概念局限于西方引导的全球化的现状，因此不经意地把气候变化描述成降临西方主体的最近发生的事件。如此，气候改变是欧洲面临的最新的危机阶段。于是，它需要西方作出回应，一个包括科学、哲学与人文科学（包括经济学）的回应。然而，气候变化事件作为对超越西方人文主义局限的地球生活全然他者的经验将改变并且挑战欧洲人文知识结构的协议。气候改变因此是对理智，也是对作为西方理智的监护者的哲学的挑战。

我们一确定有着暂时性与可计算性的危机的时刻，就已经进入经济的王国。对危机的回应总是完完全全从经济的角度回应。正如我们通过命名把危机带入"屋里"，我们必定总是问什么是最快、最有效的结束危机的方式。同样，归根到底，我们经常被告知地球危机将是一个经济学的问题。然而，正如我们必定质疑作为危机公理的理智，我们必定追问经济是否能够继续在面临这样一个危机时作为可以严格确定的能力领域接受考验。我们将不得不问经济学是否能够提供一个合格的判断与决定的范围，并将对不可计算的事物的需求作出回应。这是哲学在危机管理经济中的体现。

在石油行业所谓的"预测"与思辨的哲学事业之间，有着清楚明晰的联系。我想说对石油的预测是过去200年工业现代性与西方经济的基础（尽管按照希罗多德的说法，石油作为燃油可以追溯到4000年前的巴比伦，石油到底来自对碳氢燃料的开采还是鲸是一个没有实际意义的争论）。作为经济引擎的动力并成就这样的经济，石油的找寻是对既有希望收获又有失去的风险的事业的冒险。石油开采的预测结构产生自股票、不动产以及如今资本虚拟产品的投资结构，又为其提供基础。与思辨哲学一样，它涉及在没有确凿证据时对未来事件进行预测或者理论化。正是这种预测结构使未来作为对危险的思考与作为危险的思考变得开放，也把哲学与碳经济紧密联系起来。从一开始，我就小心地使用"后碳经济"这个说法（尽管由于这种经济无疑会超过一个，我们也可能会用"后碳经济"的复数形式）。虽然石油是一种物质，原原本本的物质，石油的价格却是一个经济问题、关系的问题，是确确实实的一种概念。这篇文章中我所关心的是全盘考虑基于碳氢燃料的定价之上的经济与文化前景。这个问题可以归结为一个对未来的预测与对预测本身的未来同样关注的问题。这里我想提出关于今天的一个假设，甚至是一个预测。这个预测需要面临危险，经受考验，即无论何时我们谈及所谓的"环境灾难"，我们差不多就要谈"经济危机"。事实上，对这个预测的强有力的简述可能是这两个事物紧密相连，而它们的关系源自预测的结构。在这个意义上，哲学就是被这两个事物的同时发生置于危险而且必须使自身处于危险之中。

石油储量

西方引导的全球经济以石油的价值为基础。在第二次世界大战结束时，布雷顿森林会议产生了世界银行、国际货币基金，并通过把黄金标准与美元挂钩建立了一套新的国际货币对美元的竞争性通货紧缩系统。这个系统一段时间内运作良好。它使得西欧与日本第二次世界大战后的重建成为可能，并开启了关税与贸易总协议，形成了全球经济的基础。然而，20世纪60年代中期，由于越南战争过度支出的压力与欧洲和南亚制造基地作为全球贸易出口国的复苏，布雷顿森林黄金交易系统开始崩溃。到1961年11月，随着美元价值显露越来越大的危险，从美国国库取回金条的数量超出了正常水平（当时，一些国家的政府，尤其是戴高乐领导下的法国，根据布雷顿森林体系把他们的美元持有换成了黄金储备）。1967 年英镑贬值，注定了布雷顿森林体系的失败。为了避免外国政府兑换美元，保护联邦储备的价值，美元进一步处于对黄金贬值的压力之下。伊恩·弗莱明 1959 年写作的《金手指》的情节只能参照布雷顿森林体系进行理解。在引爆放射性炸弹后，联邦黄金储备不可获得的威胁意味着国家政府只能用它们的美元储量来兑换乌尔利希·金手指的黄金储备（据说是世界第二大的储量），因此抬高了他自己的黄金的价值并把美国经济抵押给金手指的私人事业。因此，詹姆士·邦德，危机中的欧洲的代理人，不仅暂时拯救了战后即冷战中的布雷顿森林协议，也保全了西方在全球经济中的领导地位。因为不愿冒耗减美国黄金储备与 1971 年美国的信用评级崩溃的风险，尼克松总统抛弃了美元与黄金的挂钩，从而解除了支持货币自由流通并由国际银行与市场决定美元价值的布雷顿森林体系的条款。这种情况加上越南战争不断投入的开支，导致了美国全国经济通货膨胀的压力以及工资与物价的冻结。欧佩克讨论了石油在几种货币中的价值，增加了美国国内动荡情景的危险。然而，在 1974 年，尼克松与沙特阿拉伯达成协议，用美元给石油定价。在不为其他欧佩克成员国和美国的西方盟友所知的情况下，沙特用他们盈余的石油基金购买了美国 25 亿美元的国债，再一次确保了美元作为储备国际货币的地位，开启了基于用石油标准替代黄金标准的石油美元即"黑金"之上的美国全球霸主的时代。随着政治与供应不稳定给石油价格带来的冲击，国家政府获得美元的需求产生。一方面，超过国内投资需求的美元流入石油供应国。这些多余的美元被存入纽约与伦敦的银行保值。另一方面，石油进口国需要买入美元来满足上涨的油价的需要。20 世纪 70 年代，非洲的发展中国家从拥有多余石油美元的国际银行借贷美元，产生完全用美元偿还的债务，并且当时的高利率是根据西方国家经济体的通货膨胀压力设定的。这样，新兴的后殖民的非洲大陆变得贫穷，其沉重的债务进入循环。布雷顿森林体系建立的国际货币基金通过实施也把发展中国家开放给西方私人公司的"紧缩"计划增强债务偿付能力。随着石油美元从欧佩克成员国家流入并作为欧洲美元债券或贷款贷出，联邦储备就制造贷款并扩大现金供应而言处于独特的地位。[4]正是这种情形使美国能够维持不可思议的财政赤字，并在 2007 年银行危机之后使得华尔街得以避免这场灾难。然而，在石油峰值后，在一个冷战后的多极时代，美元作为世界储备货币的地位再一次遭受质疑。曾经为了重新平衡世界经济而作出的努力，因为要解决中美往来账户的不平衡、中国对货币的操纵以及欧元作为替代货币或者额外的储备货币的需要而获得新的动力。而且，通过军事途径获得石油供应所付出的血与财富的代价证明可能这不是美国可持续的方式（拯救银行的代价——6600 亿美元，与美国 2007 年军费预算数额一样）。在后碳经济中，坐守石油美元的宝库可能不是最好的立场。

那么，在后碳经济的问题中，除了碳释放对地球天气实际造成的"不可逆转的"破坏，还有许多的危险。石油现在是全球经济的基本燃料，而石油贸易是每一个工业国家进行基础设施建设、全球贸易与 40% 的工业经济的主要能源来源的基本条件。用美元进行的石油贸易从 20 世纪 70 年代开始就是美国经济文化与军事霸权的基础，是确保西方领导的全球经济发展的资金变现能力。后碳经济对于目前的地缘政治制度，由此也对目前的资本情况提出了相当大的挑战。正是因为这些原因，我们可能说对气候变化的解决作为欧洲人文主义持续的危机的一个中途站，不仅仅是寻找一个结束这场危机并使西方资本回归的纯粹科学的解决办法，而是以一切取决于它的事物为中心。

尽管这个现象可能是现代的，哲学关于"能源"可说的很多，如果我可以改写德里达一个更为人熟知的夸张，那么，没有哲学家曾经以哲学家身份认真考虑过石油的问题。石油与碳排放如今可以进行众多的解读，可能定义使现在的危机不同于以往的最紧急的发作时刻。这不是说以前就没有石油导致的经济动荡与环境灾难的发作。事实上，石油生产的历史可能就是一连串这样的事例。

更确切地说，此时此刻最具有决定意义的指数是把碳排放引起的气候变化和全球资本面临的石油峰值风险的紧急状况与石油在全球经济中的中心地位进行有毒的结合。整个西方经济，即所谓的全球经济，都依靠石油。这就是说，全球市场与货物"自由交易"的概念受到早期现代人文主义与启蒙思想的哲学的影响，而我们对一切交易、债务与信念的理解建立在石油之上。考虑到我们当前状况与油价非常紧密的联系，谈论后碳经济事实上可能是件相当激进的事情。思考没有油价的工业经济一方面可能只是因为黄金被石油代替，因此石油可能被钚循环贸易取代。因此，问题变成用一种超验的能指取代另一种能指的问题。而另一方面，也存在把经济理解为对不同与全然他者的经验的机会。这需要对经济作出另一种理解，这种理解不专注于利用财富（我们现在称为"约束经济"），而是使我们理解一个诸如黄金或石油的主宰性经济术语的复杂性。这种复杂不在于其意义的丧失，而与它可能的意义丧失有关（德里达继巴塔耶与黑格尔之后称为"普遍性经济"）。[5] 在这个意义上，"后碳经济"为经济考虑不局限于严格商业意义上的价值意义与诸如黄金、石油和环或者所谓的"碳交换"等物体的确定价值的循环提供了可能性。我们开始理解流通过程中超越价值的生产、消耗与丧失的问题，将其看作约束型经济的价值现象。可能巴塔耶所说的"能源"超越了石油能源。这不是经济意义中的储备，而是对经济的非经济写作。这种写作易懂是因为它的概念超出它们被识别的对称交换，而根据某种复原逻辑，它们继续占用这个对称交换。这种作为解构的旧词新用的任务不是哲学自己承担的任务，而是在全球经济由气候变化引起的不可逆转的突变中进行的任务，是由非哲学的物质主义开启的哲学率先要报道的任务。这使我们回到那个熟悉的问题：在穷尽了石油储备与哲学语言之后，现代性未完成的工程必须继续在它的框架中以可理解的语言（例如哲学）写下受到矛盾的逻辑支配超过概念的反面的东西。并非19世纪与20世纪的概念不能回答新的气候危机的问题，而是气候变化作为它最近的发生与挑战是它的一个结果。另外，对经济的这样一种解读寻求理解或思考什么是哲学不可思考的，即它的经济盲点。结构的存储认为一般的写作是没有石油存储的华而不实的经济。德里达关于巴塔耶与经济的文章最初在1967年发表于《凯旋门》，同戴高乐对布雷顿森林体系与美国通过美元投资欧洲经济的剥夺进行的外交与经济打击不谋而合。在1977—1978年，也是在1974年和1979年两次石油价格波动之间，他举办了关于伪币的研讨会。当时如穆里尔·斯帕克在她的小说《接管》中所说，我们获得营养的方式在与金钱和财产概念有关的领域的完全突变已经形成，而这一突变不仅仅定义为资本体系的崩溃或者全球性的衰退，而且也是卡尔·马克思或者西格蒙德·弗洛伊德不能想象的现实本质的突变。斯帕克的小说在这里认为"突变"比全球衰退中的当地气候或西方资本主义的崩溃更加重要。她准确地识别在意义的约束型经济中，价值本身遭受的从对称的交换替代品中排除。这不是哲学导致的解构，而是整个自发改变并重新稳定其意义的环境发生的严重的气候改变。毫无疑问，资本主义顺利度过20世纪70年代的石油危机，但是作为其后果，意义本身的意义不可逆转地改变并重新分配。从1971年黄金代替石油到2007年信用泡沫和资本主义的变形（指期货和信用转账衍生品）以及全球经济（围绕全球生产和对自然资源的消耗）可以画一条清晰的线。2007年的货币危机，即所谓的"信用紧缩"，是一个关于信誉与财产价值可信度的问题。石油未来与石油的未来是信用因此也是信念的问题：对市场传统权威的信念和经济、经济学家以及政治家的可信度。不仅从资本化与未来交易的信誉的字面意义而且从作为信念或可信度的合法的意义上讲，市场的权威都是由信赖构成的。

诸如建立在未来石油定价基础上的全球金融与工业体系的经济的虚构的权威有赖于远远超过相信气候变化所需的可信度的信念。我们应该并不会惊讶于当前金融危机是信用危机的说法，它是建立在不依赖于物质财产的信用本身的交换基础之上的货币危机，是需要猛增的信念，并在没有有形证据的情况下最大限度证明可信度的钱与价值的去物质化。这是关于现实的概念的突变。

碳是全球经济中对石油的信念的要素。它与本质上信仰亚伯拉罕并由欧洲主导的世界的形成历史有着不可分割的联系。正是在石油的充当性问题上，地缘政治现在在欧洲与它的对手之间以及《圣经》的各宗教之间进行各种竞赛。[6]石油的价格是推动德里达 1994 年称为《圣经》中所有人之间的"世界战争"的资产变现能力，它的突出地位是"占领耶路撒冷"。（Spectres 52）对《圣经》的信仰与对石油的信念是全球化与资本主义庙堂的两大支柱。在工业资本主义与工业都市——城市、城邦及大都市的复杂的发展历史中，石油为货币形式从前现代时期对金属的信念转变为对信用交易与签名的信誉或者未来状况的信念提供了动力。在现代化的历史上，石油无疑与文学紧密关联。它不仅是文学生产所需照明的能源，而且也是贯穿整个现代阶段的信用、债务与信念的概念紧密关联的可替代物。石油本身不是文学的素材，尽管存在某些例外。例如，梅尔维尔 1851 年写作的《白鲸》就描写了从鲸油到碳氢化合物的过渡。从《了不起的盖茨比》和《黛洛维夫人》到《夏洛克·赫尔姆斯》，现代文学如果没有汽车、飞机或煤气灯将不可想象。左拉的《萌芽》是众多以煤的提炼为主题的文章之一，而狄更斯的《艰难时代》因为对焦煤城的描写著称。另外，胶片是石油做的，电影院是现代文学史上的特例。

后碳文化学

比尔·弗西斯的电影《南方英雄》有一个场景是迈克与奥德森走过夕阳西下的沙滩。这位美国石油谈判专家问他的苏格兰导游："你能想象没有石油的世界吗？"他们俩列了一长串现代社会可能的损失："没有汽车，没有油漆或上光剂，没有墨水和尼龙，没有清洁剂，没有有机玻璃，没有聚乙烯，没有干洗液，没有防水外套。"迈克难以相信地打断奥德森："他们用石油做干洗液吗？"他们还应加上一句"没有电影与电影院"。醋酸盐胶片在 20 世纪 50 年代替代了易燃的硝化纤维，反过来又被聚酯薄膜的聚酯纤维取代。《南方英雄》是经济的聚酯薄膜胶片电影，讲述了 20 世纪 70 年代北海石油浪潮中的乐观主义精神。当得克萨斯的柯奥克斯石油燃气公司为了开采北海的石油储量而力图把一个苏格兰的风景区改造成炼油厂时，环境灾难的发生确定无疑。然而，狡猾的当地人认为开采石油将使他们的生活摆脱自给农业从而获得不可估量的财富，因此对之表示欢迎。弗西斯完美地沿袭了伊灵喜剧的传统。他作品中的村民与他们的美国黑人传教士默多·麦克弗森力图从这家以为他们自己正在开发当地的美国公司获得最大的土地价值。电影拍摄的时候，气候变化的影响还尚未可知。相反，我们看到的是一部非经济的、殖民的逆转与互换。剧中这家得克萨斯的公司（由一个无疑有着加尔文职业道德的苏格兰人创立）回来征用苏格兰的土地，结果反被那些在美国石油峰值后，被迫到更远的别处寻求碳存量以给他们的工业经济增加动力并处于美帝国边缘的主体剥削。休斯敦的街道与费尔尼斯（与 fairness 同音）海峡的画面显现一系列的对照与切换。前者是一个建立在沙漠之上、为汽车而生的城市。后者则是有着沙滩与绵绵青山的渔村。只有在每一次迈克与奥德森试图过街时，画面才会被切断。北大西洋公约组织的喷气式飞机也偶尔打断这牧歌式的画面，把石油消费的增长与资本主义对苏联威胁的抵抗结合起来，提醒我们苏格兰海岸线与冷战期间北大西洋石油储备的战略重要性。

　　我们被告知费尔尼斯的发展将使得这个村子成为"西部世界的石化之都，并将持续一千年，甚至在下一个冰川世纪屹立不倒"。这是当时气候科学地位的指示牌。扮演柯奥克斯公司研究这个计划的石油科学家告诉他的同事，预测的冰川世纪可以通过改变墨西哥湾流的流向与融化北极圈避免，"但是他们不听我的，他们想挨冻"。这里，没有人关心全球变暖；黑金潮下的西部狂野从得克萨斯转移到了作为"欧洲发展与扩展"前线的苏格兰，石油工业被誉为"事业……唯一的事业"。柯奥克斯石油公司派出去敲定合约的谈判专家麦金托什出身于匈牙利犹太家庭，但是却被幸运乐天的柯奥克斯石油燃气公司老板菲利克斯·哈博（伯特兰卡斯特饰）误认为是苏格兰人。麦金托什爱上了这个村子，变得比苏格兰人还像苏格兰人，是为数不多几个为村子被他自己的公司买下感到伤心的人。在答应建立村民信托基金并通过使他们参与利润分红给村民以信心之后，他又提出用他在得克萨斯的生活与戈登·厄克特（村民们的谈判领袖、旅馆老板、会计和小巴车驾驶员，由多米尼克·劳森扮演）交换。他拿出 3 万美元的混合证券和一辆保时捷（"车款已经付清，纯粹的所有权"）换取饭店以及厄克特的妻子斯特拉。然而，费尔尼斯作为交易地的未来计划由于菲利克斯·哈博从得克萨斯的到来而暂停。

哈博是一位痴迷天文的业余天文家，因为麦金托什对北极光的描述而来到苏格兰。哈博对彗星有着救世主似的热情；在他动身前往苏格兰之前，他授意麦金托什"观天寻找其痕迹"。正当取得土地的计划遇到障碍之时，他来到村子。油轮停靠的沙滩为一个名为本·柯奥克斯的沙滩拾荒者所有，并且为柯奥克斯家族拥有多年（哈博的父亲买下原来开采石油的柯奥克斯先生，同时保留了公司的名字）。人们几次尝试劝说本出售他的沙滩，但都遭到拒绝。他解释说，这个沙滩数年来为这个村子提供经济来源，四五百人靠提炼海藻的化学成分谋生。"那时，贸易路线远离费尔尼斯，直达东方。生意不在了，但沙滩永远都在。如果你得到这块土地，那么这片沙滩将不再存在了。"当哈博与本分享他们对天文学的兴趣时，迈克被撂到一边。哈博放弃了他在沙滩上建造炼油厂的计划，转而支持完全高雅得多的事业——创立用于海洋研究及天文观察的哈博学院。迈克回到得克萨斯。在费尔尼斯，正义得到伸张，在沙滩与即将建立的哈博学院附近，又一家本地公司成立。但是当海洋研究取代环境破坏，村民们再也不会成为百万富翁。然而，电影《南方英雄》中的南方英雄是谁却并不明确：为村民提供数百万美元而招人喜爱的迈克，代表村民们谈判的戈登·厄克特，来费尔尼斯审核给厄克特投资文件的有着超凡魅力的苏联渔夫维克多，向奥德森提议建立研究院的助理研究员和美人鱼（脚上长着蹼）玛丽娜，还是拒绝售卖沙滩使炼油厂的计划搁浅的本·柯奥克斯？

弗西斯的温柔喜剧几乎不会招致激进的评论，但电影中的一些特征作为对无石油存储的经济的研究值得注意。无论什么时候我们面对石油主题学与石油公理，总会看到交换价值的不当搭配及信念遭遇的考验。迈克最初想开发当地，当地人却反过来压榨他。迈克与戈登关于信托基金的谈判使双方相互信任，并产生了一个不平等的交换提议与换妻计划。本提出如果迈克能猜出他手里有多少粒沙就把沙滩卖给他，但迈克却认为本在戏弄他没有答应。最终本拒绝给沙滩的自然资源定价。然而，这是一部虽然看不见石油却关于石油的电影。这部喜剧全部的动力来自有关石油价值的预测，正如那些致力于从石油开采转向塑料或信用卡的人在塑料上采取的立场一样。在与迈克关于信托基金的谈判中，戈登·厄克特在麦克弗森牧师的讲坛上呼吁村民们信任他。信念要求把信心投资于没有实证证据的事物的经济动作，而对石油价值的信念要求对没有保障或存储的经济进行预测。

《南方英雄》反映了石油以及石油与金钱关系的历史中的乐观时期。保罗·托马斯·安德森 2007 年拍摄的《血色将至》是将石油与信念的问题发挥到极致的另一部电影。这个文本再一次涉及考验相关群体信念的理论、死亡学、经济学与碳的交换与替代。丹尼尔·普莱恩维尤（丹尼尔·戴·刘易斯饰）是一个银矿的矿工。1898 年，他在加利福尼亚探测时意外找到石油。到 1911 年，他已经成为在这个州寻找更多油井的石油投机商。他花了 100 美元从桑迪家离家出走的儿子保罗那里买到这个消息后，来到桑迪的农场。在那里，他遇到保罗的父亲埃布尔与其双胞胎兄弟以利（两兄弟都由保罗·达诺扮演）。保罗的消息得到证实，但是与以利的谈判却更加困难。他要求 1 万美元用于第三天启教堂的基金。然而，埃布尔对表面上的普莱恩维尤有一种错位的信仰，并把自己与生俱来的权利以协议的价格卖掉。《圣经》中的以利是国王统治前的以色列的最后的士师，因为对上帝的污辱其后代受到诅咒。电影中的以利在桑迪家油田的问题上的判断与丹尼尔的判断是矛盾的。这是一个名副其实的陷阱，就算动机一目了然，也越来越难辨别谁在撒谎，谁是狮子。

丹尼尔·普莱恩维尤用桑迪家经常挨打的小女儿玛丽的名字命名他的第一口油井，但他拒绝为它祈祷。他向玛丽保证"不会再有人打你"，但是接下来的假意的父子亲情与冒充的兄弟的故事差不多就是一连串的殴打。在一次因向教堂承诺的 1000 美元而起的争执中，丹尼尔当众殴打并羞辱了以利。在发现他信任的诺亚并非他失散的异母兄弟而只是一个偷了他弟弟故事的陌生人，丹尼尔杀害了诺亚并掩埋了他的尸体。然而，由于以利目睹了这一过程，作为原谅他杀弟罪并交换一块使他能建造直达加利福尼亚海岸的输油管的代价，丹尼尔必须受洗。在他受洗的过程中，以利以驱逐他身体里的魔鬼为由羞辱并殴打丹尼尔。石油与油价的结果比羊羔与竞争家庭的血还要重要。以利离开家，踏上去拉斯维加斯的传道之旅。而懊悔的丹尼尔接回了因为在玛丽油井工业事故中失聪而被送走的养子。1927 年，数年之后，我们发现在他那座石油商人的豪宅中，醉酒的普莱恩维尤告诉他儿子其出身的真相，说："你不是我的亲儿子……我领养你仅仅是因为我需要一张可爱的脸帮助我买到土地。"养子通过手语表达，为了娶他青梅竹马的恋人玛丽·桑迪和建立自己的公司及信仰第三天启教，他放弃所有对普莱恩维尤的财产的继承权。

　　在所有的迹象与启示、伙伴关系的分裂与结束后，电影逐渐发展到精彩的最后一幕，这也是电影的引爆点。1927 年，普莱恩维尤躺在他自己豪宅里修建的保龄球馆里，酩酊大醉。以利已经成为福音广播主持人及拉斯维加斯一个大得多的教堂的牧师。以利前来拜访丹尼尔。他提出要与丹尼尔就桑迪家族剩下的土地的合约进行调停；桑迪家的孙子需要资金离开农场去好莱坞"演电影"。丹尼尔说只要以利承认他是"一个假先知，而信仰上帝是迷信"，他就同意合约。事实上，以利破产了，急需丹尼尔的合约。接着，保龄球馆替代了以前的油井与教堂的场景，出现了第三次羞辱与殴打。以利不停大声重复丹尼尔的话："说得就像你自己想说一样，就像你在布道。"然而，当丹尼尔说出他已经吸光了桑迪家族所有的石油，以利又相信了另一个假意的承诺。丹尼尔让痛苦的以利承认自己是个罪人，并对上帝感到失望，因为他"没有提醒我留心近来经济上面临的惊慌……他给予的神秘"。普莱恩维尤在保龄球馆里用一根撞柱追赶着以利不停殴打，全然不顾其作为亲家兄弟的告饶。他咆哮道："保罗才是我中意的兄弟，你不过是他的胎盘……我就是第三天启……我警告过你我会吃光你。"《圣经》中的以利是约柜最后的保管员，他被告知他的儿子们会在一天死去。以利伤痕累累的尸体与丹尼尔违背的诺言在这个场景中凌乱不堪，而随着电影致谢的出现，普莱恩维尤对一旁惊呆的管家说道："结束了。"

安德森拍摄这部电影的时候，完全了解作为直至2008年有关全球变暖的认识论的气候变化一部分的石油生产与消耗的危险。与同样了解全球变暖危险的观看者的叙事合约，是电影的第三启示：既不是美国扩张主义显而易见的命运中与石油商的旧约，也不是有着亚伯拉罕传统的国家的新资源带给国内石油峰值问题的好消息，而是石油与石油价值将使世界灭亡的天启。对石油开采的发展可能有着动人信念的幽默的村民并不存在，只有关于以利儿子们的唯一许诺："血色将至"。碳的地位几乎毋庸置疑，安德森的电影通过表现它包含的过去讨论了这个问题。全球化是一个理论、死亡学与碳相互作用的经济。一切宗教与政治的、旧的或新的幽灵在死亡冲动的作用下消耗殆尽并走向灭绝。正如普莱恩维尤在受洗时告诉以利，从军事力量在海湾对石油美元的价值进行干预到墨西哥湾海洋生物的毁灭，在与石油有关系的地方，"普救论就是一个谎言"。相反，和哲学一样，碳经济的预测结构永远是一种死亡冲动，一种朝向开采、消耗、用光、计算，然后再定必须偿付的价格的冲动。同样，哲学了解、渴望知道它研究的对象的绝对知识。然而，对绝对知识的了解与对石油的预测永远都需要一个偿付的价格。在碳氢循环中，我们面临积碳，那些存在于大气层中，引起全球变暖并威胁到未来地球生活的痕迹。哲学与文本的创作用含有碳的石墨与墨水留下其他的痕迹，同样逃避了循环与交换的限制。写关于碳的哲学无异于拍关于石油的电影，也是那些不可避免地占据理论、死亡学、碳以及经济交换与替代的位置的一项任务。但是通过理解经济排放的残余以重新根据新的逻辑与标准进行排列，哲学使得这些位置变得可塑。我们必须思考碳并如此利用碳从而使碳与关于碳的思考可能有一个未来。经营碳的未来将是这个星球上一切力图使世界经济在极地冰帽融化时不会被淹没的唯物主义、神学、政治学以及道德未来的任务。

后碳尾声

这篇文章在开头提出了许多思考基于石油消耗的"欧洲的"文化经济现状与未来的问题。文章确定了现有经济与环境危机的相互关系以及哲学在形成我们对这些事件的理解中的作用。文章也阐述了石油定价的历史。它说明人们所认为繁荣的物质完全是概念性的。最后文章讨论了碳消耗与钱的去物质化以及与信念、信用、借款和文学的关系（后者指向打破既定经济的可替换的交换形式）。在每一个环节，作者都力图提出对石油的经验供读者思考不同并理解气候变化作为全然他者（本身是地球生活）的经历的危险。而全然他者也正打开人类的区别储量。文章进一步提出假设：经济危机与环境破坏密不可分的联系。对这个假设的验证与说明需要更多的比较与分析，涉及更广的政治经济、政治神学以及如今理论称为生物力量的不可回避的问题。这种预测需要时间也给予时间。这是在为那些在石油消耗的阴影中写作的人照亮，实现一种曾经存在但永远不再回来的资源日渐式微的目的的赛跑中提出的在未来某个日子无可挽回的预测所需的时间。正是碳经济与它所激发的事件串通一气，才确保了它以为自己可以撇清关系的罪行。或许，没有碳经济将不再有关于碳的思想。

或许，自柏拉图以来的哲学只是建立在碳之上的一种形式，而哲学的结束意味着碳的结束。在一个汤姆·科恩称为"严重的不可逆转的气候改变"的时代，这样的预测需要各方面协作偿付的一个价格。

注 释

[1] 参见 Jacques Derrida's "Faith and Knowledge: Two Sources of Religion a 'the Limits of Reason Alone'", in *Acts of Religion*。

[2] 我在此的许多评论重复了德里达对《危机的经济》（Economies of the Crisis）中关于危机思想的思考。

[3] 作为例子，参见 Derrida and Roudinescou 152。

[4] 更充分但略带偏见的关于石油美元的讨论，参见 Clark。

[5] 参见 Derrida's "From Restricted to General Economy: A Hegelianism without Reserve"。

[6] 关于根据《圣经》的许诺称开采石油具有救世美德的奇谈怪论，可访问 www. zionoil. com，这是一家在华尔街榜上有名的公司，致力于在圣地探测石油资源。

引用文献

Clark, William R. *Petrodollar Warfare: Oil, Iraq, and the Future of the Dollar*. Gabriola Island: New Society Publishers, 2005.

Derrida, Jacques. *Acts of Religion*. Ed. Gil Anidjar. New York: Routledge, 2002.

—. "Economies of the Crisis." *Negotiations: Interventions and Interviews, 1971 - 2001*. Trans. Elizabeth Rottenberg. Stanford: Stanford University Press, 2002.

—. "From Restricted to General Economy: A Hegelianism Without

Reserve. " *Writing and Difference.* Trans. Alan Bass. London: Routledge, 1978. 251 - 277.

——. *Given Time: I. Counterfeit Money.* Trans. Peggy Kamuf. Chicago: University of Chicago Press, 1992.

——. "Violence and Metaphysics: An Essay on the Thought of Emmanuel Levinas. " *Writing and Difference.* Trans. Alan Bass. London: Routledge, 1978. 79 - 153.

Derrida, Jacques and Elizabeth Roudinescou. *For What Tomorrow. . . A Dialogue.* Trans. Jeff Fort. Stanford: Stanford University Press, 2004.

Fleming, Ian. *Goldfinger.* London: Jonathan Cape, 1959.

Local Hero. Dir. Bill Forsyth. Warner Bros. , 1983. Film.

Spark, Muriel. *The Takeover.* London: Macmillan, 1976.

There Will Be Blood. Dir. Paul Thomas Anderson. Miramax, 2007. Film.

（宋晓霞　译）

第十二章

健　康
——没有处方，不是现在

爱德华多·卡达瓦（Eduardo Cadava）

汤姆·科恩

> 是的，这里有希望，无限的希望。但不是我们的。
>
> ——弗兰茨·卡夫卡

今天人们会在美国本身发现异乎寻常的突变和盲目的暗号是有原因的。这不仅仅是帝国、"民主"、全球金融和星球资源在被占领的远程统治的沉闷的嗡嗡声中的加速毁灭。如果美国在此意义上好像是时代典型疾病和盲目的平静震中，如果某人对此解决的途径只能是开处方，那么这就使得其把"健康保健"改革未完成的叙述演变成来日许多没有处方的疾病的寓言。校正：当奥巴马的任期继续以不可预料的方式展开，它仍然镶嵌在"美国"的转型时代。在这时代中，有一定的片段作为插曲。同时代的博客随之尝试着阅读这样一个暗号："健康保健"的寓言。奥巴马一上任就遭遇信贷和金融"危机"，他的就职不仅带着巨大的象征性的兴高采烈——除了其他方面，这还打破了种族密码——而且继承了"布什"任期阶段的灾难性的破坏。这使得评论员们认为本·拉登成功地把"美国"拉进了自我破产和自我反叛的旋涡。对于当代的情形有很多命名：拆散的帝国、被封建集团秩序完全接管、已经暗示着后民主时代的媒介统治迷幻、处于超自噬泡金融化模式的资本主义、一切消损气候的阴影、水与油资源的匮乏。这些被反复地功能性地予以否认。奥巴马日益把一种奇怪的分裂安置于他推向市场的修辞性的可能性和他所面对的不可逆转的事实之间。每种事实都表现出自身不可逆转的形式。这就是为什么，至少对于现在，我们只能在片段、报道和当代溢出的各样症状中阅读一种疾病的发病过程。从今天的观点看（2011 年 1 月，恰好是在作出以下评论的一年后），"奥巴马医改"已经过去了但是留下了不良影响：签名胜利已经成功地被妖魔化和污损。权衡和说客的调整策略对其陈述的核心问题没有任何作用，而且法案冒着被共和党人抽回资金的危险。这个插曲和重写本通往其他尚未上演的逻辑。（2011 年 1 月）[1]

当我们在写这篇文章的时候［2010 年 1 月］，出现了美国签署的医疗改革这个荒唐的妥协。甚至是当其前途未卜之时，国会还在居心叵测地操纵。从最初的巨大期望到混杂的支付和偿还形式，改革的努力在 1 月遭受另一重击。随着斯科特·布朗当选来填补爱德华·肯尼迪在马萨诸塞州的席位，民主党大多数的避免议案受阻的发言被剥夺了。共和党令人惊讶的胜利使许多人预测整个改革努力完全失败，甚至更进一步地被砍掉。假定医疗保健和保险业有其自己的方式，首先是抓住主要参议员，然后是通过此次选举失败，很值得加上使未来道路完全清晰的事件：最近最高法院决定把公司当作个人，取消以"言论自由"为名进行的资金流入公司的所有限制。这个决定仅仅会促进和加强业已把整个健康保健讨论弄得污秽和伤残的游说勾当。然而在这样的背景下，我们至少会以"来自行尸走肉的民主体制的故事"为题向未来的读者提供一种仍要即将完成的症候学。这种症候学源自病例档案中某些这样的发展。一般来讲，那就是来自一种日益把自己的行使权移交给资本的远程统治触须的民主制度。我们尤其希望描绘那些不仅在既有的医疗保健讨论的修辞策略中所表现和体现出来的症状，而且也包括在美国政治和国家机构的政治与社会配置中出现的症状。

违背诺言

为了开始，我们想要唤起在盼望中不能够被实现的未来，以及揭示在盼望中可被当作结构性的原因。因为，真的有一个可能实现的希望——如果不是开放的——随着巴拉克·奥巴马的当选，"美国"会呈现出另一番景象。如果这个希望被实现，它就会在激励和表达它的圣歌时标记出一个我们能"相信"的"变化"。那就是一个构想，认为处于紧要关头的政治剧本同时是一个形而上学的文本。

然而，我们仍然能够想象另类事件，即使这出想象的剧本仍是一个幻想，特别是当其仅仅把自身与奥巴马的形象相连接时。我们从未能够充分地提醒我们自己，奥巴马他自己只是一个结果，是混杂集体欲望的象征性体现。这个集体不仅被布什政权过度干预而且被一个高度资本主义系统从一开始就从道德的层面疯狂地随其所愿去定义、吸收和决定每件事情，由此弄得精疲力竭。然而，这个幻想是令人激动的：利用经济大灾难和所述的授权"改革"去参政。奥巴马政权充分利用情势的转变。他不是一丁点翻新，不是以更具吸引力的模式去追求同样的政策或经济政策，而是使华尔街上的更多的公司倒闭。因此它打破了一个围绕世界运转的行尸走肉般的庞氏骗局的支配。这个法案打断的不仅是旁氏骗局搁延的全球经济已经依赖的（预计对子孙后代巨大的和不可估算的债务包括其中）"信用"，而且是更具毁灭性的庞氏骗局自身的可信性和可参考性。后者已经有效地掩饰和几乎已经抹去了全球气候变化与"我们所知的生活"的物质条件突变的幽灵，因此允许（而且仍然允许）从即将到来的下几代人的身上收回诸如水、油、物种、土地等资源。

然而在这种背景下——奥巴马他所承接的灾难处境中——他的工作是要打断美国的自杀性动力的灾难惯性。这个动力是由布什政府释放和加强的，而且只是自杀动力中的一个因素。这种自杀动力日益决定我们的物种，并且与政治、文化、宗教和经济因素的联合中显现出对弱者的侵略息息相关。这导致了（后"9·11"）财富的损失、在扩张的借口下民主的消失、战争正当性的消失。这样的战争表面上以伸张民主和人权为目的，却日益寻求把自然资源和资本主义财富聚集在少数享有特权人的手里，寻求对正在进行的然而未被承认的种族主义的确认。而在"卡特里娜"飓风之后，对那样的种族主义的忽视被公开展示过了。奥巴马的激进主义的后果处在可控制的低迷阶段。在此阶段中，财政系统会不得不重组，油价会阻碍能源的消耗，大众基础设施项目的开建以及卫生保健分配会程序式地解除共同的束缚，因此重新书写了关于立国承诺的国家合同。

危　机

如果我们已经开始了这出想象剧，那么这不仅强调了远离自从奥巴马在 2009 年 1 月 20 日当选之日的接下来的几个月中所未被实施的计划，而且预示着由奥巴马搭建的一定能成功的美国的"卫生保健"舞台，必须被解读为能够对抗美国其他的平行危机。在这些危机中，由奥巴马着手与卫生保健事件（同时）一并处理的是"气候变化"危机。表面上，它好像是在对立面：

一个全球化的长期争论。这个争论只是减损最紧急和"短期"的当下，破坏就业和企业，等等。气候中的变化不能被再现或者完全被理解，而且只是意味着放弃，包括放弃各样的"美国性"（这样的美国性基于这样的事实：尽管美国只有世界5%的人口，它消耗了全世界25%的能量）。立法创制权同时被制定，现在大部分被延迟而且失效，正如奥巴马在哥本哈根艰难地设置形同虚设的幌子，相当于科学家所认为的不容争辩的限制以避免未来的灾难的一半。人们可以把所有的一切都归因于美国女仲裁者到来这个现实的（女性主义掌权）"短期"周期的现象，或者归因于既定的利益和市场。这些利益与市场已经决定所有这一切与超富和企业经济无关。这样的超富和企业经济无论如何都会保持它们的权利和生存能力。

为了让每一个摔下来的"矮胖子"（汉普迪·邓普迪，童谣中从墙上摔下跌得粉碎的蛋形矮胖子）回到它的高位（即经济、阿富汗和伊拉克、关塔那摩、国际和外交关系，等等），奥巴马误解了他的时机——而且，这样做也加速了他所明了和清楚命名的"长期"灾难的到来。他立即转向管理恢复模式。这个模式主要依赖于与华尔街和克林顿政府相关联的金融顾问，并且这个模式在布什救助逻辑的实现中，让刺激方案成为他当政100天的决定性的计划。然而，刺激方案的战斗——其引发的刺激却远远小于所要求的——至少设置了一个随之而来的辩论阶段来讨论卫生保健，因为其对于国债的影响力现在被认为是限制了在卫生保健方面的可能性。

这就是为什么必须从更广泛的旧病复发的状态中来看待奥巴马的健康保健方案。据某些人的言论，奥巴马曾想要体现出一种完全不同于布什的执政风格：不效仿布什。他不会急迫地去抓住权力或者实行他的意愿，他会拒绝为了政治的利益去利用一次危机，他会以理性和冷静来处理，他是一位完美的管理者而不是鲁莽和傲慢的决定者。他会给他的国会以权力去规划卫生保健方案。那样的方案是普及公众的，或者至少是可接受的和最优成本来负担的。但是，在烟雾散去的时候，在普罗旺斯鱼汤最终达成交易和漏洞出现时——争论的是，如果改革是反市场规律的、是反个人权利的——那么就会被企业行业通过参议员黑客进行打造和修整。这场辩论很快演变成一个政治文化基因、一场为福克斯新闻模式般的不间断攻击、密码植入、漫画和假情报而提供的情感或营销良机。所有的这一切都会令奥巴马的权威丧失。在这样的背景下，在这个过程中，奥巴马变成了一个悲剧人物而不是我们所期待的改革者。

很有必要弄清楚让奥巴马信用度动摇的方式和作为。例如，为何那些最需要从卫生保健改革获益的人表现出不顾他们自己的重大利益，除了别的之外，在共同加快发展的利益中支持美国精神的模因去对抗别的国家（法国、英国、加拿大、"社会主义国家"，等等）？为何卫生保健方案并未惠及美国的极大部分人口或者让保险业肆虐，用荒谬的术语剥夺了人们自己的计划，正如利益的螺旋——自带目标的、反射出华尔街——保证在未来的几年里医疗支出会导致一场事故的发生？人们很容易读出这其中起作用的矛盾和悖论，包括他们所设想的微妙的种族政治。我们需要长期回顾一下美国下滑的教育状况、以信仰为基础的政治、开放的寡头政治以及媒介化倾向的时期。但是当奥巴马开始了这场"战斗"，他成为美国后帝国麻木时期的哈姆雷特式的管理者，导致了波特金计划，其本身处于被否定的边缘。让我们在这里感兴趣的是那似乎被展开的富有寓意的文本。

修辞内爆

正如我们已经提出的，卫生保健法案讨论作为一个文化时刻表现出症候学的更广泛的问题，像一只被困于自己所造成的油腻中、肥胖的因而生病哭泣的公牛。卫生保健计划的发起是一种更严重的疾病或恶疾的症候。这种疾病反映在僵尸化系统中。这种系统现在以超越堕落的帝国综合征的方式定义"美国"。这里我们会读到三种动摇和针对卫生保健改革的思想和修辞的武器：公共选择、死亡专案小组和堕胎：

1. "公共选择"。这个比喻已经包含了企业的和右翼的修辞机器所有的恐惧和操纵。作为政府卫生保健改革计划最初所制定的核心部分，公共选择不仅会为那些目前没有保险的人提供保险，而且这个保险本身能够先取得预计在未来几年将进一步拖垮经济的灾难医疗费用。没有这个选择，数百万的消费者会被带入保险公司而不需要承担任何检查费用或成本。美国医学会因此毫不动摇地对此反对。医药公司立即反对，最大的保险公司是不会考虑的。目标明确，为何它会遭受如此漂亮和有力的攻击？

"公共选择"——应对卫生行业垄断的唯一作为——会勉强持续，结果是"公共"这个词会被听成"社会主义"（一个20世纪假想和二进制的无知的代码术语），"选择"可被翻译成政府独裁统治的迹象，因为，随着争论的进行，公共选择意味着政府接管美国的医疗保健。第一个交错配列。后者偏转不能从修辞的边缘分离。在这样的修辞边缘上，奥巴马不仅被当作肯尼亚人、外国人或者私生的（想一想"布什"），而且更进一步地——据其他人，尤其是日益受欢迎的右翼极端分子格林·贝克的观点——与斯大林和希特勒并举。第二个交错配列，正如斯拉沃热·齐泽克最近所提出的，在这个序列中最清晰的是资本主义民主中"自由选择"的意识形态概念的物质力量。的确，共和党与医疗说客（后者甚至比国防说客强大得多）当时让大部分公众相信"公共选择"——甚至是共同的卫生保健体系——会威胁到关于卫生和医疗所有事务的选择自由（因为几乎所有人都被要求购买健康保险）。如果简单地唤起这个潜在的威胁让所有求助于相反的证据完全无效，那是因为我们站在神经的痛点，美国情感反射的第一个意识形态素：选择的自由。"选择的自由"的概念不仅处在"美国性"这一特定概念的核心——这是奥巴马也被指控为非美国人的原因，而且也是反对他的关键所在。因为他的当选是最清楚地代表了这个假装的选择。第三个交错配列。

如果想打赢这场意识形态战斗，奥巴马政权将不得不劝说民众。为了实践选择的自由，复杂的经济状况、社会和法律法规，甚至我们会说，道德准则必须处在应有的位置上。（正如完美的"美国"作家，拉尔夫·瓦尔多·爱默生所说的："如果我们必须接受不可抗拒的教义，那么我们可以来设想和选择我们的课程了。"）然而在当今的美国，考虑到没有任何意义上的"共同利益"和后民主遥控统治的破坏性战线，这是不可能进行的课程。取而代之强调的是"自由选择"的这个意识形态素以及与之相伴的概念：自我、意识、意图、理性、责任主体，还有，正如我们曾提到的"美国"本身。进一步地强调这个文化基因，卫生保健改革的反对者们以自由选择的名义发起了抗议，发出死亡专案小组的警告、德国纳粹幽灵的抬头，以及描述该法案成为滑向共产主义道路的一个主要步骤。

2. "死亡专案小组"。进入僵尸统治的羊人剧中的非色情仙女角色，萨拉·佩林，在2009年8月的脸书的陈述中首先投掷了"死亡专案小组"威胁到卫生保健争论的修辞手榴弹。甚至通过卫生保健法案的草案明确地声明这个提议"不得包括任何对卫生保健提供配给的建议，增加税收或者医疗保险受益人的保险费，增加医疗保险受益人的成本分摊（包括自付额、共同保险和共担额），或以其他方式限制收益或者修改资格标准。"佩林用以下的言论发动了她的老年医保策略："但他们实行医保定量配给时，谁会最遭罪？当然是病人、老人和残疾人。我所知道的美国和爱不是同一的，在这种情况下，我的父母或是我患有唐氏综合征的孩子将不得不站在奥巴马的'死亡专案小组'面前。这样他的官僚们可以基于'他们在社会中的生产水平'的主观判断来决定他们是否值得享受卫生保健。这样的系统完全是邪恶的。"一连串的谎言之后，佩林继续坚持主张如此小组的存在，而且发现她的政治前景暴涨，即使有几个真相核查组织已经宣布她的主张是彻头彻尾的谎言。这些微词实际上已经破坏了市政厅会议。立法者的异议遭到选民的反对。这个会议的初衷是通过激起立法者如此混乱的异议来促进对卫生保健的理性讨论，是立法者和选民之间的对话。佩林狂热的警告导致了全国范围内的愤怒公民要求对卫生保健的市政厅会议实行"安乐死"。甚至有个人这样问："阿道夫·希特勒称他的计划为'最终解决方案'，那我们的应该称为什么呢？"抬高"死亡专案小组"的幽灵——奥巴马计划后来据说是根据希特勒在1939年亲自书写和签署的命令如法炮制的。希特勒的这个命令建立了蒂尔加滕四个董事会。这四个董事会由希特勒授权，他们能够削减和否决那些被希特勒和董事会认定为生命无价值的人们的医疗保健费用——佩林的煽动性的言论是在拥挤的剧院里大声呼叫"起火了"，文化模因的手榴弹滚落在过道里。表现出那种滋事斗殴的骇人的想象力，佩林和其他人上演了一场修辞幻想暴力和想象革命的狂欢。这场狂欢通过投机取巧和阴谋理论会不择手段地破坏奥巴马的执政。这里要强调的是品牌策略和营销一起暗示了为什么卫生保健辩论不是关于卫生保健而是更多地关乎根深蒂固的顽疾。

在佩林言论之后，由所谓的"倾茶党人"提出的针对奥巴马的离奇的纳粹—共产党—斯大林的指控（借鉴美国反抗英国的起源）很快地就加入了"操纵镇民大会"。在这种会议中，他们利用从众心理来明确地恐吓政要，主导媒体舞台。的确，虽然佩林和她的同党提出"死亡专案小组"会把祖母（老年人）分拣出来而且会中断共同逃离死亡和永恒消费的美国幻想，但是当现今所实行的保险业根据投保前已存在的疾病（在很多人当中，包括癌症、糖尿病、家庭暴力、怀孕和婴儿肥胖）拒绝和否认保险索赔时，这样的小组已经可以说是存在的，被制定和实施了。

　　更有趣的是，"死亡专案小组"的形象所隐藏的洞察力徘徊在"希特勒"奥巴马和"斯大林"奥巴马的想象融合间，一个白人美国的黑人法西斯噩梦。这个噩梦来自民粹主义—法西斯的工人阶级。其命脉继续被保险业巨头和福克斯新闻的喜好所掌控。甚至那些最有可能受益于温和改革的人，一旦得知其他种族的人被认定为比他们自身更无依无靠时（就非法移民的情况，相当于非美国人），似乎也连通到共同的遥控统治的电路上来排斥这些种族。但这样的见解是：通过引发 20 世纪、"良善"的美国对抗其邪恶分身的虚构战争，超出当前问题进入已经提到的寓言区（所有来自别处、外面的、未来的以及目前和它自身作战的"气候变化"的幽灵的重读）的滑移发生了。这些努力不是为了"赢得"这些战争，建立一个自由市场的民主胜利的时代，而是为了揭示这个特别历史时刻构造的矛盾，而且不仅是这个历史时刻。正如阿甘本所言，"纳粹"计划还尚存一丝残留，像病毒般，存在于后—全球次序的生物政治的次序中——或者存在于来世的，仍然是对过去其获得最大宣传成功的民主时代的模仿。把中国的（"共产主义"）和西方的（"民主"）超级市场模式的融合与布什所预示的（尤其是对公民的过度监督和非政治化的状态，无止境的永久或者规范的"紧急状态"）和即将到来的气候变化的逻辑（资源战争、下层分流和灭绝事件）在现今不可逆转地承销所指向独裁规则的草案相对应。在这样实行时，他们映照出卫生保健辩论的不可能的条件。这就是为什么，我们可以说，真正的死亡专案小组是寻求统治美国的巩固的资本，及其以后，再次这样做——正如在"公共选择"的情形中——建议由政府来接管"选择"。然而在这个例子中老人和慢性病人根据他们的护理和治疗来选择。

3. "堕胎"。从反堕胎的民主党人士的修正案到禁止资助堕胎的联邦资金的禁令使得堕胎成为推动医疗改革立法的主要障碍。尽管他们声称新的卫生保健计划会要求美国人去"用他们辛苦所得的税收来资助堕胎"，但目前在任何版本的医疗保健计划中没有规定允许堕胎的全部保险范围。实际上，在众议院计划的一个核心版本中有一个修正案作出专门规定，确保联邦资金不属于资助堕胎的保险范围。

反堕胎大军的努力同样地可被解读为"死亡专案小组"的攻击，因为就像佩林，它调动了同样兴起的信奉神灵的暴力——在气候科学作为左倾的一个同谋之前反冲以及在美国的学校里攻击"进化论"——使用迷惑和操纵辩论来达到其自己的政治目的。这些模因合并，不是因为要对由国家资助结束胎儿生命这个事实含糊其辞（因为任何政府会资助堕胎的可能性已经从改革法案上移除掉了），而是因为在当代美国的背景下，任何事情都依赖契约。并不是有了"宪法"让每个人在理论上都"自由"（尽管这是茶党的言辞），而是有了一个契约假定他们在本体上——是"人""基督徒""美国人""自由人"的身份——作为性质被保证，未被猴子祖先、地质时间或者人为（种族的）特权所污染。

不是关心未出生的（毕竟，由于忽视即将来临的气候灾难以及阻碍医疗保健的发展，后代在这里被集体性地牺牲掉了），堕胎的象征意义是对以上帝形象所造的，一旦受孕的生命有权来到这个世界的人类生活的积极肯定——然后在这个世界中，这个生命被分类，或者根据先天条件（比如婴儿肥胖综合征）不被医治。因此"生命权"的修辞隐藏了一个坏死现象的内核、虚无主义的核心、尾随美国云的最后灭绝痕迹的消失点：去主体化的消费者。这样的消费者除了无尽复制（在"未来"可能同样会有保障），没有任何的想象力。在这个方案中，中产阶级日益成为美国新兴转型为封建企业寡头的消失点。那样的封建企业寡头，用保罗·克鲁格曼的术语来讲就是，不可避免地会经历其伟大的"拆散"。

争论互相映照，堕胎辩论的一切都源自政治紧急状况和修辞手段。例如，"赞成堕胎权的"和"维护生命权的"标签都意味着自由与自由的价值，尽管他们每个人都表明反对必须"反堕胎"或者"反生命"（或者赞成强制或赞成死亡）。这样的争论掩饰了潜在的选择什么样的生活和谁在选择或者哪种生活是重要的。这就是为什么选民在任何暗示其隐私和选择的能力将被削弱而愤怒时通常还是要参加选举来反对反堕胎的观点，因为支持或者反对堕胎是隐私的决定。

当我们提出越来越难以解决和定义生活本身的话语时，这里清晰的交叉逆转呈现出一种更令人眼花缭乱和不稳定的形式，因为我们通常想起那些喜欢把所增加的生殖自由当作"堕胎权"的人以及那些持反对意见的把此当作"生命权"的人（例如，为什么如此多的反堕胎积极分子支持死亡专案小组和战争，正如我们注意到的，反对可能挽救不计其数生命，真正让许多其他人生活得更有价值吗？）堕胎本身是一个卫生保健事件这样一个简单的事实，似乎迷失在这场自旋和情感敲诈的游戏中。因为堕胎不仅简单地关乎于死亡，而且关乎于生命。的确，医疗改革已经开始主动地承认我们的责任是让生活像生活本身那样宜居，像一种我们所知道的从一开始就已经被死亡所触摸的生活。

三个症状

我们中断这个迅速显现的症状回到真正的病人，美国本身，回到这个寓言性的真实。这个寓言性的真实在这样一出皮影戏里来回移动：通过假装恢复这个国家对保险游说和企业的依赖来处理病患。正如我们已经注意到的，后者代表了一个共同的身体，一个非主体性的"法律"公民。但是正如美国高等法庭已经宣布的，这个公民具有主体的权利从而作出无限的政治贡献，把潜力发挥出来。如果时间吞噬（时间噬菌体）是一个所谓的以加速倒退和喂养自身的方式积极地消费"时间"，那么我们总结为一系列的三个症状。这些症状在刚开始以幽灵的方式进入我们可认知和辨识的范围内。因为混乱的后—主权僵尸"民主"由于最近的卫生保健辩论变得更清晰。

当下辩论中最清晰的——一般来讲，特别是在医疗改革的持续衰退中——是美国自身日益进入未保险，这个由其"先存条件"自我剥夺的区域。这个先存条件处在我们通过电报可命名的"布什灾难"以及在一个可察觉的后—民主时代的持续膨胀的影响中。美国发现自己在一个既建造又毁灭的世界里完全无生活来源。

这是无法弥补的，僵尸比喻的含义返回了（僵尸银行、僵尸政治、许多轻视这个问题的僵尸电影：吸血鬼或僵尸？留给我们自己的两个"公共选择"）。因为"奥巴马"（作为中介关系网络的名字）全面实行的是"困境"的一个命名，然后是反冲、折叠、重写入我们所留下的同样的秩序——对于所熟悉的表面的复原的反射，对于为了模拟最少的功能而名誉扫地的机构恢复声誉的反射。即使这样的手稿由布什政府递交给奥巴马也没关系，因为他仍然无法在舆论统治中消除其影响。这种舆论统治已经取代了"民主"的幌子。与布什一样，这种战略与其说是抵抗灾难逻辑，不如说是人为地延迟和加快这些逻辑，即颠覆混合理论形式的旁氏骗局。奥巴马在日益失去其信用度的情况下，指手画脚地表演了信用从一个加速的、预期从外部介入的系统里撤离（无论这种介入达到了技术解决方案、达到了狂喜或者债务和对垂死的地球上尚未出生的生命权的剥夺）。

很难看出我们所说的资本，正如有些人所想象的那样，是否有无限的能力去产生这样的复发症。如果现行体制在相对的惯性中加速，那么这就意味着，根据测算不仅会发生通常的长期累计的气候灾难及其后果，而且会把未来的人口虚拟地分裂成超富和其他人的封闭社区——虚拟种族的分裂。这样就把明天的"幸存者"连接到了"纳粹"幽灵的优生学，尽管是按照财富而不是按照人种来分，至少官方是这样的。由此，在美国一直属于公共权的东西，在欺骗卫生保健要顾及每个人的谎言上是无济于事的。不管怎样，这样的幌子在某种程度上会消失。

由某种麻木的恐慌和时间噬菌体而导致"美国"的当前症状是内部瘫痪。卫生保健辩论从这里展开。无论神明如何摧毁，他们首先会吸毒和昏迷（在罗马的铅毒无论如何也无法与今天含水土层中的毒素相比，如可卡因、抗抑郁药、超毒物）。奥巴马可能知道这一点，仅仅把事情办得表面稳妥，不同于"布什"在病人身上插上了所有的插管和监控仪让他无知和心烦意乱。如"9·11"事件，其成为资源供应来麻痹和谋划自此以后属于精英阶层的几十年（我们可能还记得《2012》这部电影里的创新。在这部电影里，有钱的精英阶层隐瞒了大规模灾难的信息以有利于他们自己的单独出逃）。在这个迷宫映照的表面之下是形而上学和计量经济学之毒。这个毒害在当今的"美国"如此普遍以至于让它陷入战争和全球政治。正如我们竭力想要证实的，如果邻国吸取教训没有陷入新的幽灵沉睡状态，那么就会与也接受当代集体中毒的（处处都有中毒的迹象，现在存在于河流系统里）制药达成交易，以及会以某种方式强化这种中毒的媒介统治时期。希望在美国实行真正和持续的医疗改革，但也只是希望而不是现实。这就是为什么说如果"有希望，无限的希望"，这个希望却越来越"不是我们的"。

在"希望"造成了如此多危险的环境中——正如其已被远程统治增补为延期和重塑的外观的模因——把"希望"退还到其目前的形式，岂不最好？可能实行一种最终没有希望的政治吗？这可能是不可能的希望，但是这个希望似乎与最近的卫生保健讨论所揭示的和留给我们去解读的最相称。最后，也许我们只能希望我们不靠药方和治疗的生命能让我们获得未见的益处。

注 释

[1] 这篇论文针对最近或当今的美国学的一个片段形成了某种"药物政治博客"——提出了疾病的问题。这种疾病或者其发生的当今时代目前处于没有处方的状态。当今的这种"文本"，无论是墨西哥湾的漏油事件或者是伯尼·麦道夫的冒险，发生和消失在人们关注之外，正如它们的逻辑和污染路线还继续渗透在这仍旧展开的历史中。由此看来，在 2010 年早期达到顶点的"奥巴马医改"的片段就是这样的路线。本文曾刊载于 *Hurly Burly*, *The International Lacanian Journal of Psychoanalysis*, 3 April 2010。http：//www. amp-nls. org/en/template. php? sec = publications&file = publications/hurly_ burly/003. html.

（刘容 译）